全国高等职业教育"十二五"规划教材

中国电子教育学会推荐教材

全国高职高专院校规划教材·精品与示范系列

基于网络化教学的
项目化单片机应用技术

黄双成　主　编

吕思胜　张秋红　副主编

電子工業出版社·

Publishing House of Electronics Industry

北京·BEIJING

内 容 简 介

本书紧紧围绕行业技术发展与职业岗位技能需求，以实际应用为主线，采用"项目导向，任务驱动"的教学模式，在建立专门课程网站的基础上编写而成的项目化立体教材。全书分为两篇：基础篇和应用篇，以 21 个任务为主线，瞄准职业岗位，产教结合，重点满足机电、计算机、通信产业发展对单片机人才培养的需求。通过完成任务，锻炼学生的操作技能，掌握基本知识，体现"学中做，做中学，实践中教理论，理实一体"的职业教育理念，突出以"学生为主体"的教学思想。

为本课程开发制作的单片机网络课程中心平台（http://www.mcudpj.com），融教学套件、教材、课件、任务制作、考试系统等立体化教学资源为一体，形成了"教材、套件、网络、考试，四位一体；在做中学、在学中做、知行合一；任务引领、潜移默化、能力递进"的单片机课程特色。

本书布局新颖，层次清晰，为高职高专院校单片机技术课程的教材，也可作为应用型本科、成人教育、自学考试、电视大学、中职学校、培训班的教材，以及单片机开发工程技术人员和电子设计爱好者的参考用书。

本教材配有多种免费的立体化教学资源，详见前言。

未经许可，不得以任何方式复制或抄袭本书之部分或全部内容。
版权所有，侵权必究。

图书在版编目（CIP）数据

基于网络化教学的项目化单片机应用技术 / 黄双成主编. —北京：电子工业出版社，2013.8
全国高职高专院校规划教材. 精品与示范系列

ISBN 978-7-121-20673-3

Ⅰ. ①基…　Ⅱ. ①黄…　Ⅲ. ①单片微型计算机－高等职业教育－教材　Ⅳ. ①TP368.1

中国版本图书馆 CIP 数据核字（2013）第 127359 号

策划编辑：陈健德（E-mail：chenjd@phei.com.cn）
责任编辑：郝黎明
印　　刷：三河市鑫金马印装有限公司
装　　订：三河市鑫金马印装有限公司
出版发行：电子工业出版社
　　　　　北京市海淀区万寿路 173 信箱　邮编　100036
开　　本：787×1 092　1/16　印张：17.75　字数：454.4 千字
印　　次：2013 年 8 月第 1 次印刷
定　　价：39.00 元

凡所购买电子工业出版社图书有缺损问题，请向购买书店调换。若书店售缺，请与本社发行部联系，联系及邮购电话：（010）88254888。

质量投诉请发邮件至 zlts@phei.com.cn，盗版侵权举报请发邮件至 dbqq@phei.com.cn。

服务热线：（010）88258888。

为了适应社会经济和科学技术的迅速发展及教育教学改革的需要，遵循"以就业为导向"的原则，根据多年的教学实践与产品开发经验，在充分考虑职业教育特色的基础上，从分析职业岗位技能要求入手，以实际应用为主线，力求理论联系实际，将本课程的内容分成两篇——基础篇和应用篇，以"项目导向，任务驱动"的教学模式进行教学，本教材具有以下几个特点。

1．体现"学中做，做中学，实践中教理论，理实一体"的职业教育理念

全书共 21 个任务，每个任务安排由浅入深，循序渐进，使学生能够在实践中学习，学以致用，达到潜移默化，能力递进。本书编写指导思想如下：

（1）理论实践一体化；

（2）教学做一体化；

（3）知识学习、能力训练、态度培养一体化；

（4）学生需求、课程设计、教学指导一体化；

（5）基本技能训练、单项技能训练、综合技能训练一体化；

（6）教学环节设计、教学方法应用、教学资源开发一体化。

2．注重项目制作流程，符合认知和教学规律

本书在安排内容上由浅入深，循序渐进，逐步拓展知识点。按照"下发任务书→完成任务→相关知识→再下发任务书→再完成任务→小结测试"的思路组织教学，全书项目任务从简单开始，逐步提高、丰富和完善。

3．项目任务题材丰富，贴近生活实际，充分激发学生的学习兴趣

本书全部由实用性、操作性强的任务构成，内容翔实，素材丰富，从点亮一个发光二极管、最小系统、LED 控制器、单片机应用系统，使学生以应用技术为目的主动学习。

4．以实用为目的，具有高职教育特色

本书以职业岗位为原型，以其工作能力为主线，突出知识的实际应用，注重学生应用能力的培养。

5．课程中心网络化，教学资源立体化，便于教师教学和学生自学

作者为本课程专门开发制作了单片机网络课程中心平台（http://www.mcudpj.com），提供进行项目教学所需要的整体教学设计方案、单元教学设计方案、制作素材、制作实例、测试程序代码、考试系统、任务书、教学视频等多种配套资源，读者可以使用自己的学习账号（见封底上）登录该网站，根据学习进度和进阶情况按积分要求进行下载和学习，教学过程通过网络课程中心平台进行记录和管理，同时课程中心网站开通交流互动栏目，及时解决学习过程的疑难问题，全方位服务于教师教学和学生学习。

按照教学大纲要求，本书基础篇包含 17 个任务和两个考核项目，基本参考课时为 76 学时，应用篇 4 个任务为选修部分，为单片机基础应用和提高部分，用户可以根据实际教学情况做适当调整。本课程是基于网络平台的课程，采用了开放式、阶梯式、"游戏通关"模式，教师使用时请登录单片机网络课程中心（http://www.mcudpj.com）网站，在"资源下载"栏目中的"教师下载"模块中，下载课程进行所需要的整体教学设计、单元设计、进阶卡等相关资源。

全书的所有习题已经全部导入在线考试系统，在线考试系统包括在线自测和在线考试两个部分，学生使用自己的学习账号，登录以后，按教师要求和积分情况学习、自测和考试。

本书由黄双成担任主编，负责全书的统稿工作，并编写前言、项目 3 及全书的所有任务书；吕恩胜、张秋红为副主编，分别编写项目 1 和项目 2 的任务 2.1～2.5；刘庆花编写项目 2 的任务 2.6～2.9；孙彩云编写项目 2 的任务 2.10～2.12；王雷和朱运晓编写项目 4 及附录。另外，在本书编写过程中，参考了有关书籍和资料，同时得到郑州金特莱电子有限公司技术部工程师何威风的大力支持，在此一并表示感谢。

由于水平有限，书中难免存在一些不足和纰漏，恳请广大读者批评指正。对本书提出的意见和建议，或者其他问题，请发至编者电子邮箱 hsc424@163.com，或者在单片机网络课程中心网站（http://www.mcudpj.com）"讨论交流"栏目自由讨论区发帖留言，我们将以最快的速度给您回复。

为了方便教师教学，本书配有免费的电子教学课件、练习题参考答案，有此需要的教师也可登录华信教育资源网（http://www.hxedu.com.cn）免费注册后再进行下载。

编　者

2013 年 8 月

基础篇

应用篇

基础篇

项目 1 认识单片机及开发过程与开发工具

能力目标

- ☐ 正确快速识别不同厂商、不同类型单片机的能力
- ☐ 正确使用万用表、示波器的能力
- ☐ 正确使用编程软件和仿真软件的能力
- ☐ 利用焊接工具进行基本焊接的能力
- ☐ 利用工具阅读外文技术资料的能力
- ☐ 团结协作，交流分享的能力
- ☐ 利用互联网查阅资料的能力
- ☐ 快速构建单片机复位电路的能力
- ☐ 快速设计与制作单片机最小系统的能力

知识目标

- ☐ 掌握什么是单片机
- ☐ 了解单片机的发展及趋势
- ☐ 了解单片机的应用领域
- ☐ 掌握数制与编码的相关知识
- ☐ 了解单片机系统的开发工具
- ☐ 了解单片机的封装形式
- ☐ 掌握单片机的内部结构
- ☐ 掌握单片机的引脚分类及功能
- ☐ 掌握单片机外围电路以及单片机最小系统的组成
- ☐ 了解单片机的工作过程与时序单位

单片微型计算机（Single-Chip Microcomputer）简称单片机，又称为单片微控制器（Single- Chip Microcontroller），它是微型计算机的一个很重要的分支。它以无与伦比的高性能、低价位赢得了广大电子开发者的喜爱，广泛应用在智能仪表、工业控制、智能终端、通信设备、医疗器械、汽车电器、导航系统和家用电器等很多领域，具有非常好的市场发展前景。单片机的应用远不限于它的应用范畴或由此带来的经济效益，更重要的是它已经从根本上改变了传统的控制方法和设计思想，是控制技术的一次革命，是一个重要的里程碑。

项目背景

单片机技术的发展使单片机应用渗透到国民经济的各个领域，随着社会对单片机应用技术人才的需求，单片机学习已成为现在工科大学生的必修课程之一。然而不同的单片机有着不同的硬件特征和软件特征，用户要使用某种单片机，必须了解该型产品是否满足需要的功能和应用系统所要求的特性指标，以及开发支持的环境包括指令的兼容及可移植性，支持软件及硬件资源。那么究竟什么是单片机？单片机有什么特点，以及单片机开发有什么相关技术等一系列问题都是值得关注的。作为初学单片机的人来说，是非常抽象和难以理解的。本项目是围绕这些问题展开的，通过完成项目 1 的 5 个任务，学习者可以初步了解单片机的相关基本知识，掌握单片机开发的相关技能，为今后单片机系统学习打下坚实的基础。

任务 1.1 跟着做——利用单片机点亮发光二极管

1. 任务书

任务名称	跟着做——利用单片机点亮发光二极管
任务要点	1. 检测识别电子元器件； 2. 制作单片机点亮发光二极管系统
任务要求	完成活动中的全部内容
整理报告	要求在完成活动中对查阅相关资料的出处进行收集，并分类整理

2. 活动

活动① 阅读单片机最小系统原理图，如图 1-1 所示，回答下面的问题。

时间：60 分钟	配分：50 分	开始时间：	结束时间：

（1）在图 1-1 中，除 P0 口上的电阻 R3～R10 外，请列出其他元器件的名称、规格、数量以及在电路中的标识，完成表 1-1。

表 1-1 元件清单

名　　称	规　格　型　号	数　　量	电路图中的标识

项目1 认识单片机及开发过程与开发工具

续表

续表

名　　称	规 格 型 号	数　　量	电路图中的标识

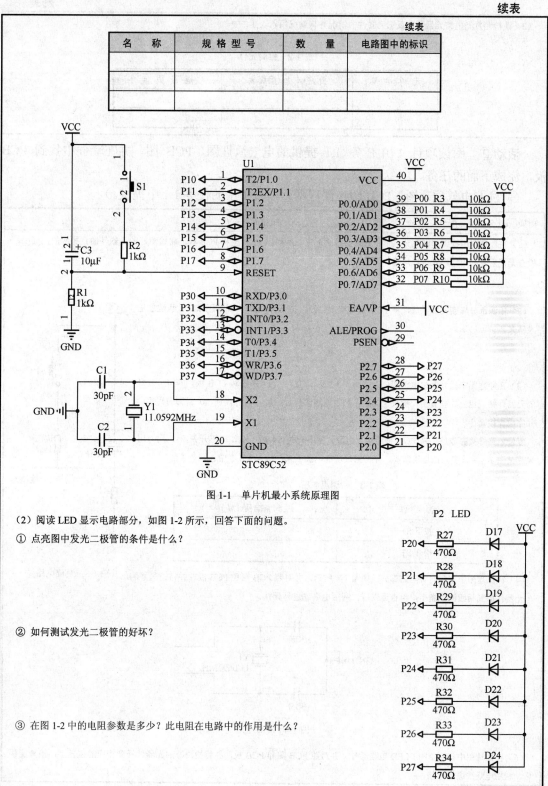

图 1-1　单片机最小系统原理图

（2）阅读 LED 显示电路部分，如图 1-2 所示，回答下面的问题。

① 点亮图中发光二极管的条件是什么？

② 如何测试发光二极管的好坏？

③ 在图 1-2 中的电阻参数是多少？此电阻在电路中的作用是什么？

图 1-2　P2 口发光二极管电路

3

（3）请检测发光电路元器件、反馈元器件的情况并将情况填入表 1-2 中。

表 1-2　检测元件

元 件 名 称	完好√　　损坏×	是 否 更 换

活动②　阅读项目 1 中任务 1.1 提供的电气原理图、PCB 图，并在套件中找到 PCB 板，完成下面的任务。

（附注：电气原理图、PCB 图在课程网站项目 1 中的任务 1.1 中提供。）

时间：60 分钟　　配分：30 分　　开始时间：_____　　结束时间：_____

（1）在原理图中找到电源部分，请将原理图抄画下来，并对照 PCB 图和 PCB 板，将检测好的元器件插到相应的位置上，检查无误后，利用电烙铁进行焊接。

（2）电源部分焊接完成以后，将 PCB 板连接上电源，按下开关 S4，观察现象，并将现象记录下来。

（3）在原理图中找到复位电路部分，如图 1-3 所示，并对照 PCB 图和 PCB 板，并将检测好的元器件插到相应的位置上，检查无误后，利用电烙铁进行焊接。同时找到 40 引脚的底座，并完成焊接。

复位电路焊接完成后，将 PCB 板连接上电源，按下开关 S4 后，操作按钮开关 S1，用万用表测试图 1-3 中检测点的电压情况，并将测试现象记录下来，填入表 1-3 中。

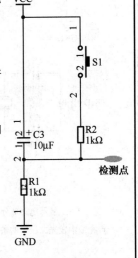

图 1-3　复位电路

表 1-3　检测点电压

动　　作	检测点电压（V）
按下 S1	
松开 S1	

（4）在原理图中找到时钟电路部分，如图 1-4 所示，并对照 PCB 图和 PCB 板，并将检测好的元器件插到相应的位置上，检查无误后，利用电烙铁进行焊接。

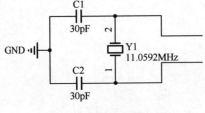

图 1-4　时钟电路

（5）在原理图中找到 P1 口 LED 电路部分，并对照 PCB 图和 PCB 板，将检测好的元器件插到相应的位置上，检查无误后，利用电烙铁进行焊接。

活动③　上电测试，观察现象。

时间：20 分钟	配分：5 分	开始时间：_____	结束时间：_____

在元器件中找到 STC89C52 单片机，将其插在 40 引脚的底座上，检查无误后，连接上电源，按下开关 S4，将观察到的现象记录下来。

活动④　制作讨论　　时间：20 分钟　　配分：5 分

结合自己的制作过程以及观察到的现象，谈谈你对本课程还有哪些建议？

_____

_____

3. 任务考核

任务 1.1　跟着做——利用单片机点亮发光二极管个人考核标准

考核项目	考核内容	配分	考核要求及评分标准	得分
活动①	读原理图、电路分析的能力	50 分	元件名称、规格型号、数量、备注完全正确得 20 分；填错 1 处扣 1 分 二极管发光条件及测试二极管，准确客观得 10 分，错 1 处扣 5 分。电阻参数及作用回答正确得 10 分，错 1 处扣 3 分 元件反馈正确得 10 分	
活动②	功能电路制作能力	30 分	电源原理图抄画正确 5 分，焊接正确得 5 分，测试现象正确得 5 分，缺项不得分 复位电路焊接正确得 5 分，LED 显示部分焊接正确得 10 分	
活动③	上电测试，观察结果	5 分	测试结果正确，描述得当得 5 分	
活动④	课程建议	5 分	讨论热烈，建议良好，得 5 分	
态度目标	工作态度	5 分	工作认真、细致，组内团结协作好得 5 分，较好得 3 分，消极怠慢得 0 分	
资料整理	资料收集、整理能力	5 分	收集查阅资料，并分类、记录整理得 5 分，收集不整理得 3 分，没收集不记录得 0 分	

任务 1.1　跟着做——利用单片机点亮发光二极管小组考核标准

评价项目	评价内容及评价分值			自评	互评	教师评分
分工合作	优秀（12~15 分） 小组成员分工明确，任务分配合理，有小组分工职责明细表	良好（9~11 分） 小组成员分工较明确，任务分配较合理，有小组分工职责明细表	继续努力（9 分以下） 小组成员分工不明确，任务分配不合理，无小组分工职责明细表			

续表

评价项目	评价内容及评价分值			自评	互评	教师评分
获取与项目有关质量、市场、环保的信息	优秀（12~15分）	良好（9~11分）	继续努力（9分以下）			
	能使用适当的搜索引擎从网络等多种渠道获取信息，并合理地选择信息，使用信息	能从网络获取信息，并较合理地选择信息，使用信息	能从网络等多种渠道获取信息，但信息选择不正确，信息使用不恰当			
实操技能操作	优秀（16~20分）	良好（12~15分）	继续努力（12分以下）			
	能按技能目标要求规范完成每项实操任务，能准确进行故障诊断，并能够进行正确的检修和维护	能按技能目标要求规范完成每项实操任务，不能准确地进行故障诊断和正确的检修和维护	能按技能目标要求完成每项实操任务，但规范性不够，不能准确进行故障诊断和正确的检修和维护			
基本知识分析讨论	优秀（16~20分）	良好（12~15分）	继续努力（12分以下）			
基本知识分析讨论	讨论热烈，各抒己见，概念准确、原理思路清晰、理解透彻，逻辑性强，并有自己的见解	讨论没有间断，各抒己见，分析有理有据，思路基本清晰	讨论能够展开，分析有间断，思路不清晰，理解不透彻			
成果展示	优秀（24~30分）	良好（18~23分）	继续努力（18分以下）			
	能很好地理解项目的任务要求，成果展示逻辑性强，熟练利用信息进行成果展示	能较好地理解项目的任务要求，成果展示逻辑性较强，能够熟练利用信息进行成果展示	基本理解项目的任务要求，成果展示停留在书面和口头表达，不能熟练利用信息进行成果展示			
总分						

附：参考资料收集整理情况

_____

_____

_____

_____

_____

任务 1.2　了解单片机的基本情况

1. 任务书

任务名称	了解单片机的基本情况
任务要点	1. 正确快速识别 Intel、Atmel、Philips、Motorola、Microchip 公司以及 STC 系列主流 8 位单片机型号； 2. 正确快速查找 Intel、Atmel、Philips、Motorola、Microchip 公司以及 STC 系列主流 8 位单片机内部资源情况

续表

任务要求	完成活动中的全部内容
整理报告	要求在完成活动中对查阅相关资料的出处进行收集，并分类整理

2. 活动

活动① 单片机应用已经渗透到我们日常生活的方方面面，例如我们在超市看到购买散装食品时所使用的电子秤（具有称重、自动计算金额并打印条形码的功能），请根据自己理解，简单描述一下电子秤工作原理以及实现方式。

附注：描述工作原理过程，同时附上原理方框图。

	时间：30 分钟
	配分：20 分
	开始时间：_____
	结束时间：_____

活动② 市场调查

请上网查阅资料，粗略统计目前市场上常用单片机的厂商、型号及使用情况，并完成下表。

单片机制造厂商	单片机型号	市场占有率	时间：30 分钟
			配分：15 分
			开始时间：_____
			结束时间：_____

附注：表格不够时，可自行添加。

活动③ 请阅读项目 1 中的知识点 1.1，完成下面的表格。

公司名称	芯片标志	8 位主流芯片型号	引脚数目	工作电压范围	工作频率范围	时间：50 分钟
Intel						配分：30 分
						开始时间：_____
Atmel						
Philips						
						结束时间：_____

续表

公司名称	芯片标志	8位主流芯片型号	引脚数目	工作电压范围	工作频率范围	时间：50分钟 配分：30分 开始时间：_____
Motorola						
Microchip						
STC						结束时间：_____

> **注意**：填写主流芯片型号时，每家公司尽量选择不同类型的产品（根据表格所填内容可适当修改，如填写不够时，可以另附表格）。

活动④ 计算机已经深入我们生活的方方面面，单片机作为计算机的一个分支，也正在丰富和改善我们的生活，通过项目 1 中知识点 1.1 的资料，对计算机（PC）与单片机进行比较，完成下面的表格。

项目＼类别	计算机（PC）	单片机	时间：20分钟 配分：5分 开始时间：_____
性　能			
价　格			
功　能			
组　成			
使用场合			结束时间：_____

活动⑤ 通过阅读项目 1 中知识点 1.1 的材料，说明什么是单片机，并总结出学习单片机的重要性。

	时间：10分钟 配分：5分 开始时间：_____ 结束时间：_____

活动⑥ 通过阅读项目 1 中知识点 1.1 的材料，请说明 MCS-51 单片机与 8051、8031、89C51 之间的联系和区别？

	时间：10分钟 配分：5分 开始时间：_____ 结束时间：_____

活动⑦　拓展讨论

以本任务查阅单片机的资料为例，说明如何在互联网上获取权威真实资料？

_____

_____

_____

_____

_____

_____

_____

3. 任务考核

任务 1.2　了解单片机的基本情况个人考核标准

考核项目	考核内容	配分	考核要求及评分标准	得分
活动①	原理框图、原理叙述	20 分	原理框图正确、合理，绘制清晰得 10 分 原理叙述条理清楚，准确客观得 10 分 每超时 5 分钟扣 3 分，超过 20 分钟得 0 分	
活动②	单片机厂家、型号	15 分	完成 3~4 项，得 7 分 完成 5~6 项，得 12 分，完成 7 项满分 每超时 2 分钟扣 3 分，超时 20 分钟得 0 分	
活动③	单片机相关参数	30 分	完成各公司 1 种产品，得 10 分 完成各公司 2 种产品，得 25 分，完成各公司 3 种产品得满分 每超时 5 分钟扣 3 分，超时 30 分钟得 0 分	
活动④	单片机与 PC 计较	5 分	总结具体、得当并完成全部内容得 5 分 超过 10 分钟不得分	
活动⑤	单片重要性	5 分	总结合理、得当得 5 分，超时 10 分钟不得分	
活动⑥	MCS-51 与具体芯片型号的关系	5 分	阐述清晰，完整得 5 分，超时 10 分钟不得分	
态度目标	工作态度	5 分	工作认真、细致，组内团结协作好得 5 分，较好得 3 分，消极怠慢得 0 分	
资料整理	资料收集、整理能力	5 分	查阅资料的收集，并分类、记录整理得 5 分，收集不整理得 3 分，没收集不记录得 0 分	
任务拓展	收集资料的权威性	10 分	回答正确得 10 分	

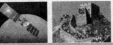

任务 1.2　了解单片机的基本情况小组考核标准

评价项目	评价内容及评价分值			自评	互评	教师评分
分工合作	优秀（12～15 分）	良好（9～11 分）	继续努力（9 分以下）			
	小组成员分工明确，任务分配合理，有小组分工职责明细表	小组成员分工较明确，任务分配较合理，有小组分工职责明细表	小组成员分工不明确，任务分配不合理，无小组分工职责明细表			
获取与项目有关质量、市场、环保的信息	优秀（12～15 分）	良好（9～11 分）	继续努力（9 分以下）			
	能使用适当的搜索引擎从网络等多种渠道获取信息，并合理地选择信息，使用信息	能从网络获取信息，并较合理地选择信息，使用信息	能从网络等多种渠道获取信息，但信息选择不正确，信息使用不恰当			
实操技能操作	优秀（16～20 分）	良好（12～15 分）	继续努力（12 分以下）			
	能按技能目标要求规范完成每项实操任务，能准确进行故障诊断，并能够进行正确的检修和维护	能按技能目标要求规范完成每项实操任务，不能准确地进行故障诊断和正确的检修和维护	能按技能目标要求完成每项实操任务，但规范性不够，不能准确进行故障诊断和正确的检修和维护			
基本知识分析讨论	优秀（16～20 分）	良好（12～15 分）	继续努力（12 分以下）			
	讨论热烈，各抒己见，概念准确、原理思路清晰、理解透彻、逻辑性强，并有自己的见解	讨论没有间断，各抒己见，分析有理有据，思路基本清晰	讨论能够展开，分析有间断，思路不清晰，理解不透彻			
成果展示	优秀（24～30 分）	良好（18～23 分）	继续努力（18 分以下）			
	能很好地理解项目的任务要求，成果展示逻辑性强，熟练利用信息进行成果展示	能较好地理解项目的任务要求，成果展示逻辑性较强，能够熟练利用信息进行成果展示	基本理解项目的任务要求，成果展示停留在书面和口头表达，不能熟练利用信息进行成果展示			
总分						

附：参考资料收集情况

_____

_____

_____

_____

_____

_____

_____

知识点 1.1 单片机的发展及应用特点

1. 什么是单片机

单片机是一种集成电路芯片，是采用超大规模集成电路技术将中央处理器 CPU、随机存储器 RAM、只读存储器 ROM、定时/计数器和多种接口电路集成到一块芯片上构成的微型计算机。虽然只是一块集成电路，但从组成和功能上看，已经具有计算机系统的基本属性，因此被称为单片微型计算机，简称单片机。单片机芯片如图 1-5 所示。

图 1-5　单片机芯片

单片机是功能极其强大的超规模集成电路芯片，是一个最小的、完整的微型计算机控制系统。它与个人计算机（PC）有着本质的区别。单片机的应用属于芯片级应用，需要用户了解单片机芯片的结构和指令系统，以及其它集成电路应用技术，使用特定芯片设计应用程序，从而使单片机芯片具备特定的功能。

2. 单片机的发展

自 1971 年 Intel 公司 4 位微处理器 4004 研制成功，单片机经过几十年的发展，应用范围不断扩大，逐渐成为微型计算机的一个重要分支，单片机的产生与发展和微处理器的产生与发展大体同步，单片机的发展过程可分为以下 4 个阶段。

1）第一代单片机（1974—1976 年）

这是单片机发展的初级阶段。这时生产的单片机，制造工艺比较落后，集成度也较低，并且普遍采用了双片形式，其代表产品为仙童公司的 F8+3851、Mostek 公司的 3870 等。

2）第二代单片机（1976—1978 年）

这是单片机发展的成长阶段。主要实现了单个芯片上的计算机集成，成为计算机发展史上的重要里程碑。自此，单片机应用进入测控领域，开启进入了智能化的工业控制时代。其最典型的代表产品为 Intel 公司的 MCS-48 系列。

3）第三代单片机（1979—1982 年）

这是 8 位单片机发展的成熟阶段。这一代单片机结束了以往计算机单片集成的简单形式，真正开创了单片机作为微控制器的发展道路，具有品种齐全、兼容性强、软/硬件资源丰富以及性能较高等特点。其典型代表产品主要有 Intel 公司的 MCS-51 系列、Motorola 公司的 MC6801 系列以及 Zilog 公司的 Z8 系列等。

4）第四代单片机（1983 年以后）

这是单片机发展的高速阶段。8 位高性能单片机、16 位单片机和后来的 32 位单片机并行发展，以及在此基础上实现的高速 I/O 口，可用来快速探测外部事件和触发外部事件，为了保证程序可靠运行的监视计数器 WDT，满足传感器接口要求的模数转换器和数模转换器以及各种人机对话接口等。单片机的广泛应用使世界各大电气公司都积极开发出自己的单片机系列，许多小型半导体厂商也纷纷参与单片机的发展，世界上一些著名的计算机厂家已投放市场的产品就有 50 多个系列，400 多个品种。特别是 20 世纪 90 年代以来推出的各种 8 位、16 位以及 32 位单片机，性能更高、功能更多、功耗更低，而且品种众多，单片机得到了空前的高速发展，美国的 Intel 与 Motorola、荷兰的 Philips、德国的 Siemens、日本的 NEC 等世界知名公司都开发出自己的系列产品，其典型代表产品主要有 Intel 公司的 MCS-96 系列、Motorola 公司的 M68HC08 系列等。单片机的产品已占整个微机产品的 80% 以上，其中 8 位单片机的产量又占整个单片机产量的 60% 以上，这说明 8 位单片机今后一段时期仍是工业检测、控制应用的主流。

3. 单片机的应用

单片机可分为通用型单片机和专用型单片机两类。通用型单片机就是一种基本芯片，其内部资源比较丰富、性能全面，且适用性较强，应用范围较广，用户可根据需要进行再设计与开发。而专用型单片机是针对某些特定的场合而专门设计的芯片，其应用范围有一定的局限性，但它指令执行时间短，运算速度快，精度较高。人们通常所说的单片机指的就是通用型单片机。单片机自身的特点决定了其应用非常广泛，已经深入到工业、农业、国防、科研、教育以及日常生活等各个领域，对各行各业的技术改造以及产品的更新换代起到了极大的推动作用。

1）单机应用

在一个应用系统中，只使用一片单片机，这是目前应用最多的方式。

（1）智能仪表。单片机应用于各种仪器仪表的更新改造，实现仪表的数字化、智能化、多功能化、综合化及柔性化，并使长期以来关于测量仪表中的误差修正和线性化处理等难题迎刃而解。由单片机构成的智能仪表，集测量、处理、控制功能于一体，测量速度和测量精度得到提高，控制功能得到增强，简化了仪器仪表的结构，利于使用、维修和改进。

（2）工业实时控制。单片机应用于各种工业实时控制中，如炉温控制系统、火灾报警系统、化学成分的测量和控制等，单片机技术与测量技术、自动控制技术相结合，利用单片机作为控制器，发挥其数据处理和实时控制功能，提高系统的生产效率和产品的自动化程度。采用单片机作为机床数控系统的控制机，可以提高机床数控系统的可靠性、增强功能、降低控制机成本，并有可能改变数控控制机的结构模式。

（3）机电一体化。单片机促进了机电一体化的发展，利用单片机改造传统的机电产品，能够使产品体积减小、功能增强、结构简化，与传统的机械产品相结合，构成了自动化、智能化的机电一体化新产品。例如，在电传打字机的设计中，由于采用单片机，从而取代了近千个机械部件。

（4）通信接口。在数据采集系统中，用单片机对模数转换接口进行控制，不仅可以提高采集速度，而且还可以对数据进行预处理，如数字滤波、线性化处理及误差修正等，在

通信接口中，采用单片机，可以对数据进行编码、解码、分配管理以及接受/发送等工作。在一般计算机测控系统中，除打印机、键盘、磁盘驱动器、CRT 等通用外部设备接口外，还有许多外部通信、采集、多路分配管理以及驱动控制等接口，如果完全由主机进行管理，势必造成主机负担过重，降低系统的运行速度，降低接口的管理水平。利用单片机进行通信接口的控制与管理，能够提高系统的运行速度，减少接口的通信密度，提高接口的管理水平。单片机在计算机网络和数字通信中具有非常广阔的应用前景。

（5）家用电器。目前，国内外各种家用电器已普遍采用 MCU 代替传统的控制电路，使用的 MCU 大多是小型廉价型的单片机。在这些单片机中集成了许多外设的接口，如键盘、显示器接口及 A/D 等功能单元，而不用并行扩展总线，故常制作成单片机应用系统。例如，洗衣机、电冰箱、微波炉、电饭锅、电视机及其他视频音像设备的控制器。目前的主要发展趋势是模糊控制化，以形成众多的模糊控制家电产品。

此外，单片机成功应用于玩具、游戏机、充电器、IC 卡、电子锁、电子秤、步进电机、电子词典、照相机、电风扇和防盗报警等日常生活用品中；在汽车的点火控制、变速控制、排气控制、节能控制、冷气控制以及防滑刹车中也有很多应用。总之，单片机技术集计算机技术、电子技术、电气技术、微电子技术于一身，作为一种智能化的现代开发工具，从根本上改变了传统的控制系统设计思想和设计方法，随着现代电子技术的普及与发展，其应用领域无所不至，无论是工业部门、民用部门乃至国防等，都有其广泛应用。

2）多机应用

（1）多功能离散系统。多功能离散系统是为了满足工程系统多种外围功能要求而设置的多机系统。例如，加工中心的刀具管理系统，坐标显示系统、状态监视系统、换刀系统以及伺服系统等。

（2）并行多机控制系统。为了解决工程应用系统的快速响应问题，常用多片单片机构成大型实时工程应用系统，这些系统中有快速并行数据采集、处理以及图像处理系统等。

（3）局部网络应用系统。单片机在网络中出现，通常就是分布式测控系统。

4. 单片机的特点

单片机是计算机的一个重要分支，自问世以来所走的路线与微处理器都是不同的。微处理器向着高速运算、数据分析与处理能力、大规模容量存储等方向发展，以提高通用计算机的性能，其接口界面也是为了满足外设和网络接口而设计的。而单片机则是从工业测控对象、环境、接口特点出发，向着增强控制功能、提高工业环境下的可靠性、灵活、方便的构成应用计算机系统的界面接口的方向发展。因此，单片机有着自己的特点，主要表现以下几个方面。

（1）品种多样，型号繁多。品种型号逐年扩充以适应各种需要。使系统开发者有很大的选择自由。CPU 从 4 位、8 位、16 位、32 位到 64 位，有些还采用 RISC 技术。

（2）提高性能，扩大容量。集成度已达 200 万个晶体管以上。总线工作速度已达数十微秒。工作频率达到 30MHz 甚至 40MHz。指令执行周期减到十几微秒。存储器容量 RAM 发展到 1KB、2KB，ROM 发展到 32KB、64KB。

（3）增加控制功能，向外部接口延伸。把原属外围芯片的功能集成到本芯片内。现今的单片机已发展到在一块含有 CPU 的芯片上，除嵌入 RAM、ROM 存储器和 I/O 接口外，还有

A/D、PWM、U ART、Timer/Counter、DMA、Watchdog、Serial Port、Sensor、driver，以及显示驱动、键盘控制、函数发生器、比较器等，构成一个完整的功能强的计算机应用系统。

（4）低功耗。供电电压从 5V 降到 3V、2V 甚至 1V 左右。工作电流从 mA 级降到μA级。在生产工艺上以 CMOS 代替 NMOS，并向 HCMOS 过渡。

（5）应用软件配套。提供了软件库，包括标准应用软件、示范设计方法。使用户开发单片机应用系统时更快速、方便，有可能做到用一周时间开发一个新的应用产品。

（6）系统扩展与配置。有供扩展外部电路用的三总线结构 DB、AB、CB，以方便构成各种应用系统。根据单片机网络系统、多机系统的特点专门开发出单片机串行总线。此外，还特别配置有传感器、人机对话、网络多通道等接口，以便构成网络和多机系统。

5. 单片机主要产品

51 系列单片机源于 Intel 公司的 MCS-51 系列，在 Intel 公司将 MCS-51 系列单片机实行技术开放政策之后，许多公司，如 Philips、Dallas、Siemens、Atmel、华邦、LG 等都以 MCS-51 中的基础结构 8051 为基核推出了许多各具特色、具有优异性能的单片机。这样，把这些厂家以 8051 为基核推出的各种型号的兼容型单片机统称为 51 系列单片机。Intel 公司 MCS-51 系列单片机中的 8051 是其中最基础的单片机型号。由于它应用广泛且功能不断完善，因此成为单片机初学者的首选机型。

现将产品销量大、发展前景好的各系列 8 位单片机简单介绍如下。

1）Intel 公司的 MCS-51 系列单片机

Intel 公司的 MCS-51 系列部分单片机型号和性能指标如表 1-4 所示，其中带"C"的为 CHMOS 工艺的低功耗芯片，否则就是 HMOS 工艺芯片。该类单片机大多采用 PDIP、PLCC 封装形式，图 1-6 为 Intel 公司的单片机。

表 1-4 Intel、Atmel、Philips 公司部分单片机型号和性能指标

公司	型号	片内存储器		I/O口	串行口	中断源	定时器	看门狗	工作频率（MHz）	A/D通道位数	引脚
		ROM（B）	RAM（B）								
Intel	8031	—	128	32	UART	5	2	N	0～24	—	40
	80C51	4K ROM	128	32	UART	5	2	N	0～24	—	40
	8751	4K EPROM	128	32	UART	5	2	N	0～24	—	40
	87c52	4K EPROM	128	32	UART	6	2	N	0～24	—	40
Atmel	AT89C51	4K Flash	128	32	UART	5	2	N	0～24	—	40
	AT89C1051	1K Flash	64	15	—	2	1	N	0～24	—	20
	AT89C2051	2K Flash	128	15	UART	5	2	N	0～25	—	20
	AT89CS51	4K Flash	128	32	UART	5	2	Y	0～33	—	40
	AT89LV51	4K Flash	128	32	UART	6	2	N	0～16	—	40
Philips	P87LPC762	2K EPROM	128	18	I²C，UART	12	2	Y	0～20	—	20
	P87LPC768	4K EPROM	128	18	I²C，UART	12	2	Y	0～20	4/8	20
	P87LPC764	4K EPROM	128	18	I²C，UART	12	2	Y	0～20	—	20

续表

公司	型号	片内存储器		I/O口	串行口	中断源	定时器	看门狗	工作频率（MHz）	A/D通道位数	引脚
Philips	P8XC591	16K EPROM	512	32	I²C，UART	15	3	Y	0～12	6/10	44
	P8XC554	16K EPROM	512	48	I²C，UART	15	3	Y	0～16	8/10	64
	P89C51RX2	6～64K Flash	1024	32	UART	7	4	Y	0～33	—	44
	P89C66X	6～64K Flash	2048	32	I²C，UART	8	4	Y	0～33	—	44

图 1-6　Intel 公司的单片机

图 1-7　Atmel 公司的单片机

2）Atmel 公司的 AT89 系列单片机

AT89 系列单片机与 MCS-51 系列单片机完全兼容，已成为使用者的首先主流单片机机型，其特征为片内 Flash 是一种高速的 EEPROM，可在内部存放程序，方便实现系统扩展和多机系统。芯片型号中带"C"的为 CHMOS 工艺的低功耗芯片，"LV"表示低电压，"S"表示该芯片含有可编程功能，该类单片机大多采用 PDIP、PLCC 和 TQFP 封装形式。目前市场有一种 S 系列代替 C 系列的趋势，S 系列的最大优点是具有在线编程功能，即可以在不拔下芯片的情况下，直接对芯片进行编程操作，同时该芯片自带看门狗电路，图 1-7 为 Atmel 公司的单片机。

3）Philips 公司的 89 系列单片机

荷兰 Philips 公司推出的 89 系列单片机也是一种 8 位的 Flash 单片机，与 Atmel 公司的 89 系列产品相似，具体性能指标如表 1-4 所示，图 1-8 为 Philips 公司的单片机。

4）Motorola 公司的 MC68HC 系列单片机

MC68HC 系列单片机是 Motorola 公司推出的 8 位单片机，其型号庞大，同一系列单片机的 CPU 相同，指令也完全相同。但与 MCS-51 系列单片机不兼容，指令系统也不相同。表 1-5 列出 MC68HC 系列部分单片机型号与性能指标。图 1-9 为 Motorola 公司的单片机。

图 1-8　Philips 公司的单片机

图 1-9　Motorola 公司的单片机

表 1-5　Motorola 公司的 MC68HC 系列部分单片机型号和性能指标

型　号	片内存储器（B）	定时器	I/O	串口	A/D 通道位数	PWM	总线频率（MHz）
MC68HC08AZ0	1K　RAM 512　E²PROM	定时器 1：4 通道 定时器 2：2 通道	48	SCISPI	8/8	16 位	8
MC68HC908AZ60	2K　RAM 60K　Flash	定时器 1：6 通道 定时器 2：2 通道	48	SCISPI	15/8	16 位	8
MC68HC908GP32	512　RAM 32K　Flash	定时器 1：2 通道 定时器 2：2 通道	33	SCISPI	8/8	16 位	8
MC68HC908JK1	128　RAM 15K　Flash	定时器 1：2 通道	15	—	10/8	16 位	8
MC68HC08MR4	192　RAM	定时器 1：2 通道 定时器 2：2 通道	22	SCI	4 或 7/8	12 位	8

图 1-10　Microchip（微芯）
　　公司的单片机

5）Microchip（微芯）公司的 PIC 系列单片机

PIC 系列单片机是由美国 Microchip（微芯）公司推出的 8 位高性能单片机。该系列单片机采用 RISC 结构，指令系统只有 35 条，4 种寻址方式，指令总线和数据总线分离，功耗低，驱动能力强，部分机型还具有 I²C 总线和 SPI 串行总线端口。常用的 PIC 系列单片机的性能指标，如表 1-6 所示。图 1-10 为 Microchip（微芯）公司的单片机。

表 1-6　Microchip（微芯）公司 PIC 系列部分单片机型号和性能指标

型　号	ROM（B）	RAM（B）	I/O 口	定时器	看门狗	工作频率（MHz）	引脚	封装
PIC12C508A	512	25	6	1	Y	0～4	8	PDIP SOIC
PIC12C509A	1024	41				0～4		
PIC12C671	1024	128				0～10		
PIC12C672	2048	128				0～10		
PIC16C55	512	24	20			0～20	28	
PIC16C56	1024	25	12				18	
PIC16C57	2048	72	20				28	

知识点 1.2　数制与编码

单片机内部是由各种基本的数字电路组成的，只能识别和处理数字信息，因此单片机的各种数据都必须是以二进制数来表示。但二进制数书写太长，也不便于阅读和记忆，故通常情况下采用十六进制数来表示。

1.2.1　单片机中的常用数制

数制是数的一种表示形式，即使用有限个基本数码来表示数据。通常按进位的方法来

进行计数就称为进位计数制。它通常包含两大要素：基数和位权。

基数：用来表示数据基本数码的个数，大于此数时必须进位。

位权：数码在表示数据时所处的所具有的单位常数，简称"权"。

1）十进制（Decimal）数

基数为10，逢10进1，有0、1、…、9共10个数码，各位的权是10^i。十进制在表示数据的时候通常省略标志D，如45、36、1099等

2）二进制（Binary）数

基数为2，逢2进1，有0、1两个数码，各位的权是2^i。二进制在表示数据的时候通常带上标志B，如1011B、0.1101B、111011.111B等

3）十六进制（Hexadecimal）数

基数为16，逢16进1，有0~9和A、B、C、D、E、F共16个数码，各位的权是16^i。十六进制在表示数据的时候通常带上标志H，如1011H、4BH、3FFH等。二进制、十进制及十六进制之间的对应关系，如表1-7所示。

表1-7 各种数制之间的对应关系

十进制	二进制	十六进制	十进制	二进制	十六进制	十进制	二进制	十六进制
0	0000	0	6	0110	6	12	1100	C
1	0001	1	7	0111	7	13	1101	D
2	0010	2	8	1000	8	14	1110	E
3	0011	3	9	1001	9	15	1111	F
4	0100	4	10	1010	A			
5	0101	5	11	1011	B			

1.2.2 单片机中数的表示

在实际生活中，人们通常采用十进制数表示，并且数据还有正、负之分。而单片机只能识别0、1两个数据，那么正、负数据又是如何在单片机中表示呢？

1）机器数与真值

机器数是机器中数的一种表示形式。它是数值与符号在一起的一段数码，在单片机中，特别是8位机中，其长度通常是8位。机器数通常有两种，即有符号数和无符号数。有符号数的最高位是符号位，代表数据的正、负，其余各位表示数值的大小；无符号数的最高位不作符号，所有各位都代表数值大小。

真值是指机器数所代表的实际正负数值。

在计算机界，通常规定"0"表示符号位时为"+"，"1"表示符号位时为"-"

2）有符号数的表示方法

有符号数的表示方法通常有原码、反码和补码3种。

（1）原码。将8位二进制数的最高位（D7）作为符号位（0正1负），其余7位（D6~D0）表示数值大小。

例如，+127 的原码为 01111111B，-127 的原码为 11111111B。

从上面看来 8 位长度的二进制有符号数的范围就是-127～+127（FFH～7FH）。根据规定 0 的原码有两个，分别是+0（00H）和-0（80H）。

（2）反码。正数的反码与原码相同，负数的反码是保持符号位不变，其余各数值位按位取反即得到该数据的反码。

例如：+0 的原码是 00000000B 反码是 00000000B

   -0 的原码是 10000000B 反码是 11111111B

   +127 的原码是 01111111B 反码是 01111111B

   -127 的原码是 11111111B 反码是 10000000B

因此，有符号数的反码表示范围为-127～+127，0 的反码也有两个。

（3）补码。正数的补码与原码相同，负数的补码等于其反码加 1。

例如，+1 的原码是 00000001B，反码是 00000001B，补码是 00000001B；-1 的原码是 10000001B，反码是 11111110B，补码是 11111111B。其中 0 的补码只有一种表示，即+0=-0=00000000。

1.2.3 单片机中常用编码

1）BCD 码（Binary code Decimal）

利用 4 位二进制数表示十进制 0～9 这个 10 数字所形成的编码就称为 BCD 码。在单片机中常用的就是 8421BCD 码。BCD 码、二进制、十进制及十六进制之间的关系如表 1-8 所示。

表 1-8 BCD 码、二进制、十进制、十六进制之间的关系

BCD 码	二 进 制	十 进 制	十六进制
0000	0000	0	0
0001	0001	1	1
0010	0010	2	2
0011	0011	3	3
0100	0100	4	4
0101	0101	5	5
0110	0110	6	6
0111	0111	7	7
1000	1000	8	8
1001	1001	9	9
0001 0000	1010	10	A
0001 0001	1011	11	B
0001 0010	1100	12	C
0001 0110	1101	13	D
0001 0100	1110	14	E
0001 0101	1111	15	F

2）ASCII 码

美国标准信息交换码，简称 ASCII 码（American Standard Code Information Interchange），用于表示在计算机中需要进行处理的一些字母、符号等。ASCII 码通常由 7 位二进制数码构成，表示了 52 个大小英文字母、10 个十进制数、7 个标点符号、9 个运算符号以及 50 个其他控制符号。详细见附录 C

任务 1.3　掌握单片机系统开发常用工具的使用

1. 任务书

任务名称	掌握单片机系统开发常用工具的使用
任务要点	1. 熟练使用示波器测量信号的能力； 2. 初步使用仿真软件的基本能力； 3. 初步使用 STC-ISP 编程软件基本能力； 4. 掌握数码之间转换的基本能力
任务要求	完成活动中的全部内容
整理报告	

2. 活动

活动①　示波器是电子实验中非常重要的一个仪器，主要用来观测各种频率模拟或者数字信号波形。通过回顾示波器知识，请记录使用示波器来测试数字方波信号过程和测试注意事项。

	时间：20 分钟 配分：10 分 开始时间：_____ 结束时间：_____

活动②　现场测试，将任务 1.1 制作的线路板加载+5V 电源，进行如下测试内容。

（1）选择万用表的直流电压 10V 挡，测量单片机 P1 口的 P1.0～P1.7，完成下表。

端　　口	测试电平 高低情况	发光二极 管现象	端　　口	测试电平 高低情况	发光二极 管现象
P1.0			P1.4		
P1.1			P1.5		
P1.2			P1.6		
P1.3			P1.7		

时间：20 分钟
配分：10 分
开始时间：_____

（2）将任务 1.1 试验板加载电源，使用示波器测试单片机第 30 引脚的信号情况，并将波形记录下来

结束时间：_____

活动③ 在单片机网络课程中心"设计制作"栏目——制作实例中下载 STC 串口下载部分，完成 STC 串口下载的焊接并按要求回答问题。

（1）按 STC 串口下载完成焊接任务	时间：90 分钟 配分：50 分 开始时间：_____
<table><thead><tr><th>元器件名称</th><th>数　量</th><th>元 件 标 识</th></tr></thead><tbody><tr><td></td><td></td><td></td></tr><tr><td></td><td></td><td></td></tr><tr><td></td><td></td><td></td></tr><tr><td></td><td></td><td></td></tr></tbody></table>	
（2）按照单片机网络课程中心"设计制作"栏目——软件实例中下载 Keil 软件使用步骤，并结合测试程序完成程序的汇编。（附注：测试程序在单片机网络课程中心下载）	
（3）按照单片机网络课程中心"设计制作"栏目——软件实例中下载 STC-ISP 软件使用步骤，完成测试程序下载。	
（4）本次活动中，使用的单片机开发仿真软件的名称是什么？它的基本作用是什么？	
（5）在本次活动中，使用的单片机是什么型号？使用什么软件完成了程序下载？	
（6）运行程序，观察记录现象	
	结束时间：_____

活动④ 通过学习项目 1 中知识点 1.2 的材料，将下列有符号数的二进制补码转换成十进制和十六进制数，并注明其正负。

二进制 补码	十进制	十六进制	二进制补码	十进制	十六进制	时间：20 分钟 配分：10 分
11111111B			01111111B			开始时间：_____
10000011B			11111100B			
00000011B			01111100B			结束时间：_____

3. 任务拓展

本活动中使用的单片机是 STC89C52，如果换成其他类型和系列的单片机，它的开发工具是什么呢？也能使用该工具吗？若不能，请举例说明	时间：10 分钟 配分：10 分 开始时间：_____
	结束时间：_____

4. 任务考核

任务 1.3　掌握单片机系统开发常用工具的使用个人考核标准

考核项目	考核内容	配分	考核要求及评分标准	得分
活动①	示波器使用以及注意事项	10分	测试过程叙述正确、客观得5分，注意事项完整正确得5分，每超时2分钟扣1分	
活动②	万用表、示波器使用	10分	P1.0～P1.7口测试正确得5分，30引脚波形正确得5分，每超时2分钟扣1分	
活动③	Keil、STC-ISP的使用	50分	全部完成任务，程序运行现象正确得50分，前两项每项15分，后4项每项5分，超时10分钟不得分	
活动④	数码转换能力	10分	按时完成内容正确得10分，错1处扣1分，超时10分钟不得分	
态度目标	工作态度	5分	工作认真、细致，组内团结协作好得5分，较好得3分，消极怠慢得0分	
资料整理	资料收集、整理能力	5分	查阅资料的收集，并分类、记录整理得5分，收集不整理得3分，没收集不记录得0分	
任务拓展	了解其他单片机的开发工具	10分	阐述条例清楚，合理、正确得10分	

任务 1.3　掌握单片机系统开发常用工具的使用小组考核标准

评价项目	评价内容及评价分值			自评	互评	教师评分
分工合作	优秀（12～15分）	良好（9～11分）	继续努力（9分以下）			
	小组成员分工明确，任务分配合理，有小组分工职责明细表	小组成员分工较明确，任务分配较合理，有小组分工职责明细表	小组成员分工不明确，任务分配不合理，无小组分工职责明细表			
获取与项目有关质量、市场、环保的信息	优秀（12～15分）	良好（9～11分）	继续努力（9分以下）			
	能使用适当的搜索引擎从网络等多种渠道获取信息，并合理地选择信息，使用信息	能从网络获取信息，并较合理地选择信息，使用信息	能从网络等多种渠道获取信息，但信息选择不正确，信息使用不恰当			
实操技能操作	优秀（16～20分）	良好（12～15分）	继续努力（12分以下）			
	能按技能目标要求规范完成每项实操任务，能准确进行故障诊断，并能够进行正确的检修和维护	能按技能目标要求规范完成每项实操任务，不能准确地进行故障诊断和正确的检修和维护	能按技能目标要求完成每项实操任务，但规范性不够，不能准确进行故障诊断和正确的检修和维护			
基本知识分析讨论	优秀（16～20分）	良好（12～15分）	继续努力（12分以下）			
	讨论热烈，各抒己见，概念准确、原理思路清晰、理解透彻、逻辑性强，并有自己的见解	讨论没有间断，各抒己见，分析有理有据，思路基本清晰	讨论能够展开，分析有间断，思路不清晰，理解不透彻			

续表

评价项目	评价内容及评价分值			自评	互评	教师评分
	优秀（24～30 分）	良好（18～23 分）	继续努力（18分以下）			
成果展示	能很好地理解项目的任务要求，成果展示逻辑性强，熟练利用信息进行成果展示	能较好地理解项目的任务要求，成果展示逻辑性较强，能够熟练利用信息进行成果展示	基本理解项目的任务要求，成果展示停留在书面和口头表达，不能熟练利用信息进行成果展示			
总分						

附：资料收集情况

_____

_____

_____

_____

_____

_____

知识点 1.3　单片机系统开发的常用工具

1.3.1　单片机系统开发

一个单片机控制系统，从提出任务到设计、调试、最终正确地投入运行并完成既定目标这一过程称为开发。开发是从元器件设计到单片机系统应用，由于单片机本身只是一个微控制器，自身不具备调试功能，即无法验证所设计的硬件和软件的正确性，因此需要借助其他工具才能完成调试工作，这个过程称为单片机系统开发。

单片机开发系统又称为开发机或者仿真机。单片机开发系统通过自身提供的屏幕编辑软件进行汇编语言和高级语言的输入和编辑，并利用开发系统提供的调试软件中的各项命令完成对目标系统的软、硬件的排错。最终完成程序固化，同时将固化程序的单片机芯片植入单片机系统中，实现目标系统的独立运行。由此可见，单片机开发系统的功能主要体现在 4 个方面：辅助设计、在线仿真、调试和固化程序。通常情况下单片机应用开发一般可分为以下 5 个过程。

（1）单片机硬件系统设计与调试。这个阶段主要完成硬件电路设计与电子元器件的选取、PCB 印刷电路绘制和电路板焊接。

（2）应用软件程序的设计与调试。软件设计与调试主要利用各种汇编工具软件进行源程序的编写、编译以及调试。

（3）系统联调。这个阶段主要依托仿真器对设计制作的硬件进行在线调试或使用仿真软件对软件程序进行仿真调试，不断修改、完善制作的硬件系统和软件程序。

（4）单片机软件程序固化（烧写）。该阶段是利用专用的单片机编程器将编译产生的二

进制代码或者十六进制代码文件写入单片机 ROM 的过程。

（5）系统脱机运行。

1.3.2 单片机系统开发工具

单片机的开发包括硬件开发和软件开发两部分，因此开发工具也需要硬件开发工具和软件开发工具两部分。

1. 硬件开发基本工具

1）计算机

单片机的程序设计以及汇编、仿真都是在计算机上完成的，因此进行单片机开发必须有一台计算机。配置没有什么具体要求，现在基本配置的 PC 已足以满足要求。

2）示波器

示波器是用来观测各种高低频率模拟或者数字信号波形的。基本上可以分为两种类型，一种是模拟示波器，另外一种是数字示波器。通常数字示波器功能强，价格也比较贵，它具有画面锁定功能，对观察瞬时现象时特别有用，在记录实验过程或者信号调试上十分有利。如果开发的是数字信号，也可以借助逻辑笔来调试。如果开发是模拟信号，就必须用模拟示波器来调试了。示波器如图 1-11 和图 1-12 所示，示波器的详细使用请参阅教材附带素材。

图 1-11　数字示波器　　　　　　　　　图 1-12　模拟示波器

3）万用表

其主要用做电压的测量和短路、断路的判断。现在万用表很多都做成数字式，同时配有短路声响警示功能。只要测试端测量到短路的情况，它就会发出声音来告知，此功能在做硬件线路检查时相当方便，在硬件的初步调试上有很大帮助。万用表如图 1-13、图 1-14 所示。

4）逻辑笔

逻辑笔是微处理器系统开发中的必备工具，因为对于数字电路而言，其信号不外乎高电平、低电平、脉冲或者高阻抗状态，一旦了解此数字系统的特性后，便不难使用逻辑笔来帮忙做线路的调试和分析了。逻辑笔是最便宜的微处理器电路检修和测试工具，以实际操作经验来看，单片机开发使用逻辑笔做检修已经是绰绰有余。逻辑笔如图 1-15 所示。

5）编程器

编程器也称为烧录器，是单片机开发不可缺少的工具之一。主要功能是将调试通过的单片机目标程序固化到单片机程序存储器中或者单片机中。目前市面上有很多种类，但大体上可以分为两类：一类是专用的编程器（本教材后续任务制作使用的编程器是广州市长兴晶工科技开发有限公司生产的 TOP2000 编程器），另一类是专用的数据下载线（通常需要芯片支持）。编程器的安装使用请参阅教材附带素材。编程器如图 1-16 所示。

图 1-13　指针式万用表　　　　　图 1-14　数字式万用表　　　　　图 1-15　逻辑笔

6）仿真器

仿真器是单片机开发效率比较高的工具。一般是通过 RS-232 或者 USB 接口与 PC 联机，经过引脚连线，连至目标电路板的 CPU 插座上。由于它直接模拟 CPU 动作，因此功能相当强，对于系统上硬件的调试、软件测试与调试皆可，是单片机设计者的最佳工具伙伴，但是市场价格偏高。单片机仿真器如图 1-17 所示。

7）紫外线擦除器

紫外线擦除器是用来将 EPROM 存储器清空数据的一个工具。这跟开发所使用存储器类型有关。紫外线擦除器也可自制，价格不贵。紫外线擦除器如图 1-18 所示。

 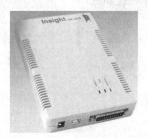 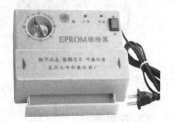

图 1-16　编程器　　　　　图 1-17　单片机仿真器　　　　　图 1-18　紫外线擦除器

8）直流电源设备

单片机系统工作需要电源，大多单片机的工作电压是 5V，因此需要配备一部 5V 的专用直流电源设备。

9）面包板

面包板是做模拟以及数字逻辑实验必备的器材，可以将电子零件及 IC 反复地插在板子上，通过单芯线做电路实验。通常前期实验均可以在面包板上先实验，然后再进行实验线路板。

10）基本焊接工具

基本焊接工具主要是电烙铁、焊锡、剪线钳、尖嘴钳、芯片起拔器、镊子等，主要完成线路的焊接和硬件的组装功能。

2. 软件开发基本工具

单片机软件开发其实就是程序设计，但如何保证开发的程序符合设计要求呢？这就涉及软件开发的工具。单片机软件开发工具种类很多，但不管是那一种，最终实现的基本功能都大体相同。单片机软件开发工具通常就是指汇编编译器（也称仿真器），即实现程序编辑、修改、汇编及编译、下载等。其中重要的功能就是仿真功能。一般编译器都可以实现软件仿真，同时再配置仿真头（或者其他硬件）来实现硬件仿真。其中美国 Keil Software 公司的 Keil C51 是单片机应用开发比较优秀的软件之一。Keil C51 软件提供丰富的库函数和功能强大的集成开发调试工具，具有全 Windows 界面，操作简单。同时生成的目标代码效率非常高，是业界最常用的开发工具之一。关于仿真软件的安装使用请参阅教材附带素材。

任务 1.4 了解常用单片机的封装及系统资源

1. 任务书

任务名称	了解常用单片机的封装及系统资源
任务要点	1. 查阅相关资料，了解 Intel、Atmel、Philips、Motorola、Microchip 公司以及 STC 系列主流 8 位单片机的封装形式； 2. 对 Intel、Atmel、Philips、Motorola、Microchip 公司以及 STC 系列主流 8 位单片机芯片引脚功能进行归类总结并了解其系统资源
任务要求	完成活动中的全部内容
整理报告	要求在完成活动中对查阅相关资料的出处进行收集，并分类整理

2. 活动

活动① 请结合项目 1 中的知识 2.4 并结合网络资源，完成下表。

单片机型号	单片机制造厂商	引脚个数	封装形式	时间：40 分钟
87C51				配分：20 分
AT89C51				开始时间：
P89C662HFA				
MC68HC908JK1				
PIC12C508A				
STC89C52				结束时间：

活动② 请根据项目 1 中知识点 1.4 及相关资料画出 AT89C51、87C51 和 STC89C52 单片机的 DIP 引脚分布图。

	时间：20 分钟
	配分：15 分
	开始时间：
	结束时间：

附注：表格不够时，可自行添加。

活动③ 根据活动②完成的内容，回答下面的问题。

（1）它们的封装相同吗？为什么会出现这种情况？ （2）由它们的引脚组成来看，大体分哪几类引脚？分别是什么？	时间：10 分钟 配分：5 分 开始时间：_____ 结束时间：_____

活动④ 请上网查阅相关资料画出 P89C66X 和 PIC12C508A 的 PLCC 引脚分布图。

	时间：20 分钟 配分：20 分 开始时间：_____ 结束时间：_____

活动⑤ 根据活动④完成的内容，回答下面的问题。

由它们的引脚组成来看，与 AT89C51、87C51 和 STC89C52 有什么异同？引脚功能相同吗？	时间：10 分钟 配分：5 分 开始时间：_____ 结束时间：_____

活动⑥ 请根据教材提供的相关资料。完成下列表格。

时间：15 分钟	配分：15 分	开始时间：_____	结束时间：_____			
单片机型号	RAM（B）	ROM（B）	并行 I/O	中断源（个）	定时/计数器（个×位）	工作频率（MHz）
87C51						
AT89C51						
P89C662HFA						
MC68HC908JK1						
PIC12C508A						
STC89C52						

3. 任务考核

任务 1.4   了解常用单片机的封装及系统资源个人考核标准

考核项目	考核内容	配分	考核要求及评分标准	得分
活动①	不同厂商单片机的基本了解	20 分	每列完全正确得 5 分，少 1 小项扣 1 分，每超时 3 分钟扣 1 分	

考核项目	考核内容	配分	考核要求及评分标准	得分
活动②	画出 AT89C51、87C51 和 STC89C52 单片机的 DIP 封装图	15 分	按时完成内容正确得 15 分，少 1 图扣 5 分，超时 10 分钟不得分	
活动③	根据 DIP 封装图回答问题	5 分	全部 2 项，正确得 5 分，少 1 项扣 2.5 分，超时 10 分钟不得分	
活动④	画出 P89C66X 和 PIC12C508A 的 PLCC 引脚分布图	20 分	按时完成内容正确得 20 分，少 1 图扣 10 分，超时 10 分钟不得分	
活动⑤	根据 PLCC 封装图回答问题	5 分	按时、正确完成任务得 5 分。错 1 处扣 2.5 分，超时 5 分钟不得分	
活动⑥	其他单片机的系统资源	15 分	回答正确，每种单片机系统资源正确完整得 2.5 分，每超时 3 分钟扣 5 分	
态度目标	工作态度	5 分	工作认真、细致，组内团结协作好得 5 分，较好 3 分，消极怠慢得 0 分	
资料整理	资料收集、整理能力	5 分	查阅资料的收集，并分类、记录整理得 5 分，收集不整理得 3 分，没收集不记录得 0 分	
协作能力	团队协作能力	10 分	团队协作好，分工得当，用时短，完成效果好，得 10 分	

任务 1.4　了解常用单片机的封装及系统资源小组考核标准

评价项目	评价内容及评价分值			自评	互评	教师评分
分工合作	优秀（12～15 分）	良好（9～11 分）	继续努力（9 分以下）			
	小组成员分工明确，任务分配合理，有小组分工职责明细表	小组成员分工较明确，任务分配较合理，有小组分工职责明细表	小组成员分工不明确，任务分配不合理，无小组分工职责明细表			
获取与项目有关质量、市场、环保的信息	优秀（12～15 分）	良好（9～11 分）	继续努力（9 分以下）			
	能使用适当的搜索引擎从网络等多种渠道获取信息，并合理地选择信息，使用信息	能从网络获取信息，并较合理地选择信息，使用信息	能从网络等多种渠道获取信息，但信息选择不正确，信息使用不恰当			
实操技能操作	优秀（16～20 分）	良好（12～15 分）	继续努力（12 分以下）			
	能按技能目标要求规范完成每项实操任务，能准确进行故障诊断，并能够进行正确的检修和维护	能按技能目标要求规范完成每项实操任务，不能准确地进行故障诊断和正确的检修和维护	能按技能目标要求完成每项实操任务，但规范性不够，不能准确进行故障诊断和正确的检修和维护			
基本知识分析讨论	优秀（16～20 分）	良好（12～15 分）	继续努力（12 分以下）			
	讨论热烈，各抒己见，概念准确、原理思路清晰、理解透彻，逻辑性强，并有自己的见解	讨论没有间断，各抒己见，分析有理有据，思路基本清晰	讨论能够展开，分析有间断，思路不清晰，理解不透彻			

续表

评价项目	评价内容及评价分值			自评	互评	教师评分
成果展示	优秀（24～30分）	良好（18～23分）	继续努力（18分以下）			
	能很好地理解项目的任务要求，成果展示逻辑性强，熟练利用信息进行成果展示	能较好地理解项目的任务要求，成果展示逻辑性较强，能够熟练利用信息进行成果展示	基本理解项目的任务要求，成果展示停留在书面和口头表达，不能熟练利用信息进行成果展示			
总分						

附：参考资料收集情况

_____

_____

_____

_____

_____

_____

知识点 1.4　MCS-51 单片机的封装及系统资源

1.4.1　集成电路的封装及其功能

封装（Encapsulation）就是隐藏对象的属性和实现细节，将抽象得到的数据和行为（或功能）相结合，形成一个有机的整体，仅对外公开接口的一种统称。其目的是增强安全性和简化编程，使用者不必了解具体的实现细节，而只是要通过外部接口，特定的访问权限来使用各类内部资源的。

集成电路封装是封装在集成电路（IC）中的一个应用。不仅起到集成电路芯片内键合点与外部进行电气连接的作用，也为集成电路芯片提供了一个稳定可靠的工作环境，对集成电路芯片起到机械或环境保护的作用，从而集成电路芯片能够发挥正常的功能，并保证其具有高稳定性和可靠性。总之，集成电路封装质量的好坏，对集成电路总体的性能优劣关系很大。因此，封装应具有较强的机械性能、良好的电气性能、散热性能和化学稳定性。

1.4.2　单片机常用的封装形式

单片机是集成电路芯片，封装是它外在的表现形式。封装形式不同为将来设计、制作电路板带来很大的不同，因此要了解单片机的常用封装形式。根据目前市场出现单片机的封装来看，主要封装形式有以下3类。

1）DIP（Dual In-line Package）封装

DIP 封装也称为双列直插式封装，它是插装型封装之一。芯片引脚从封装两侧引出，封装材料有塑料和陶瓷两种。DIP 是最普及的插装型封装，应用范围包括标准逻辑 IC、存储器 LSI、微机电路等。引脚中心距 2.54mm，引脚数从 6 到 64。封装宽度通常为 15.2mm。有的把宽度为 7.52mm 和 10.16mm 的封装分别称为 skinny DIP 和 slim DIP（窄体型 DIP）。但多数情况下并不加区分，只简单地统称为 DIP。DIP 封装如图 1-19 所示。

2）PLCC（Plastic Leaded Chip Carrier）封装

PLCC 封装是带引线的塑料芯片载体，是表面贴装型封装之一。引脚从封装的 4 个侧面引出，呈丁字形，是塑料制品。现在已经普及，用于逻辑 LSI、DLD（或可编程逻辑器件）等电路。引脚中心距 1.27mm，引脚数从 18 到 84。PLCC 封装如图 1-20 所示。

图 1-19　DIP 封装

图 1-20　PLCC 封装

3）QFP（Quad Flat Package）封装

QFP 是四侧引脚扁平封装，是表面贴装型封装之一。引脚从 4 个侧面引出呈海鸥翼（L）形。基材有陶瓷、金属和塑料三种。从数量上看，塑料封装占绝大部分。当没有特别表示出材料时，多数情况为塑料 QFP。塑料 QFP 是最普及的多引脚 LSI 封装。不仅用于微处理器，门阵列等数字逻辑 LSI 电路，而且也用于 VTR 信号处理、音响信号处理等模拟 LSI 电路。引脚中心距有 1.0mm、0.8mm、0.65mm、0.5mm、0.4mm、0.3mm 等多种规格。0.65mm 中心距规格中最多引脚数为 304。通常 QFP 封装在引脚中心距上不加区别，而是根据封装本体厚度分为 QFP（2.0～3.6mm 厚，如图 1-21 所示）、LQFP（1.4mm 厚，如图 1-22 所示）、TQFP（1.0mm 厚，如图 1-23 所示）。

图 1-21　LQFP 封装

图 1-22　QFP 封装

图 1-23　TQFP 封装

1.4.3　AT89C51 单片机封装及其引脚

单片机种类很多，目前在我国使用最为广泛的是 Intel 公司生产的 MCS-51 系列单片机，同时该系列还在不断地完善和发展。随着各种新型号系列产品的推出，它越来越被广大用户所接受。MCS-51 系列单片机共有二十几种芯片，引脚个数也不尽相同，但总体功能上基本是相同的。

AT89 系列单片机的各种型号都是以 Intel 8031 核心发展起来的，具有 51 系列单片机的基本结构和软件特征。AT89C51 是 AT89 系列单片机的主流产品。AT89C51 单片机的封装有 DIP、PLCC 及 PQFP 三种封装形式，常用 DIP 封装，其封装和引脚如图 1-24 所示。AT89C51 共 40 个引脚，按功能可分为 4 类：分别是电源类、时钟类、并行 I/O 类和控制类。图 1-25 是 AT90 单片机封装和引脚。

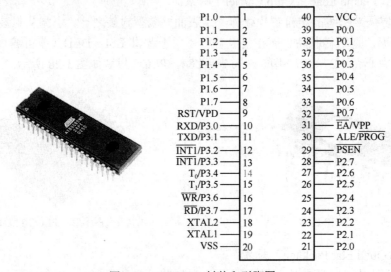

图 1-24 AT89C51 封装和引脚图

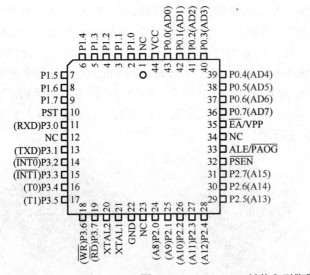

图 1-25 AT90S8515 封装和引脚图

1）电源类引脚（2 个）

（1）VSS：20 引脚，地线。

（2）VCC：40 引脚，+5V 电源

2）时钟类引脚（2 个）

（1）XTAL2：18 引脚，采用内部时钟电路时，外接晶体振荡器；采用外部时钟时，此引脚接地。

（2）XTAL1：19 引脚，采用内部时钟电路时，外接晶体振荡器；采用外部时钟时，此引脚接外部时钟。

3）控制类引脚（4 个）

（1）RST/VPD：9 引脚，复位信号/备用电源输入端。当输入的复位信号延续 2 个机器周期以上高电平即为有效，用以完成单片机的复位初始化操作。

（2）$\overline{\text{PSEN}}$：29 引脚，外部程序存储器读选通信号。在读外部 ROM 时，$\overline{\text{PSEN}}$ 有效（低电平），以实现外部 ROM 单元的读操作。

（3）ALE/$\overline{\text{PROG}}$：30 引脚，地址锁存控制信号端。

在系统扩展时，ALE 用于控制把 P0 口输出的低 8 位地址锁存器锁存起来，以实现低位地址和数据的隔离。此外由于 ALE 是以晶振 1/6 的固定频率输出的正脉冲，因此可作为外部时钟或外部定时脉冲使用。

（4）$\overline{\text{EA}}$/VPP：31 引脚，访问内外部程序存储器控制信号。当 $\overline{\text{EA}}$ 信号为低电平时，对 ROM 的读操作限定在外部程序存储器；而当 $\overline{\text{EA}}$ 信号为高电平时，则对 ROM 的读操作是从内部程序存储器开始，并可延至外部程序存储器。

4）I/O 类引脚（32 个）

P0.0～P0.7：39～32 引脚，P0 口 8 位双向 I/O 口线。

P1.0～P1.7：1～8 引脚，P1 口 8 位准双向 I/O 口线。

P2.0～P2.7：21～28 引脚，P2 口 8 位准双向 I/O 口线。

P3.0～P3.7：10～17 引脚，P3 口 8 位准双向 I/O 口线。

1.4.4　MCS-51 单片机系统资源

单片机系统资源简单地说就是某种型号的单片机可以提供给用户使用的内部结构资源情况。

1）AT89C51 单片机的内部结构

AT89C51 单片机的内部结构框图如图 1-26 所示。主要包括 CPU、存储器以及接口电路组成。

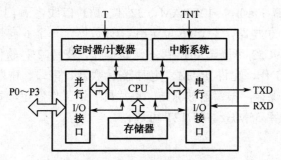

图 1-26　AT89C51 单片机内部结构框图

AT89C51 是 8 位单片机，其内部资源如下。

（1）一个片内振荡器及时钟电路，最高工作频率达 24MHz。

（2）4KB Flash 程序存储器，128B 数据存储器。

（3）32 根双向可按位寻址的 I/O 口线，1 个全双工串行口。

（4）2 个 16 位定时/计数器。

（5）具有两个优先级的 5 个中断源。

2）AT89 系列单片机的系统资源

单片机系统资源是针对单片机而言的，单片机型号不同，其内部资源的配置情况也不尽相同，因此使用不同系列的不同类型单片机时，其系统资源也不是完全相同的。下面给出 Atmel 公司的 AT89 系列单片机的系统资源，如表 1-9 所示。

表 1-9　AT89 系列单片机的系统资源

公司	型号	片内存储器		I/O 口	串行口	中断源	定时器	看门狗	工作频率 MHz	A/D 通道位数	引脚
		ROM（B）	RAM（B）								
Atmel	AT89C51	4K Flash	128	32	UART	5	2	N	0～24	—	40
	AT89C1051	1K Flash	64	15	—	2	1	N	0～24	—	20
	AT89C2051	2K Flash	128	15	UART	5	2	N	0～25	—	20
	AT89CS51	4K Flash	128	32	UART	5	2	Y	0～33	—	40
	AT89LV51	4K Flash	128	32	UART	6	2	N	0～16	—	40

1.4.5　STC89C52 单片机资源

STC89C52 系列单片机是宏晶科技新一代增强型 8051 单片机。它们在指令系统、硬件结构和片内资源上与标准 8052 单片机完全兼容，DIP40 封装系列与 8051 为 pin-to-pin 兼容。STC89C52 系列单片机高速（最高时钟频率 90MHz），低功耗，在系统/在应用可编程（ISP、IAP），不占用户资源。

1）STC89C52 单片机简介

STC89C52 是一种低功耗、高性能 CMOS 8 位微控制器，其封装和引脚如图 1-27 所示。具有 8KB 在线可编程 Flash 存储器。在单芯片上，拥有灵巧的 8 位 CPU 和在系统可编程 Flash，使得 STC89C52 为众多嵌入式控制应用系统提供高灵活、超有效的解决方案。具有以下标准功能：8KB Flash，512BRAM，32 位 I/O 口线，看门狗定时器，内置 4KB EEPROM，MAX810 复位电路，3 个 16 位定时器/计数器，一个 6 向量 2 级中断结构，全双工串行口。另外 STC89C52 可降至 0Hz 静态逻辑操作，支持 2 种软件可选择节电模式。空闲模式下，CPU 停止工作，允许 RAM、定时器/计数器、串口、中断继续工作。掉电保护方式下，RAM 内容被保存，振荡器被冻结，单片机一切工作停止，直到下一个中断或硬件复位为止。最高运作频率 35MHz，6T/12T 可选。

2）主要特性

8KB 程序存储空间。

512B 数据存储空间。

内带 4KB EEPROM 存储空间。

可直接使用串口下载。

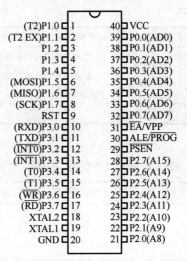

图 1-27 STC89C52 单片机及 DIP 封装

3）技术参数

（1）增强型 8051 单片机，6 时钟/机器周期和 12 时钟/机器周期可以任意选择，指令代码完全兼容传统 8051。

（2）工作电压：3.3～5.5V（5V 单片机）/2.0～3.8V（3V 单片机）

（3）工作频率范围：0～40MHz，相当于普通 8051 的 0～80MHz，实际工作频率可达48MHz

（4）用户应用程序空间为 8KB

（5）片上集成 512B RAM

（6）通用 I/O 口（32 个），复位后为：P0/P1/P2/P3 是准双向口/弱上拉，P0 口是漏极开路输出，作为总线扩展用时不用加上拉电阻，作为 I/O 口用时需加上拉电阻。

（7）ISP（在系统可编程）/IAP（在应用可编程），无须专用编程器，无须专用仿真器，可通过串口（RxD/P3.0，TxD/P3.1）直接下载用户程序，数秒即可完成一片程序下载。

（8）具有 EEPROM 功能。

（9）具有看门狗功能。

（10）共 3 个 16 位定时器/计数器，即定时器 T0、T1、T2。

（11）外部中断 4 路，下降沿中断或低电平触发电路，Power Down 模式可由外部中断低电平触发中断方式唤醒。

（12）通用异步串行口（UART），还可用定时器软件实现多个 UART。

（13）工作温度范围：-40～+85℃（工业级）/0～75℃（商业级）。

（14）PDIP 封装。

任务 1.5　使用 STC89C52 控制发光二极管

1. 任务书

任务名称	使用 STC89C52 控制发光二极管
任务要点	1. 检测单片机时钟电路和单片机复位电路的能力； 2. 掌握单片机基本开发流程的能力
任务要求	完成活动中的全部内容
整理报告	

2. 活动

活动①　通过知识点 1.5 的学习并结合实验板，回答下面问题。

（1）什么是单片机的最小系统？单片机最小系统包括几部分？分别是什么？	时间：50 分钟 配分：40 分 开始时间：_____
（2）单片机哪个引脚具有复位功能？复位的条件是什么？	
（3）单片机复位电路的基本功能是什么？通常有几种复位形式？请画出任务 1.1 制作的实验板上的复位原理电路并确定元器件参数。	
（4）将任务 1.1 制作的实验板接通电源，选择万用表直流 10V 挡，测量单片机第 9 引脚，按下/松开复位按键，记录观察到的情况。	
（5）STC89C52 单片机电源引脚是哪个引脚？工作电压范围是多少？	
（6）STC89C52 单片机的时钟引脚是哪个引脚？请画出 STC89C52 单片机常用的时钟电路，并确定元器件参数。	结束时间：_____

活动② 使用 Keil 软件完成下面程序的汇编，产生十六进制文件。

时间：50分钟

配分：30分

开始时间：_____

```
           ORG  0000H
           LJMP  MAIN
           ORG  0030H
MAIN:   MOV  A,#7FH
LOOP:   MOV  P1,A
           LCALL  YS
           RR   A
           CJNE  A, #7FH,LOOP
           MOV  P1, #00H
           LCALL  YS
           MOV  P1, #0FFH
           LCALL  YS
           MOV  P1, #00H
           LCALL  YS
           MOV  P1, #0FFH
           LCALL   YS
           MOV  A,#0FEH
LOOP1:  MOV  P1,A
           LCALL  YS
           RL   A
           CJNE  A, #0FEH,LOOP1
           MOV  P1, #00H
           LCALL  YS
           MOV  P1, #0FFH
           LCALL  YS
           MOV  P1, #00H
           LCALL  YS
           MOV  P1, #0FFH
           LCALL   YS
           LJMP  MAIN
YS:     MOV  R5, #10
MP0:    MOV  R6, #200
MP1:    MOV  R7, #123
MP2:    DJNZ R7,MP2
           DJNZ R6,MP1
           DJNZ R5,MP0
           RET
           END
```

结束时间：_____

活动③ 使用 STC-ISP 下载软件，完成程序下载。并回答以下问题。

(1) 使用 STC-ISP 下载软件一共有几步？请记录下来。	时间：20 分钟 配分：10 分 开始时间：_____
(2) 运行单片机程序，观察并记录现象。	 结束时间：_____

活动④ 已知某单片机晶体振荡器频率 f_{OSC}=6MHz，请计算其状态周期、机器周期、指令周期分别是多少？

	时间：10 min 配分：10 分 开始时间：_____ 结束时间：_____

3. 任务考核

任务 1.5 使用 STC89C52 控制发光二极管个人考核标准

考核项目	考核内容	配分	考核要求及评分标准	得分
活动①	最小系统组成、功能以及电路	40 分	前 5 小项正确得 6 分，第 6 项 10 分，每超时 3 分钟扣 1 分	
活动②	Keil 软件的使用	30 分	按时完成内容正确得 30 分，每超时 3 分钟扣 1 分	
活动③	STC-ISP 软件的使用	10 分	正确得 10 分，超时 10 分钟不得分	
活动④	时序单位及计算	10 分	按时完成内容正确得 10 分，每超时 5 分钟扣 2 分	
态度目标	工作态度	5 分	工作认真、细致，组内团结协作好得 5 分，较好得 3 分，消极怠慢得 0 分	
资料整理	资料收集、整理能力	5 分	查阅资料的收集，并分类、记录整理得 5 分，收集不整理得 3 分，没收集不记录得 0 分	

任务 1.5 使用 STC89C52 控制发光二极管小组考核标准

评价项目	评价内容及评价分值			自评	互评	教师评分
	优秀（12~15 分）	良好（9~11 分）	继续努力（9 分以下）			
分工合作	小组成员分工明确，任务分配合理，有小组分工职责明细表	小组成员分工较明确，任务分配较合理，有小组分工职责明细表	小组成员分工不明确，任务分配不合理，无小组分工职责明细表			

评价项目	评价内容及评价分值			自评	互评	教师评分
获取与项目有关质量、市场、环保的信息	优秀（12～15分）	良好（9～11分）	继续努力（9分以下）			
	能使用适当的搜索引擎从网络等多种渠道获取信息，并合理地选择信息，使用信息	能从网络获取信息，并较合理地选择信息，使用信息	能从网络等多种渠道获取信息，但信息选择不正确，信息使用不恰当			
实操技能操作	优秀（16～20分）	良好（12～15分）	继续努力（12分以下）			
	能按技能目标要求规范完成每项实操任务，能准确进行故障诊断，并能够进行正确的检修和维护	能按技能目标要求规范完成每项实操任务，不能准确地进行故障诊断和正确的检修和维护	能按技能目标要求完成每项实操任务，但规范性不够，不能准确进行故障诊断和正确的检修和维护			
基本知识分析讨论	优秀（16～20分）	良好（12～15分）	继续努力（12分以下）			
	讨论热烈，各抒己见，概念准确、原理思路清晰、理解透彻，逻辑性强，并有自己的见解	讨论没有间断，各抒己见，分析有理有据，思路基本清晰	讨论能够展开，分析有间断，思路不清晰，理解不透彻			
成果展示	优秀（24～30分）	良好（18～23分）	继续努力（18分以下）			
	能很好地理解项目的任务要求，成果展示逻辑性强，熟练利用信息进行成果展示	能较好地理解项目的任务要求，成果展示逻辑性较强，能够熟练利用信息进行成果展示	基本理解项目的任务要求，成果展示停留在书面和口头表达，不能熟练利用信息进行成果展示			
总分						

附：参考资料收集情况

_____

_____

_____

_____

_____

_____

知识点 1.5 MCS-51 单片机最小系统

单片机是集成电路芯片，没有可以操作的实际控制功能，要想使单片机实现具体的控制功能，必须构建单片机系统。在单片机实际应用系统中，由于应用条件及控制要求不同，其外围电路的组成各不相同；单片机最小系统就是在尽可能少的外部电路条件下，能使单片机独立工作的系统称为最小系统，通常单片机最小系统由四部分组成：单片机芯片、电源、时钟电路、复位电路，如图 1-28 所示。

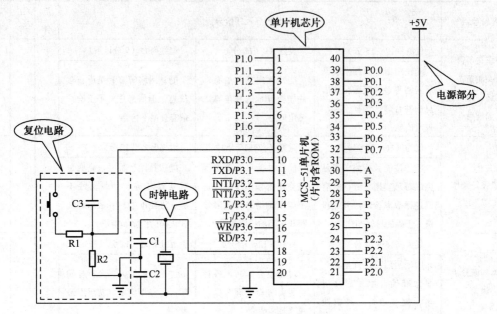

图 1-28　MCS-51 单片机最小系统

1. 电源

单片机工作的首要条件是要给单片机系统施加电源，单片机功耗很低，故电源的功率不是主要问题，但工作电压是其主要参数之一。电压过高或者过低，都会引起 CPU 不正常工作，同时不同芯片的工作电压范围也不一样，具体电压范围以 CPU 芯片提供资料为准。MCS-51 单片机的额定工作电压大多是 5V，由 MCS-51 单片机引脚功能可知，芯片 40 引脚应接电源，20 引脚接地。

2. 时钟电路

单片机执行指令是在时钟信号控制下进行的，因此时钟信号是单片机工作的基本条件，时钟电路不正常也会引起 CPU 的不工作。通常可以通过测量 30 引脚是否有输出时钟的 1/6 频信号来判断时钟电路是否正常。

MCS-51 单片机时钟信号的产生方式有两种：内部时钟方式和外部时钟方式。

1）内部时钟方式

如图 1-29 所示，在 XTAL2 和 XTAL1 引脚上外接定时元件。定时元件通常采用晶振和电容组成的并联谐振电路。一般电容 C1 和 C2 取 30pF 左右，晶体的振荡频率范围是 1.2～12MHZ。晶体振荡频率高，则系统的时钟频率也高，单片机运行速度也就快。单片机外接时钟频率是芯片的一个技术参数，通常也随芯片一起提供，使用时要注意在范围内进行选择。在通常应用情况下，使用振荡频率大多为 6MHz 或 12MHz。

2）外部时钟方式

如图 1-30 所示，在 XTAL2 上接外部振荡器，并且外接一上拉电阻，XTAL1 接地。外部振荡器，信号一般采用频率低于 12MHz 的方波信号。

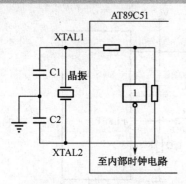

图1-29 内部时钟电路

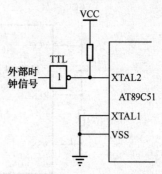

图1-30 外部时钟电路

单片机系统究竟采用哪种时钟方式也没有特别规定，主要依据系统成本和控制功能需要而定。例如，成本低，单个单片机系统工作一般采取内部时钟方式；如果是多个单片机系统协调工作，而且同步性要求较高，则采用外部时钟方式。采用外部时钟方式时，每个单片机系统采用统一的外部时钟源。

晶振的相关资料

（1）晶振及分类：晶振全称为晶体振荡器，其作用主要是产生原始的时钟频率，为单片机提供时钟信号。晶体振荡器分为无源晶振和有源晶振两种类型。无源晶振需要借助于时钟电路才能产生振荡信号，自身无法振荡起来，单片机内部有自己的时钟电路，因此单片机系统使用无源晶振；有源晶振是一个完整的谐振振荡器。常用无源晶振如图1-31所示。

图1-31 无源晶振

（2）晶振的检测：对于晶振的检测,通常仅能用示波器（需要通过电路板给予加电）或频率计实现。万用表或其他测试仪等是无法测量的。因此在检测晶振时，需要将单片机系统上电，通过检测单片机的第18引脚来判断晶振是否损坏。

---

3. 复位电路

复位是单片机的初始化操作，其目的使 CPU 及各专用寄存器处于一个确定的初始状态，或者是系统为了摆脱死循环而必须进行的操作。无论是在单片机刚开始接上电源时，还是断电后或者发生故障后都要复位。为此必须清楚 MCS-51 型单片机复位的条件、复位电路和复位后状态。

单片机复位的条件是：必须使 RST/VPD 或 RST 引脚（9引脚）加上持续2个机器周期的高电平。单片机常见的复位电路如图1-32所示。

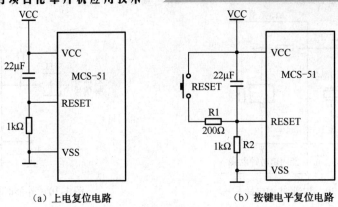

（a）上电复位电路　　　　　　　　　（b）按键电平复位电路

图 1-32　单片机常见的复位电路

图 1-32（a）为上电复位电路，它是利用电容充电来实现的。在接电瞬间，RST 端的电位与 VCC 相同，随着充电电流的减小，RST 的电位逐渐下降。只要保证 RST 为高电平的时间大于 2 个机器周期，便能正常复位。

图 1-32（b）为按键复位电路。若要复位，只需按图 1-32（b）中的 RESET 键，此时电源 VCC 经电阻 R1、R2 分压，在 RST 端产生一个复位高电平。此外，该电路也具有上电复位功能。

单片机复位期间不产生 ALE 和 $\overline{PSEN}$ 信号，即 ALE=1 和 $\overline{PSEN}$=1。这表明单片机复位期间不会有任何取指令操作。复位后，内部各专用寄存器状态如表 1-10 所示。

表 1-10　单片机复位后相关寄存器的状态

PC	0000H	TMOD	00H
ACC	00H	TCON	00H
PSW	00H	TL0	00H
SP	07H	TH0	00H
DPTR	0000H	TL1	00H
P1～P3	FFH	TH1	00H
P0	00H	SCON	00H
IP	××000000	SBUF	不定
IE	0×000000	PCON	0×××0000

注：×表示无关位。

注意：

（1）复位后 PC 值为 0000H，表明复位后程序从 0000H 开始执行

（2）SP 值为 07H，表明堆栈底部在 07H。一般需重新设置 SP 值。

（3）P1～P3 口值为 FFH。P1～P3 口用做输入口时，必须先写入"1"。单片机在复位后，已使 P1～P3 口每一端线为"1"，为这些端线用做输入口做好了准备。

（4）复位不影响内部 RAM 低 128 单元中的数据。

4. 时序定时单位

时序是单片机的定时单位，单片机工作是严格按时序标准进行的。单片机时序单位共有 4 个，从小到大依次是时钟周期、状态周期、机器周期、指令周期。下面分别加以说明。

1）时钟周期

时钟电路产生的最小时序单位称为时钟周期，它是石英晶体振荡器的振荡频率决定的，因此时钟周期又称为振荡周期。

2）状态周期

将石英晶体振荡器的振荡频率进行二分频，就构成了状态周期，一个状态周期等于两个时钟周期。把振荡器发出的振荡脉冲的周期定义为拍节（用 P 表示），振荡脉冲经过二分频以后，就是单片机的时钟信号，把时钟信号的周期定义为状态（用 S 表示）。

3）机器周期

机器周期是单片机执行一次基本操作所需要的时间，通常由 6 个状态周期构成。

4）指令周期

指令周期是单片机执行一条指令所需要的时间称为指令周期，通常由 1～4 个机器周期组成。

例如，某单片机系统的石英晶体振荡器频率 $f_{OSC}=12\text{MHz}$，则它的各时序单位如下：

$$时钟周期=\frac{1}{f_{OSC}}=\frac{1}{12\text{MHz}}=0.0833\mu s$$

$$状态周期=2\times时钟周期=0.167\mu s$$

$$机器周期=12\times时钟周期=1\mu s$$

$$指令周期=（1～4）\times机器周期=1～4\mu s$$

项目小结 1

通过完成本项目的 5 个任务，学习者可以在了解单片机的基础上，掌握 51 系列单片机引脚、封装、系统资源情况以及单片机开发工具的相关知识，同时也了解单片机最小系统的组成。而且学习者具有快速识别不同厂商单片机、正确使用编程器和仿真软件、查阅权威技术资料，快速构建单片机最小系统的能力，为后续单片机程序设计奠定知识和能力基础。

项目考核 1

项目 1 考核包括理论测试和实践操作两部分，所占比例各占 50%。

第一部分　理论测试部分

（总分 100 分，占项目 1 考核的 50%）

一、判断题（每题 2 分，共 40 分）

（　　）1. MCS-51 的产品 8051 与 8031 的区别是：8031 片内无 ROM。

（　　）2. MCS-51 是指由 Intel 公司生产的一系列单片机的总称，也泛指具有 8051 基核单片机的统称，不特指是那一款型号的单片机。

（　　）3. 单片机的工作电压都是 5V。

（　　）4. MCS-51 单片机是高档 16 位单片机。

（　　）5. 单片机的引脚都是 40 引脚。

（　　）6. 单片机芯片型号中带 "C" 表示该芯片集成工艺为 HMOS 工艺。

（　　）7. 单片机引脚封装类型大体上有 PDIP、PLCC、TQFP，但 40 引脚以下多采用 PDIP 封装。

（　　）8. 单片机工作频率越高，单片机的运算速度将越快。

（　　）9. AT89C51 单片机是 Intel 公司的单片机产品，其内部程序存储器为 4KB Flash。

（　　）10. AT89 系列和 MC68HC 系列单片机与 MCS-51 系列单片机兼容，指令系统也完全相同。

（　　）11. 按照数据在单片机中表示形式，0 也分为正负。

（　　）12. ASCII 码通常由 7 位构成，分别是高 3 位和低 4 位。

（　　）13. 如果一个数据的原码是 01111111B，那么该数据是有符号数+127。

（　　）14. 一个 8 位无符号数据，最大值转换成十六进制 FFH。

（　　）15. 13 这个数据转成 BCD 码 00010011。

（　　）16. 单片机开发工具中编程器的作用主要是仿真程序功能是否符合设计要求。

（　　）17. 51 单片机的 P0.0 引脚是该芯片的 32 引脚。

（　　）18. 单片机系统资源是随单片机芯片而言，不同芯片，其系统资源配置也不尽相同。

（　　）19. STC89C52 是宏晶科技有限公司的产品，支持串口直接下载。

（　　）20. 当 8051 单片机的晶振频率为 12MHz 时，ALE 地址锁存信号端的输出频率为 2MHz 的方脉冲。

二、选择题（每题 2 分，共 40 分）

1. 下面哪种型号单片机是 Intel 公司的产品（　　　）。

　　A. AT89C51　　　　B. PXXC554　　　　C. 87C82　　　　D. STC89C51

2. 80C51 单片机片内程序存储器的容量是（　　　）。

　　A. 4KB　　　　　　B. 1KB　　　　　　C. 2KB　　　　　D. 256B

3. 单片机上电复位后，PC 的内容和 SP 的内容为（　　　）。

　　A. 0000H，00H　　　　　　　　　　B. 0000H，07H

　　C. 0003H，07H　　　　　　　　　　D. 0800H，08H

4. 单片机 8031 的 ALE 引脚是（　　　）。

A. 输出高电平　　　　　　　　　　B. 输出矩形脉冲，频率为 fosc 的 1/6

B. 输出低电平　　　　　　　　　　D. 输出矩形脉冲，频率为 fosc 的 1/2

5. 单片机 8031 的第 31 引脚（　　　）。

　　A. 必须接地　　　　　　　　　　B. 必须接+5V

　　C. 可悬空　　　　　　　　　　　D. 以上三种视需要而定

6. 11 的 BCD 码是（　　　）。

　　A. 1011　　　　B. 00010001　　　　C. 0010001　　　　D. 11

7. −1 的原码是（　　　）。

　　A. 10000001B　　B. 11111111B　　　C. 00000001B　　　D. 0000001B

8. 8051 单片机的第 21~28 引脚是该芯片的（　　　）。

　　A. P0.0~P0.7　　　　　　　　　B. P1.0~P1.7

　　C. P2.0~P2.7　　　　　　　　　D. P3.0~P3.7

9. 若某单片机的晶振频率为 f_{osc}=6MHz，采用内部时钟方式，则该系统的时钟周期是（　　　）。

　　A. 1/12μs　　　　B. 1/6μs　　　　C. 1μs　　　　D. 2μs

10. 8031 单片机若晶振频率为 f_{osc}=12MHz，则一个机器周期等于（　　　）μs。

　　A. 1/12　　　　B. 1/2　　　　C. 1　　　　D. 2

11. 单片机复位后，内 RAM 30H 单元的内容是（　　　）。

　　A. 00H　　　　B. 30H　　　　C. FFH　　　　D. 不能确定

12. 单片机上电或复位后，设程序没有设定，那么单片机 SP 的值（　　　）。

　　A. 07H　　　　B. 81H　　　　C. 不能确定　　　　D. 40H

13. 单片机 8051 的 XTAL1 和 XTAL2 引脚是（　　　）引脚。

　　A. 外接定时器　　　　　　　　　B. 外接串行口

　　C. 外接中断　　　　　　　　　　D. 外接晶振

14. 8051 单片机的 VSS（20）引脚是（　　　）引脚。

　　A. 主电源+5V　　　　　　　　　B. 接地

　　C. 备用电源　　　　　　　　　　D. 访问片外存储器

15. 8051 单片机的 VCC（40）引脚是（　　　）引脚。

　　A. 主电源+5V　　　　　　　　　B. 接地

　　C. 备用电源　　　　　　　　　　D. 访问片外存储器

16. MCS-51 复位后，程序计数器 PC=（　　　），即程序从（　　　）开始执行指令。

　　A. 0001H　　　　B. 0000H　　　　C. 0003H　　　　D. 0023H

17. 计算机中最常用的字符信息编码是（　　　）。

　　A. ASCII　　　　B. BCD 码　　　　C. 余 3 码　　　　D. 循环码

18. 以下不是构成单片机的部件的是（　　　）。

　　A. 微处理器（CPU）　　　　　　B. 存储器

　　C. 接口适配器（I\O 接口电路）　　D. 打印机

19. 十进制 29 的二进制表示为原码（　　　）。

　　A. 11100010　　　　　　　　　B. 10101111

C. 00011101   D. 00001111

20. MCS-51 单片机的复位信号是（   ）有效。

     A. 高电平   B. 低电平   C. 脉冲   D. 下降沿

三、填空题（每空 1 分，共 20 分）

1. 计算机中常用的码制有_____、_____和_____。

2. 十进制 24 的二进制表示为_____。

3. 单片机最小系统是由_____、_____、_____和_____四部分组成。

4. 若不使用 MCS-51 单片机片内程序存储器，则_____必须接地。

5. STC89C52 单片机有_____个引脚，复位引脚是第_____引脚。

6. AT89C52 是_____公司的单片机产品，其内部程序数据存储器有_____个字节。

7. 单片机常用封装类型有_____、_____、_____。

8. 十六进制的 80H 转成二进制是_____，转成十进制是_____。

9. 单片机复位信号是 2 个机器周期的_____电平。

10. Intel 公司 8051 单片机的工作频率是_____。

第二部分　实践操作部分

（总分 100 分，占项目 1 考核的 50%）

一、查阅资料并回答下列问题（分值 40 分，时间 40 分钟）

1. 请在单片机网络课程中心网站项目 1 "设计制作" 栏目 "芯片资料" 中下载 AT89S52 和 AT90S8515 单片机芯片资料，完成下表。

公司	型号	片内存储器		I/O 口	串行口	中断源	定时器	看门狗	工作频率（MHz）	A/D 通道位数	引脚
		ROM（B）	RAM（B）								
	AT89S52										
	AT90S8515										

2. 根据项目 1 中任务 1.1 的制作实例，请列出以 STC89C52RC 为核心构建的单片机最小系统的资源情况。

二、实际操作（分值 40 分，时间 60 分钟）

1. 使用仿真软件完成下面源程序的汇编。（40 分）

```
        源程序                地址              机器代码
        ORG  0000H        _____        _____
        LJMP  MAIN        _____        _____
        ORG  0030H        _____        _____
MAIN:  MOV A,#7FH        _____        _____
LOOP:  MOV P1,A          _____        _____
        LCALL  YS         _____        _____
```

```
         RL   A                    _____    _____
         CJNE  A, #7FH,LOOP        _____    _____
         MOV  P1, #00H             _____    _____
         LCALL  YS                 _____    _____
         MOV  P1, #0FFH            _____    _____
         LCALL  YS                 _____    _____
         MOV  P1, #00H             _____    _____
         LCALL  YS                 _____    _____
         MOV   P1, #0FFH           _____    _____
         LCALL   YS                _____    _____
         MOV  A,#0FEH              _____    _____
LOOP1:   MOV  P1,A                 _____    _____
         LCALL  YS                 _____    _____
         RR   A                    _____    _____
     CJNE   A, #0FEH,LOOP1         _____    _____
         MOV  P1, #00H             _____    _____
         LCALL  YS                 _____    _____
         MOV  P1, #0FFH            _____    _____
         LCALL  YS                 _____    _____
         MOV  P1, #00H             _____    _____
         LCALL  YS                 _____    _____
         MOV   P1, #0FFH           _____    _____
         LCALL   YS                _____    _____
         LJMP  MAIN                _____    _____
  YS:       MOV  R5, #10           _____    _____
 MP0:  MOV  R6, #200               _____    _____
 MP1:  MOV  R7, #123               _____    _____
 MP2:  DJNZ R7,MP2                 _____    _____
       DJNZ R6,MP1                 _____    _____
       DJNZ R5,MP0                 _____    _____
       RET                         _____    _____
       END
```

2. 将上述（1）产生的十六进制文件利用 STC-ISP 软件下载到你的实验板上，记录现象。（20分）

_____

_____

_____

_____

_____

_____

_____

_____

_____

_____

_____

_____

项目拓展 1：单片机与嵌入式

在日益信息化的今天，计算机和网络已经渗透到人们生活的角角落落。对于计算机的应用，已经不再仅仅是那种放在桌上处理文档，进行工作管理和生产控制的计算机"机器"；各种各样的新型嵌入式系统设备在应用数量上已经远远超过通用计算机，小到 MP3、PDA 等微型数字化产品，大到网络家电、智能家电、车载电子设备。而在工业和服务领域中，使用嵌入式技术的数字机床、智能工具、工业机器人、服务机器人也将逐渐改变传统的工业和服务方式。嵌入式系统技术已经成为了最热门的技术之一。但对于何为嵌入式系统，什么样的技术又可以称为嵌入式技术，仍在讨论之中。针对这个问题可以分别从广义上和狭义上进行讲解。

从广义上讲，可以认为凡是带有微处理器的专用软硬件系统都可以称为嵌入式系统。作为系统核心的微处理器又包括三类：微控制器（MCU）、数字信号处理器（DSP）、嵌入式微处理器（MPU）。所以有部分人认为："嵌入式系统是指操作系统和功能软件集成于计算机硬件系统之中。"还有人认为嵌入式系统就是"以应用为中心、以计算机技术为基础、软硬件可裁剪、适应于应用系统对功能、可靠性、成本、体积、功耗严格要求的专用计算机系统"。应该说后者从功能应用特征上比较好地给出了嵌入式系统的定义，嵌入式的概念的分析根本上应该从应用上加以切入。

从狭义上讲，我们更加强调那些使用嵌入式微处理器构成独立系统，具有自己的操作系统并且具有某些特定功能的系统，这里的微处理器专指 32 位以上的微处理器。按照这种定义，典型的嵌入式系统有使用 x86 的小型嵌入式工控主板，在各种自动化设备、数字机械产品中有非常广阔的应用空间；另外一大类是使用 Intel、Motorola 等专用芯片构成的小系统，它不仅仅在新兴的消费电子和通信仪表等方面获得了巨大的发展应用空间，而且甚至有趋势取代传统的工控机。现在大家更加清楚地看到：嵌入式技术的春天已经来了，嵌入式系统成为当前最热门的技术之一。

目前嵌入式系统除了部分为 32 位处理器外，大量存在的是 8 位和 16 位的嵌入式微控制器（MCU），嵌入式系统是计算机应用的另一种形态，正如前所述它与通用计算机应用不同:嵌入式计算机是以嵌入式系统的形式隐藏在各种装置、产品和系统之中的一种软硬件高度专业化的特定计算机系统。目前根据其发展现状，嵌入式计算机可以分成下面几类。

（1）嵌入式微处理器（Embedded Microprocessor Unit，EMPU）。嵌入式微处理器的基础是通用计算机中的 CPU。在应用中，将微处理器装配在专门设计的电路板上，只保留和嵌入式应用有关的母版功能，这样可以大幅度减小系统体积和功耗。为了满足嵌入式应用的特殊要求，嵌入式微处理器虽然在功能上和标准微处理器基本是一样的，但在工作温度、抗电磁干扰、可靠性等方面一般都做了增强处理。

（2）嵌入式微控制器（Microcontroller Unit，MCU）。嵌入式微控制器又称为单片机。嵌入式微控制器一般以某一种微处理器内核为核心，芯片内部集成 ROM、PEPROM、RAM、总线、总线逻辑、定时/计数器、WatchDog、IPO、串行口、脉宽调制输出、APD、DPA、Flash RAM、2PROM 等各种必要功能和外设。为适应不同的应用需求，一般一个系列的单片机具有多种衍生产品，每种衍生产品的处理器内核都是一样的，不同的是存储器和外设的配置及封装。这样可以使单片机最大限度地和应用需求相匹配，功能不多不少，从而减少功耗和成本。和嵌入式微处理器相比，微控制器的最大特点是单片化，体积大大减小，从而使功耗和成本下降、可靠性提高。

（3）嵌入式 DSP 处理器（Embedded Digital Signal Processor，EDSP）。DSP 处理器对系统结构和指令进行了特殊设计，使其适合于执行 DSP 算法，编译效率较高，指令执行速度也较高。在数字滤波、FFT、谱分析等方面 DSP 算法正在大量进入嵌入式领域，DSP 应用正从在通用单片机中以普通指令实现 DSP 功能，过渡到采用嵌入式 DSP 处理器。

（4）嵌入式片上系统（System on Chip）。随着 EDI 的推广和 VLSI 设计的普及化，及半导体工艺的迅速发展，在一个硅片上实现一个更为复杂的系统的时代已来临，这就是 System on Chip（SoC）。各种通用处理器内核将作为 SoC 设计公司的标准库，和许多其他嵌入式系统外设一样，成为 VLSI 设计中一种标准的器件，用标准的 VHDL 等语言描述，存储在器件库中。用户只需定义出其整个应用系统，仿真通过后就可以将设计图交给半导体工厂制作样品。这样除个别无法集成的器件以外，整个嵌入式系统大部分均可集成到一块或几块芯片中去，应用系统电路板将变得很简洁，对于减小体积和功耗、提高可靠性非常有利。

综上所述，单片机——嵌入式微控制器，单片机的结构和特点使其成为嵌入式计算机的一个方向。MCS-51 单片机的体系结构也成为单片嵌入式系统的典型结构体系。因此，学习单片机，也是通向嵌入式的一个渠道。正如我国资深嵌入式系统专家沈绪榜院士的预言，"未来十年将会产生头大小、具有超过一亿次运算能力的嵌入式智能芯片"，将为我们提供无限的创造空间。总之"嵌入式微控制器或者说单片机好像是一个黑洞，会把当今很多技术和成果吸引进来。中国应当注意发展智力密集型产业"。

项目 2 制作单片机彩灯控制器

能力目标

- 快速设计与制作单片机最小系统的能力
- 对存储器编址的能力
- 快速默写部分常用特殊功能寄储器的能力
- 读懂单片机编程语言的能力
- 快速识别寻址方式和确定寻址范围的能力
- 能正确快速构建中断系统的能力
- 读懂中断服务程序的基本能力
- 根据实例改写汇编程序的基本能力
- 根据实例设计、制作、调试一般定时器的基本能力
- 根据实例设计、制作、调试一般计数器的基本能力
- 团结协作，交流分享的能力

知识目标

- 了解 51 系列单片机的内部结构
- 掌握单片机的存储器的分类以及编址
- 掌握单片机部分特殊功能寄存器
- 掌握单片机的 7 种寻址方式和寻址范围
- 掌握单片机汇编程序设计的一般方法和步骤
- 了解 MCS-51 单片机的中断系统
- 掌握单片机的中断控制及处理过程
- 掌握 MCS-51 单片机的定时器/计数系统
- 掌握单片机定时器/计数器的工作方式

单片机工作要有单片机的硬件电路和软件程序，两者缺一不可。单片机系统必须以CPU为核心构建硬件系统，这是单片机工作的前提和条件。其次单片机技术，也是存储器技术。存储器是单片机的主要操作对象，只有完全掌握了单片机的存储结构，汇编程序设计才能得心应手，因此掌握存储器结构是单片机汇编程序设计的前提，也是单片机汇编语言编程的关键。单片机控制主要是对其外围设备的控制，其实质是单片机与外围设备之间的信息交换。中断系统是计算机实时控制、数据交换的主要方式。为了实现控制功能，往往需要对外部事件进行计数、定时处理或者控制。

项目背景

单片机技术是基于单片机硬件电路的编程技术，没有单片机硬件电路，单片机程序就失去赖以控制的对象。因此学习单片机，首先必须搞懂单片机硬件系统是如何构建的；其次，单片机的控制功能主要是通过单片机程序语言来实现的，单片机语言的主要操作对象是单片机存储器，因此掌握单片机存储器结构和了解单片机语言是控制单片机的前提。最后单片机应用于检测、控制及智能仪器等领域时，常常需要实时时钟来实现定时或延时控制，也常需要计数器对外界事件进行计数。MCS-51单片机内部的两个定时器/计数器可以实现这些功能。中断系统是计算机系统的重要组成部分。中断系统的应用使计算机的功能更强，效率更高，使用更加方便灵活。彩灯控制器项目就是围绕单片机存储器、汇编语言程序设计、单片机中断与定时三部分，通过任务制作，让学习者全面掌握单片机的存储器结构、汇编语言程序设计及中断与定时系统的相关知识，从而锻炼使用单片机解决实际问题的基本能力。

任务2.1　了解 MCS-51 系列单片机的存储器结构

1．任务书

任务名称	了解 MCS-51 系列单片机的存储器结构
任务要点	1．阅读相关资料，掌握单片机存储器的知识； 2．对 51 系列单片机的存储器进行分类总结； 3．对 51 系列单片机内部常用的特殊功能寄存器进行功能分析
任务要求	完成活动中的全部内容
整理报告	

2．活动

活动①　通过阅读知识点 2.1 以及其他相关资料，回答下面问题。

（1）什么是存储器？MCS-51 系列单片机存储器有几部分组成？分别是什么？	时间：40 分钟
	配分：40 分
	开始时间：_____

续表

（2）什么是编址方式？MCS-51 系列单片机编址方式属于哪种类型？	
（3）在 AT89C51 系列单片机片内有几类存储器？存储容量分别是多少？	
（4）STC89C52 内部有多少程序存储器？主要作用是什么？在访问它时，需要什么条件？	
（5）在单片机的存储器中，为什么要有单元地址？它和存储器单元有什么关系？如果某单元地址是 40H，则它是第多少个单元？	
（6）是不是任何类型的 CPU 都包含内部 RAM？通常单片机内部 RAM 的存储单位是什么？为什么要把内部 RAM 进行分区？	
（7）什么是堆栈？在单片机中堆栈的作用是什么？在 MCS-51 单片机中堆栈如何设定？	
（8）如果单片机的程序状态字被置为 18H，请问 CY、AC 的值分别是多少？当前寄存器组是哪一组？	
	结束时间：_____

活动② 请在下面书写 STC89C52 的内部存储器资源。

	时间：10 分钟 配分：5 分 开始时间：_____ 结束时间：_____

活动③ 存储器是存储数据的场所，不同类型的存储介质构成不同的存储器类型，试通过阅读材料，指出哪些存储介质的存储器可以做程序存储器，哪些可以做数据存储器。

	时间：10 分钟 配分：5 分 开始时间：_____ 结束时间：_____

活动④　EEPROM（Electrically Erasable Programmable Read-Only Memory），电可擦可编程只读存储器，一种掉电后数据不丢失的存储芯片，从单片机数据特性和该类型芯片特点考虑，你认为它适合做程序存储器还是数据存储器？并说明原因。

	时间：20 分钟
	配分：6 分
	开始时间：_____
	结束时间：_____

活动⑤　学习特殊功能寄存器的相关资料，完成下列表格。

寄存器名称	寄存器符号	单元地址	功　能	
累加器				时间：40 分钟
B 寄存器				配分：24 分
程序状态字				开始时间：_____
数据指针				
堆栈指针				
电源控制寄存器				结束时间：_____

3．任务考核

任务 2.1　了解 MCS-51 系列单片机的存储器结构个人考核标准

考核项目	考核内容	配分	考核要求及评分标准	得分
活动①	存储器的相关知识	40 分	每题 5 分，按时完成，全部正确得 40 分，每超时 5 分钟扣 3 分	
活动②	51 系列单片机的存储资源	5 分	类别、容量全部正确得 5 分。错一项扣 3 分，超时 10 分钟不得分	
活动③	掌握存储器的类型	5 分	对存储器分类把握准确，回答问题正确得 5 分，超时 10 分钟不得分	
活动④	掌握存储器的性质	6 分	判断准确，回答正确得 5 分，超时 5 分钟不得分	
活动⑤	掌握特殊功能寄存器	24 分	每一类寄存器完全正确得 4 分，全部正确得 24 分，每超时 5 分钟扣 5 分	
态度目标	工作态度	10 分	工作认真、细致，组内团结协作好得 10 分，较好得 7 分，消极怠慢得 0 分	
资料整理	资料收集、整理能力	10 分	查阅资料的收集，并分类、记录整理得 10 分，收集不整理得 6 分，没收集不记录得 0 分	

任务 2.1　了解 MCS-51 系列单片机的存储器结构小组考核标准

评价项目	评价内容及评价分值			自评	互评	教师评分
分工合作	优秀（12～15 分）	良好（9～11 分）	继续努力（9 分以下）			
	小组成员分工明确，任务分配合理，有小组分工职责明细表	小组成员分工较明确，任务分配较合理，有小组分工职责明细表	小组成员分工不明确，任务分配不合理，无小组分工职责明细表			

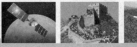

续表

评价项目	评价内容及评价分值			自评	互评	教师评分
获取与项目有关质量、市场、环保的信息	优秀（12~15分）	良好（9~11分）	继续努力（9分以下）			
	能使用适当的搜索引擎从网络等多种渠道获取信息，并合理地选择信息，使用信息	能从网络获取信息，并较合理地选择信息，使用信息	能从网络等多种渠道获取信息，但信息选择不正确，信息使用不恰当			
实操技能操作	优秀（16~20分）	良好（12~15分）	继续努力（12分以下）			
	能按技能目标要求规范完成每项实操任务，能准确进行故障诊断，并能够进行正确的检修和维护	能按技能目标要求规范完成每项实操任务，不能准确地进行故障诊断和正确的检修和维护	能按技能目标要求完成每项实操任务，但规范性不够，不能准确进行故障诊断和正确的检修和维护			
基本知识分析讨论	优秀（16~20分）	良好（12~15分）	继续努力（12分以下）			
	讨论热烈，各抒己见，概念准确、原理思路清晰、理解透彻，逻辑性强，并有自己的见解	讨论没有间断，各抒己见，分析有理有据，思路基本清晰	讨论能够展开，分析有间断，思路不清晰，理解不透彻			
成果展示	优秀（24~30分）	良好（18~23分）	继续努力（18分以下）			
	能很好地理解项目的任务要求，成果展示逻辑性强，熟练利用信息进行成果展示	能较好地理解项目的任务要求，成果展示逻辑性较强，能够熟练利用信息进行成果展示	基本理解项目的任务要求，成果展示停留在书面和口头表达，不能熟练利用信息进行成果展示			
总分						

附：参考资料情况

_____

_____

_____

_____

知识点 2.1　MCS-51单片机内部存储器

1. 存储器的基本知识

存储器是存放数据和程序的功能部件，是计算机中十分重要的组成部分。

1）存储器分类

按所处位置分类：可分为外部存储器和内部存储器

按读/写方式分类：可分为只读存储器（ROM）和读/写存储器（RAM）

MCS-51 单片机的存储器按上面分类进行交叉产生 4 种存储器分类：外部 ROM、外部 RAM、内部 ROM 和内部 RAM。

2）存储器单位

（1）位（bit）：计算机中最小的存储器单位，即 1 位二进制数据，0 或者 1。

（2）字节（Byte）：一个连续的 8 位二进制数码称为一个字节，即 1Byte=8bit。

在 MCS-51 单片机中数据存放就是以字节为单位。比字节大的单位还有 KB、MB、GB 和 TG 等。它们之间换算关系如下：

1KB=1024B　　1MB=1024KB　　1GB=1024MB　　1TG=1024GB

附注：位与计算机处理能力的关系如下。

通常所说的几位机，是表征计算机运行能力的一个参数，比如说 4 位机、8 位机、16 位机、32 位机、64 位机等。位数的多少表示计算机一次能处理数据的长度。MCS-51 单片机是 8 位机，表示一次能处理数据的长度为 8 位二进制数据。

3）存储器主要参数

（1）存储容量：表示存储二进制数据量的多少。在单片机中存储容量以字节和千字节为单位，通常用 Q 表示。

（2）读写周期：表示存储速度快慢的物理量。在单片机中读出/写入 1 个字节的周期约为 100～300ns。

4）重要术语

（1）单元：用于存储数据的场所称为单元。

（2）地址：用于存储单元的编号称为地址。单片机地址编号常采用十六进制的形式。

单元和地址是一一对应的，即一个单元必须有一个地址和它对应，于是 $Q=2^n$，n 表示地址总线的条数。换句话说有多少地址就有多少单元与之对应，有多少单元就有多大的存储容量。例如，有 8 根地址线，那么存储容量就为 $Q=2^8$，以此类推。MCS-51 单片机最多有 16 根地址总线，那么最大存储容量 $Q=2^{16}$，即为 64KB。

5）存储器的编址方式

编址方式即地址的编排方式。在计算机存储器中，一个单元必有一个地址与之对应。微型计算机中，编址方式有以下两种。

（1）程序存储器和数据存储器放在一个空间中，地址统一编排，即统一编址。统一编址的结构也称为冯·诺依曼结构。

（2）程序存储器和数据存储器分别放在不同的空间，地址单独编排，即分开编址。MCS-51 单片机分开编址存储方式，也称为存储器的哈佛结构。

2．MCS-51 单片机存储器结构

图 2-1 是 MCS-51 系列单片机的存储器结构分配图。

从图 2-1 中可以看出，单片机有两大类存储器，即程序存储器和数据存储器。

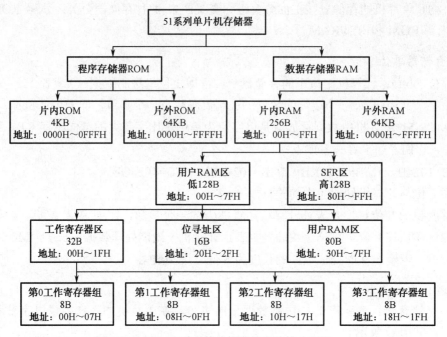

图 2-1　MCS-51 系列单片机存储器结构分配图

1）程序存储器

程序存储器是一种只读存储器 ROM（Read Only Memory），用它来固化单片机的应用程序和一些表格常数。单片机生产厂家按单片机内部程序存储器的不同类型，形成不同类型的 ROM，简单介绍如下。

（1）Mask ROM 型。由半导体生产厂家提供掩膜（生产集成电路的一种工艺）状态的程序存储器。使用这类单片机时，用户将调试好的程序交给半导体生产厂家，在单片机掩膜工艺阶段将程序代码和数据掩膜到程序存储器中。这种存储器可靠性高、成本低，但程序只能一次生成不能修改，适合定型产品的批量生产。

（2）EPROM 型。这是一种紫外线可擦程序存储器，使用这种存储器的单片机芯片上面开有一个透明窗口，可通过紫外线照射（一般照射 5 分钟左右）可擦除片内所有信息，使其内容全为"1"。用户自己就可以使用编程器把程序方便地写入这类存储器。若需修改时，可用紫外线擦除后再重写。这种存储器使用方便，适合产品研制过程或试制使用。但这种存储器价钱较高，而且必须使用编程器，修改时也较麻烦（需紫外线擦除且只能全部擦除）。

（3）ROM Less 型

这是一种片内没有程序存储器的结构形式，必须在单片机片外扩展一定容量的 EPROM 器件，Intel 公司的 8031 就是这种类型。这类单片机必须有并行扩展 ROM 后才能使用。

（4）OTP ROM

这是一种用户可一次性编程写入程序的程序存储器，写入程序时，用户需用编程器，但写入的程序不能修改，这种单片机价钱便宜，适合定型的小批量产品。

（5）Flash ROM（MTP ROM）型

这是一种用户可多次编程写入的存储器。这种存储器只需输入一定条件的电信号，可擦除字节或整片信息，因此修改数据非常方便。前 3 种程序存储器的单片机是早期的产品，目前 EPROM、ROM Less 型已较少使用。

大多数 51 系列单片机内部都配置一定数量的程序存储器 ROM，如 8051 芯片内有 4KB 掩膜 ROM 存储单元，它们的地址范围均为 0000H～0FFFH。内部程序存储器有一些特殊单元，使用时要注意。

其中一组特殊单元是 0000H～0002H。系统复位后，（PC）=0000H，单片机从 0000H 单元开始执行程序。如果不是从 0000H 开始，就要在这 3 个单元中存放一条无条件转移指令，以便转去执行指定的应用程序。

另外，在程序存储器中有各个中断源的入口向量地址，分配如下。

0003H～000AH：外部中断 0 中断地址区。

000BH～0012H：定时器/计数器 0 中断地址区。

0013H～001AH：外部中断 1 中断地址区。

001BH～0022H：定时器/计数器 1 中断地址区。

0023H～002AH：串行中断地址区。

中断地址区首地址为各个中断源的入口向量地址，每个中断地址区有 8 个地址单元。在中断地址区中应存放中断服务程序，但 8 个单元通常难以存下一个完整的中断服务程序，因此往往需要在中断地址区首地址中存放一条无条件转移指令，转去中断服务程序真正的入口地址。

从 002BH 开始的单元才是用户可以随意使用的程序存储器。

对程序存储器的操作做以下说明。

① 程序指令的自主操作。CPU 按照 PC 指针自动地从程序存储器中取出指令。

② 用户使用指令对程序存储器中的表格、常数进行读操作，可用 MOVC 指令实现。

常用单片机的内部程序存储器如表 2-1 所示。

2）数据存储器

RAM 是一种可读/写的存储器，也称为随机存储器。单片机内部的 RAM 除了作为工作寄存器、位标志和堆栈区以外的单元都可以作为数据缓冲器使用，存放输入的数据或运算的结果。

表 2-1　各类型号单片机存储器情况

公　司	型　号	片内 ROM(B)	公　司	型　号	片内 ROM(B)
Intel	8031	—	Atmel	AT89C51	4K Flash
	80C51	4K　ROM		AT89C1051	1K Flash
	8751	4K EPROM		AT89C2051	2K Flash
Philips	P87LPC762	2K EPROM	Microchip	PIC12C508A	512
	P87LPC768	4K EPROM		PIC12C671	1024
	P8XC591	16K EPROM		PIC12C672	2048
	P8XC554	16K EPROM		PIC16C55	512
	P89C51RX2	6～64K Flash		PIC16C56	1024

由于单片机主要是面向测控系统，因此单片机内部的数据存储器容量较小，通常不多于256B，而且都使用静态随机存储器 SRAM（Static Random Access Memory）。

3. MCS-51 单片机内部数据存储器

MCS-51 单片机的内部数据存储器只有地址为 00H～7FH 共 128B RAM 供用户使用，与片内 RAM 统一编址的 80H～FFH 地址空间中，只有 21 个存储空间被特殊功能寄存器（SFR）占用。

MCS-51 单片机片内 128 单元（单元地址 00H～7FH），是 MCS-51 单片机的真正 RAM 存储器，按其用途划分为工作寄存器区、位寻址区和用户 RAM 区 3 个区域。表 2-2 为 128 单元的配置。

表 2-2　片内 RAM 的配置

30H～7FH	数据缓冲区
20H～2FH	位寻址区（00H～7FH）
18H～1FH	工作寄存器 3 区（R7～R0）
10H～17H	工作寄存器 2 区（R7～R0）
08H～0FH	工作寄存器 1 区（R7～R0）
00H～07H	工作寄存器 0 区（R7～R0）

1）工作寄存器区（00H～1FH）

工作寄存器区共有 32 个单元，分成 4 组，每组 8 个寄存单元（各为 8 位），各组都以 R0～R7 作寄存单元编号。寄存器常用于存放操作数及中间结果等，由于它们的功能及使用不作预先规定，因此称为通用寄存器，有时也称为工作寄存器。四组通用寄存器占据内部 RAM 的 00H～1FH 单元地址。

在任一时刻，CPU 只能使用其中的一组寄存器，并且把正在使用的那组寄存器称为当前寄存器组。到底是哪一组，由程序状态字寄存器 PSW 中 RS1、RS0 位的状态组合来决定。

通用寄存器为 CPU 提供了就近数据存储的便利，有利于提高单片机的运算速度。此外，使用通用寄存器还能提高程序编制的灵活性，因此在单片机的应用编程中应充分利用这些寄存器，以简化程序设计，提高程序运行速度。

2）位寻址区（20H～2FH）

位寻址区共有 16 个单元，既可作为一般 RAM 单元使用，进行字节操作，也可以对单元中每一位进行位操作，因此把该区称为位寻址区。每个单元有 8 位，共计 128 位，位地址为 00H～7FH。这个位寻址区可以构成布尔处理器的存储空间。这种位寻址能力是 MCS-51 的一个重要特点。表 2-3 为位寻址区的位地址表。

表 2-3　片内 RAM 位寻址区的位地址表

单元地址	MSB			位地址				LSB
2FH	7F	7E	7D	7C	7B	7A	79	78
2EH	77	76	75	74	73	72	71	70
2DH	6F	6E	6D	6C	6B	6A	69	68

续表

单元地址	MSB			位地址			LSB
2CH	67	66	65	64	63	62	61	60
2BH	5F	5E	5D	5C	5B	5A	59	58
2AH	57	56	55	54	53	52	51	50
29H	4F	4E	4D	4C	4B	4A	49	48
28H	47	46	45	44	43	42	41	40
27H	3F	3E	3D	3C	3B	3A	39	38
26H	37	36	35	34	33	32	31	30
25H	2F	2E	2D	2C	2B	2A	29	28
24H	27	26	25	24	23	22	21	20
23H	1F	1E	1D	1C	1B	1A	19	18
22H	17	16	15	14	13	12	11	10
21H	0F	0E	0D	0C	0B	0A	09	08
20H	07	06	05	04	03	02	01	00

注：MSB——最高有效位；LSB——最低有效位。

3）用户 RAM 区（30H～7FH）

用户 RAM 区共有 80 个单元，这是供用户使用的一般 RAM 区，其单元地址为 30H～7FH。对用户 RAM 区的使用没有任何规定或限制，但在一般应用中常把堆栈开辟在此区中。

4. 特殊功能寄存器（SFR）简介

MCS-51 单片机共有 21 个特殊功能寄存器（SFR）离散分布在 80H～FFH 这 128B 单元中。表 2-4 为 21 个专用寄存器一览表。

表 2-4　8051 专用寄存器一览表

寄存器符号	地　　址	寄存器名称
• ACC	E0H	累加器
• B	F0H	B 寄存器
• PSW	D0H	程序状态字
SP	81H	堆栈指针
DPL	82H	数据指针低八位
DPH	83H	数据指针高八位
• IE	A8H	中断允许控制寄存器
• IP	B8H	中断优先控制寄存器
• P0	80H	I/O 口 0
• P1	90H	I/O 口 1
• P2	A0H	I/O 口 2
• P3	B0H	I/O 口 3
PCON	87H	电源控制及波特率选择寄存器
• SCON	98H	串行口控制寄存器

续表

寄存器符号	地　址	寄存器名称
SBUF	99H	串行口数据缓冲寄存器
·TCON	88H	定时器/计数器控制寄存器
TMOD	89H	定时器/计数器方式选择寄存器
TL0	8AH	定时器/计数器 0 低 8 位
TL1	8BH	定时器/计数器 1 低 8 位
TH0	8CH	定时器/计数器 0 高 8 位
TH1	8DH	定时器/计数器 1 高 8 位

注：带"·"专用寄存器表示可以位操作。

下面介绍有关专用寄存器功能。

1）程序计数器（Program Counter，PC）

PC 是一个 16 位的计数器，它的作用是控制程序的执行顺序。其内容为将要执行指令的地址，寻址范围达 64KB。PC 有自动加 1 功能，从而实现程序的顺序执行。PC 没有地址，是不可寻址的。因此用户无法对它进行读写。但可以通过转移、调用、返回等指令改变其内容，以实现程序的转移。因地址不在 SFR 之内，一般不计作专用寄存器。

2）累加器（Accumulator，ACC）

累加器 A 为 8 位寄存器，是最常用的专用寄存器，功能较多，地位重要。它既可用于存放操作数，也可用来存放运算的中间结果。MCS-51 单片机中大部分单操作数指令的操作数就取自累加器 A，许多双操作数指令中的一个操作数也取自累加器 A。

3）B 寄存器

B 寄存器是一个 8 位寄存器，主要用于乘除运算。乘法运算时，B 是乘数。乘法操作后，乘积的高 8 位存于 B 中，除法运算时，B 是除数。除法操作后，余数存于 B 中。此外，B 寄存器也可作为一般数据寄存器使用。

4）程序状态字（Program Status Word，PSW）

程序状态字是一个 8 位寄存器，用于存放程序运行中的各种状态信息。其中有些位状态是根据程序执行结果，由硬件自动设置的，而有些位状态则使用软件方法设定。PSW 的位状态可以用专门指令进行测试，也可以用指令读出。一些条件转移指令将根据 PSW 有些位的状态，进行程序转移。PSW 的各位定义如表 2-5 所示。

表 2-5　PSW 各位定义

D7H	D6H	D5H	D4H	D3H	D2H	D1H	D0H
CY	AC	F0	RS1	RS0	OV	未用	P

除 PSW.1 位保留未用外，对其余各位的定义及使用介绍如下。

（1）CY（PSW.7）——进位标志位。CY 是 PWS 中最常用的标志位，其功能有两个：

一是存放算术运算的进位标志，在进行加或减运算时，如果操作结果最高位有进位或借位时，CY 由硬件置"1"，否则清"0"；二是在位操作中，作累加位使用。位传送、位的逻辑等位操作，操作位之一固定是进位标志位。

（2）AC（PSW.6）——辅助进位标志位。在进行加减运算时，当有低 4 位向高 4 位进位或借位时，AC 由硬件置"1"，否则 AC 位被清"0"。在 BCD 码调整中也要用到 AC 位状态。

（3）F0（PSW.5）——用户标志位。这是一个供用户定义的标志位，根据需要利用软件方法置位或复位，用以控制程序的转向。

（4）RS1 和 RS0（PSW.4、PSW.3）——寄存器组选择标志位。用于选择 CPU 当前工作的通用寄存器组。通用寄存器共有四组，其对应关系如表 2-6 所示。

表 2-6　当前工作寄存器组选择

RS1　RS0	寄存器组	片内 RAM 地址
0　　0	第 0 组	00H～07H
0　　1	第 1 组	08H～0FH
1　　0	第 2 组	10H～17H
1　　1	第 3 组	18H～1FH

这两个选择位的状态是由软件设置的，被选中的寄存器组即为当前通用寄存器组。但当单片机上电或复位后，RS1 RS0=00。

（5）OV（PSW.2）——溢出标志位。在带符号数加减运算中，OV=1 表示加减运算超出了累加器 A 所能表示的符号数有效范围（−128～+127），即产生了溢出，因此运算结果是错误的；否则，OV=0 表示运算正确，即无溢出产生。

在乘法运算中，OV=1 表示乘积超过 255，即乘积分别在 B 与 A 中；否则，OV=0，表示乘积只在 A 中。

在除法运算中，OV=1 表示除数为 0，除法不能进行；否则，OV=0，除数不为 0，除法可正常进行。

（6）P（PSW.0）——奇偶标志位。表明累加器 A 内容的奇偶性，如果 A 中有奇数个"1"，则 P 置"1"，否则置"0"。凡是改变累加器 A 中内容的指令均会影响 P 标志位。

此标志位对串行通信中的数据传输有重要的意义。在串行通信中常采用奇偶校验的办法来校验数据传输的可靠性。

5）数据指针（DPTR）

数据指针为 16 位寄存器，它是 MCS-51 中一个 16 位寄存器。编程时，DPTR 既可以按 16 位寄存器使用，也可以按两个 8 位寄存器分开使用，即：

DPH　DPTR 高位字节

DPL　DPTR 低位字节

DPTR 通常在访问外部数据存储器时作地址指针使用，由于外部数据存储器的寻址范围为 64KB，故把 DPTR 设计为 16 位。

6）堆栈指针（Stack Pointer，SP）

SP 为 8 位寄存器，用于指示栈顶单元地址。

所谓堆栈是一种数据结构，它是数据只允许在其一端进出的一段存储空间。数据写入堆栈叫入栈（PUSH），数据读出堆栈叫出栈（POP）。堆栈的最大特点是"后进先出"的数据操作原则。

（1）堆栈的功用。堆栈的主要功用是保护断点和保护现场。因为计算机无论是执行中断程序还是子程序，最终要返回主程序，在转去执行中断或子程序时，要把主程序的断点保护起来，以便能正确地返回。同时，在执行中断或子程序时，可能要用到一些寄存器，需把这些寄存器的内容保护起来，即保护现场。

（2）堆栈的设置。MCS-51 系列单片机的堆栈通常设置在内部 RAM 的 30H～7FH 单元之间。

（3）堆栈指示器 SP。由于 SP 的内容就是堆栈"栈顶"的存储单元地址，因此可以用改变 SP 内容的方法来设置堆栈的初始位置。当系统复位后，SP 的内容为 07H，但为防止数据冲突现象发生，堆栈最好设置在内部 RAM 的 30H～7FH 单元之间，如使（SP）=30H。

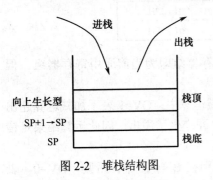

图 2-2　堆栈结构图

（4）堆栈类型。堆栈类型有向上生长型和向下生长型，MCS-51 系列单片机的堆栈是向上生长型的，如图 2-2 所示。操作规程是：进栈操作，先 SP 加 1，后写入数据；出栈操作，先读出数据，后 SP 减 1。

（5）堆栈使用方式。堆栈使用方式有两种：一种是自动方式，在调用子程序或中断时，返回地址自动进栈。程序返回时，断点再自动弹回 PC。这种方式无须用户操作。

另一种是指令方式。进栈指令是 PUSH，出栈指令是 POP，如现场保护是进栈操作，现场恢复是出栈操作。

7）电源控制及波特率选择寄存器（PCON）

PCON 为 8 位寄存器，主要用于控制单片机工作于低功耗方式。MCS-51 系列单片机的低功耗方式有待机方式和掉电保护方式两种。待机方式和掉电保护方式都由专用寄存器 PCON 的有关位来控制。PCON 寄存器不可位寻址，只能字节寻址。其各位名称如表 2-7 所示。

表 2-7　PCON 寄存器控制位的顺序

位　序	D7	D6	D5	D4	D3	D2	D1	D0
位 符 号	SMOD	—	—	—	GF1	GF0	PD	IDL

其各位的功能如下。

● SMOD：波特率倍增位，在串行通信中使用。

● GF0，GF1：通用标志位，供用户使用。

● PD：掉电保护位，（PD）=1，进入掉电保护方式。

● IDL：待机方式位，（IDL）=1，进入待机方式。

（1）待机方式。用指令使 PCON 寄存器的 IDL 位置 1，则 80C51 进入待机方式。时钟电路仍然运行，并向中断系统、I/O 接口和定时器/计数器提供时钟，但不向 CPU 提供时钟，所以 CPU 不能工作。在待机方式下，中断仍有效，可采取中断方法退出待机方式。在单片机响应中断时，IDL 位被硬件自动清"0"。

（2）掉电保护方式。单片机一切工作停止，只有内部 RAM 单元的内容被保存。

任务2.2 了解51系列单片机的编程语言及寻址方式

1．任务书

任务名称	了解 51 系列单片机的编程语言及寻址方式
任务要点	1．阅读相关资料，了解 51 系列单片机的编程语言； 2．掌握 51 系列单片机的指令格式以及符号含义； 3．掌握 51 系列单片机的寻址方式
任务要求	完成活动中的全部内容
整理报告	

2．活动

活动① 通过阅读知识点 2.2 和知识点 2.3 以及其他相关资料，回答下面的问题。

	时间：40 分钟 配分：30 分 开始时间：_____
（1）MCS-51 单片机编程语言有几种？分别是什么？	
（2）什么是汇编语言？有什么特点？适应在什么场合？	
（3）高级语言有哪些？单片机程序设计中使用高级语言编程时需要注意什么？	
（4）什么是指令格式？在单片机汇编指令中一条完整的指令是什么？	
（5）什么是寻址方式？51 系列单片机有几种寻址方式？分别是什么？	
（6）什么是寻址范围？与寻址方式之间有什么关系？	结束时间：_____

活动② 请完成下面表格。

符　号	含　义	符　号	含　义
A		DPTR	
Rn		Ri	
C		@	
Addr11		Addr16	
rel		bit	

时间：20 分钟

配分：20 分

开始时间：_____

结束时间：_____

活动③ 存储器是存储数据的场所，单片机中数据都存放在不同类型的存储器中，结合寻址方式，请给出 MCS-51 单片机不同的存储器分配与之相对应的寻址方式？

时间：20 分钟

配分：10 分

开始时间：_____

结束时间：_____

活动④ 请完成下面表格。

指　令	寻 址 方 式	指　令	寻 址 方 式
MOV　A，30H		MOV　A，#30H	
MOV　A，@R0		MOV　A，R0	
MOV　C，20H		JC　rel	
SJMP　45H		CJNE A，20H，45H	
JMP　@A+DPTR		MOV SP，#60H	

时间：20 分钟

配分：20 分

开始时间：_____

结束时间：_____

活动⑤ 阅读寻址方式的相关资料，完成下面表格。

寻 址 方 式	寻 址 范 围
立即数寻址方式	
寄存器间接寻址	
直接寻址方式	
相对寻址方式	
寄存器寻址方式	

时间：20 分钟

配分：10 分

开始时间：_____

结束时间：_____

3. 任务考核

任务2.2　了解51单片机的编程语言及寻址方式个人考核标准

考核项目	考核内容	配分	考核要求及评分标准	得分
活动①	单片机编程语言、指令格式以及寻址	30 分	每题 5 分，按时完成，全部正确得 30 分，每超时 5 分钟扣 3 分	
活动②	指令中的符号	20 分	每题 2 分，按时完成，全部正确得 20 分，每超时 5 分钟扣 3 分	

续表

考核项目	考核内容	配分	考核要求及评分标准	得分
活动③	存储器寻址方式	10 分	存储器类别正确得 4 分，每类寻址方式正确得 2 分，全部正确得 10 分，每超时 5 分钟扣 3 分	
活动④	寻址方式的应用	20 分	每个正确得 2 分，每超时 2 分钟扣 1 分	
活动⑤	寻址范围	10 分	每个正确得 2 分，超时 10 分钟不得分	
态度目标	工作态度	10 分	工作认真、细致，组内团结协作好得 10 分，较好得 7 分，消极怠慢得 0 分	

任务 2.2 　了解 51 单片机的编程语言及寻址方式小组考核标准

评价项目	评价内容及评价分值			自评	互评	教师评分
分工合作	优秀（12～15 分）	良好（9～11 分）	继续努力（9 分以下）			
	小组成员分工明确，任务分配合理，有小组分工职责明细表	小组成员分工较明确，任务分配较合理，有小组分工职责明细表	小组成员分工不明确，任务分配不合理，无小组分工职责明细表			
获取与项目有关质量、市场、环保的信息	优秀（12～15 分）	良好（9～11 分）	继续努力（9 分以下）			
	能使用适当的搜索引擎从网络等多种渠道获取信息，并合理地选择信息，使用信息	能从网络获取信息，并较合理地选择信息，使用信息	能从网络等多种渠道获取信息，但信息选择不正确，信息使用不恰当			
实操技能操作	优秀（16～20 分）	良好（12～15 分）	继续努力（12 分以下）			
	能按技能目标要求规范完成每项实操任务，能准确进行故障诊断，并能够进行正确的检修和维护	能按技能目标要求规范完成每项实操任务，不能准确地进行故障诊断和正确的检修和维护	能按技能目标要求完成每项实操任务，但规范性不够，不能准确进行故障诊断和正确的检修和维护			
基本知识分析讨论	优秀（16～20 分）	良好（12～15 分）	继续努力（12 分以下）			
	讨论热烈，各抒己见，概念准确、原理思路清晰、理解透彻，逻辑性强，并有自己的见解	讨论没有间断，各抒己见，分析有理有据，思路基本清晰	讨论能够展开，分析有间断，思路不清晰，理解不透彻			
成果展示	优秀（24～30 分）	良好（18～23 分）	继续努力（18 分以下）			
	能很好地理解项目的任务要求，成果展示逻辑性强，熟练利用信息进行成果展示	能较好地理解项目的任务要求，成果展示逻辑性较强，能够熟练利用信息进行成果展示	基本理解项目的任务要求，成果展示停留在书面和口头表达，不能熟练利用信息进行成果展示			
总分						

附：参考资料情况

_____

_____

_____

_____

知识点 2.2　MCS-51 单片机编程语言及格式

单片机应用系统是合理的硬件与完善的软件的有机结合，是通过程序的执行来实现控制功能的，而程序是由一条条指令组成的。STC89C52 是与 MCS-51 系列单片机兼容的单片机，它的指令系统也与 51 系列单片机相同。下面介绍 51 系列单片机编程语言。

2.2.1　单片机编程语言分类及特点

计算机执行的程序，可以使用很多语言来编写，但从语言的结构及其与计算机的关系来看，大体可以分为以下三大类型。

1）机器语言（Machine Language）

它是直接被计算机执行的语言，也称为机器码。它是一串由二进制代码"0"或"1"组成的二进制数据，执行速度快，但不适合人阅读，也不适合用来进行程序设计，不过其他语言必须翻译成机器语言后，才能被执行。

2）汇编语言（Assembly Language）

它是使用指令助记符代替机器码的编程语言。汇编语言程序结构简单，执行速度快，易优化，编译后所占的存储空间小，可以充分发挥单片机的硬件资源，是单片机应用系统开发中最常用的程序设计语言。但对于复杂应用来讲，使用汇编语言编程复杂，程序的可读性和可移植性差。只有熟悉单片机指令系统，并具有一定的编程设计经验的用户才能编写功能复杂的应用性程序。对于实时测控系统的单片机系统来说，采用汇编编程最为方便。

3）高级语言（High-Level Language）

它是在汇编语言基础上用高级语言来编写程序，如 Franklin C51、MBASIC 51 等，程序可读性强，通用性好，适用于不熟悉单片机指令系统的用户。大中型单片机系统的软件开发，采用 C 语言的开发周期要比采用汇编语言短得多，用高级语言编写程序的特点是实时性不高，结构紧凑，编译后所占用的存储器空间比较大，这一点在存储器空间有限的单片机应用系统中没有优势。

由以上 3 种语言各自的特点可以看出，如果应用系统的存储器空间比较小，且对实时性要求很高，则应选用汇编语言；如果系统的存储器空间比较大，且对实时性要求不是很高的情况下，则应选用高级语言。

不管采用汇编语言还是高级语言都要转化为机器语言才能被计算机所执行，因此机器语言程序又称为目标程序，而用汇编语言和高级语言编写的程序称为源程序。

2.2.2　汇编语言的指令格式

操作命令简称指令，即计算机在工作过程中要执行的各种操作和运算以二进制代码形式表示的那些代码就是指令。指令有机器指令和汇编指令两种。机器指令就是机器码，也就是二进制代码；汇编指令是利用英文名称或者缩写形式作为助记符来表示指令功能的，

这种指令就称为汇编语言指令。

指令表示的方法就是指令格式，它规定了指令的长度和指令内部信息的安排等。一条完整的指令 MCS-51 型单片机汇编语言的指令格式如下：

> ［标号：］　＜操作码＞　［操作数］；［注释］

（1）标号：也称为标示符，由用户自行定义，由 1～8 个 ASCII 字符组成，必须以字母开头，如果使用，则必须成对出现。

（2）操作码：也称为指令助记符，它规定指令的功能，是指令格式中唯一不能缺少的部分。

（3）操作数：指令的操作对象，可以是数据本身也可以是数据所在的单元地址。在指令中，操作数可以是空白，也可以是一项、两项或者三项。如果是多个操作数，操作数之间必须用逗号隔开。其中操作数分为目的操作数和源操作数，一般情况下，靠近操作码的那一个是目的操作数。

（4）注释：指令语句的说明性文字，其目的便于编程人员的阅读和交流，它不是指令的功能部分，可以省略，通常用"；"与指令隔开。

知识点 2.3　MCS-51 单片机寻址方式

单片机运行的过程就是指令执行的过程，一般情况下单片机指令执行需要操作数，而且指令中必须指明如何获得操作数。所谓寻址方式，就是获得操作数的方式。由于指令给出操作数的方式不同，因此就形成了不同的寻址方式。寻址方式越多，操作起来就越方便，控制就越强大。寻址方式是计算机的重要性能指标，也是汇编程序设计中最基本的内容。应深刻理解和熟练掌握。MCS-51 单片机指令系统提供 7 种寻址方式，以下逐一介绍。

寻址方式是根据操作数中源操作数的性质来看的，与目的操作数无关。在介绍寻址方式之前，先对描述指令的一些符号意义做简单介绍。

（1）Rn：表示当前选定寄存器组的工作寄存器 R0～R7。

（2）Ri：表示作为间接寻址的地址指针 R0～R1。

（3）#data：表示 8 位立即数，即 00H～FFH。

（4）#data16：表示 16 位立即数，即 0000H～FFFFH。

（5）addr16：表示 16 位地址，用于 64KB 范围内寻址，通常也可以用字符串表示。

（6）addr11：表示 11 位地址，用于 2KB 范围内寻址，通常也可以用字符串表示。

（7）direct：8 位直接地址，可以是内部 RAM 区的某一单元或某一专用功能寄存器的地址。

（8）Rel：带符号的 8 位偏移量（-128～+127），通常也可以用字符串表示。

（9）Bit：位寻址区的直接寻址位或者是可位寻址的特殊功能寄存器的位地址。

（10）（X）：X 地址单元中的内容。

（11）（（X））：将 X 地址单元中的内容作为地址，该地址单元中的内容。

（12）←：从箭头右边向左边传送数据。

（13）→：从箭头左边向右边传送数据。

（14）ACC：直接寻址方式的累加器，代表累加器 A 的直接地址 E0H。

（15）@：间接寻址方式中的间接寄存器的前缀标志。

（16）C：PSW中的CY，也可以称为布尔累加器。

（17）/：加在位地址前面，表示对该位状态取反。

（18）$：表示当前位置。

1. 立即数寻址方式

（1）定义：指令中给出的是操作数本身，这种寻址方式称为立即数寻址。

（2）表示形式：在指令格式中有两种形式，即 8 位和 16 位立即数两种，通常用"#"作为前缀。

例如：

```
MOV  A , #66H        ;将立即数 66H 传送到累加器 A 中
MOV  DPTR, #1234H    ;将立即数 1234H 传送到数据指针寄存器 DPTR 中
```

（3）寻址范围：①目的操作数与源操作数的存储大小要匹配，即 8 位立即数对 8 位存储空间，16 立即数对 16 存储空间；②立即数可以是二进制、十进制或者十六进制数。

2. 直接寻址方式

（1）定义：指令中给出的是操作数所在的单元地址，通过单元地址找到这个操作数，这就是直接寻址。

（2）表示形式：

```
MOV  A , 40H         ;将内部数据存储器 40H 单元中的数据传送到累加器 A 中，指令给出
的 40H，是数据所在的单元地址
```

（3）寻址范围：①内部 RAM 低 128 单元（即 00H～7FH），如 MOV A ， 40H；②特殊功能寄存器（SFR）以直接地址形式出现的地址，如 MOV A ， 90H。

3. 寄存器寻址方式

（1）定义：指令中给出的是操作数在一个寄存器中，通过寄存器找到了这个操作数，这就是寄存器寻址方式。

（2）表示形式：

```
MOV  A , R0          ;将 R0 中的数据传送到累加器 A 中，指令给出的 R0，是数据所在的寄存器
```

（3）寻址范围：①内部 RAM 工作寄存器区中的工作寄存器 Rn，如 MOV A ， R7；②特殊功能寄存器（SFR）以符号形式出现的特殊功能寄存器，如 MOV A ， PSW。

4. 寄存器间接寻址方式

（1）定义：指令中给出的是操作数的单元地址，这个单元地址放在一个寄存器中，通过寄存器找到了这个操作数的寻址方式就是寄存器间接寻址方式。

（2）表示形式：一般寄存器间接寻址以 "@"作为标示。通常有@Ri 和@DPTR 两种形式。

例如：

```
MOV A ， @R0 ；将 R0 中单元地址中的内容传送到累加器 A 中
```

（3）寻址范围：①@Ri 内 RAM 00H～7FH 空间和外 RAM 00H～FFH 空间；②@DPTR 外 RAM 0000H～FFFFH 空间。

附注：寄存器间接寻址在指令执行时，首先根据寄存器的内容，找到所需要的操作数单元地址，再由该单元地址找到操作数并完成相应操作。

5．位寻址方式

（1）定义：MCS-51 单片机具有位寻址功能，即指令给出的不再是单元地址，而是 8 位中的一位地址，这种寻址方式就是位寻址方式。通常位寻址方式中都出现布尔累加器 C

（2）表示形式：

```
MOV C ， 40H ；将 40H 位中的数据传送到布尔累加器 C 中
```

指令给出的是 40H 位，上述指令出现了布尔累加器 C，因此寻址方式为位寻址方式。

（3）寻址范围：①内部 RAM 20H～2FH 位寻址区中的 128 位，如 MOV C ， 30H；②特殊功能寄存器（SFR）中 11 个可以按位寻址特殊功能寄存器的 83 位，如 MOV C,TR0。

附注：位地址的表示形式

① 直接使用位地址形式， 如 MOV C,D7H。

② 直接使用位的符号名称形式， 如 MOV C,F。

③ 字节地址+位序号形式， 如 MOV C,D0H.7。

④ 字节地址符号+位序号形式， 如 MOV C,PSW.7。

说明：上面表示形式是位地址的 4 种形式，并不代表所有位地址都有 4 种形式，在具体编程过程中应视具体情况而定。

6．变址寻址方式

（1）定义：指令中给出的是操作数的单元的复合地址，即基址寄存器加变址寄存器的间接寻址方式。这是对 ROM 操作的一种寻址方式。通常是以数据指针寄存器 DPTR 或者程序计数器 PC 作为基本地址，累加器 A 作为变址，两者的内容相加形成 16 位程序存储器地址。

（2）表示形式：变址寻址方式 MCS-51 单片机只有 3 条指令。

```
MOVC A,@A+DPTR
MOVC A,@A+PC
JMP @A+DPTR
```

7．相对寻址方式

（1）定义：指令中给出的既不是操作数本身，也不是操作数的单元地址，而是本指令的一个地址偏移量，相对寻址主要是用于控制程序执行顺序的一种寻址方式。

（2）表示形式：在 MCS-51 单片机指令系统中一般以"rel"表示，通常在实际应用中，"rel"一般用以下两种形式表示。

① 地址偏移量值［带符号的 8 位偏移量（-128～+127）］，如 SJMP 45H。

② 字符串［注意：字符串出现应在（-128～+127）范围内，并且成对出现］，如：

```
LOOP: SJMP  LOOP  ;LOOP 就是字符串
```

任务 2.3 用 STC89C52 的 P1、P0 控制 LED 灯（1）

1. 任务书

任务名称	用 STC89C52 的 P1、P0 控制 LED 灯
任务要点	1. 焊接 LED 显示板和 CPU 板的 STC 下载部分； 2. 正确使用编程软件完成程序下载； 3. 掌握单片机 P0、P1 口的正确使用
任务要求	完成活动中的全部内容
整理报告	

2. 活动

活动① 试叙述单片机 P0、P1 口的基本功能和使用注意事项？

	时间：5 分钟 配分：10 分 开始时间： 结束时间：

活动② 根据单片机网络课程中心项目 2 中任务 2.3 的制作实例，完成 P0 口 LED 模块的硬件电路焊接，并回答相应问题。

时间：40 分钟
配分：40 分
开始时间：

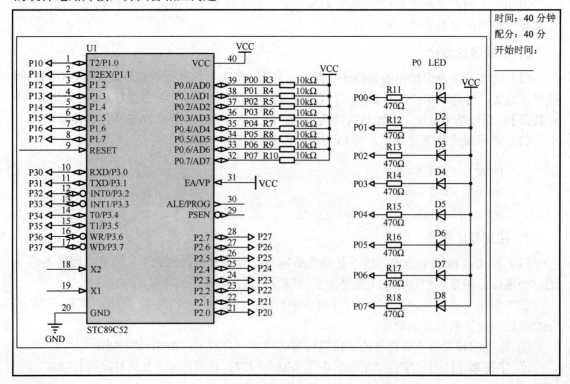

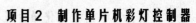
（1）阅读教材 I/O 口的相关资料，根据 P0～P1 口的结构，并对照电路，说出同样是 LED 显示电路，为什么 P0 口多接了电阻？

（2）对照原理图，请列出 P0 口使用元器件的清单。

名　称	规 格 型 号	数　量	备注（在电路中标示）

（3）请检测元器件，反馈元器件的情况。

元件名称	完好√　损坏×	是否更换

（4）检测无误后，对照单片机网络课程中心项目 2 中任务 2.3 的制作实例，完成 P0 口的 LED 电路焊接。

（5）将下面测试程序使用仿真软件完成程序汇编，并利用 STC-ISP 软件完成下载。并记录观察到的现象

```
        ORG  0000H
        LJMP  MAIN
        ORG   0030H
MAIN:   MOV  A,#00H
        MOV  P0, A
        END
```

程序运行的现象：

结束时间：_____

活动③ 根据下面提供的信息，利用仿真软件完成对 P0、P1 口的测试。

（1）使用单片机仿真软件，完成下面程序的仿真，并回答下面问题。
 	
``
        ORG 0000H
        LJMP MAIN
        ORG   0030H
MAIN: MOV A,#00H
LOOP: MOV P1,A
        CPL   A
``
	时间：40 分钟
	配分：40 分
	开始时间：_____

```
                    MOV  P0, A
                    CPL  A
                    MOV  P0, A
                    LJMP LOOP
                    END
```

程序在仿真运行中，在仿真软件的 I/O 窗口，记录 P0 和 P1 口的现象。

端　　口	运行前现象	运行中现象
P0		
P1		

（2）通过仿真软件产生十六进制文件，并使用 STC-ISP 软件完成程序下载。运行单片机，记录观察到的情况。

（3）再次使用单片机仿真软件，输入下面的程序并完成仿真，然后回答下面问题。

```
                    ORG  0000H
                    LJMP  MAIN
                    ORG   0030H
        MAIN:       MOV A,#00H
        LOOP:       MOV P1,A
                    LCALL  YS
                    CPL  A
                    MOV  P0, A
                    LCALL  YS
                    CPL  A
                    MOV  P0, A
                    LCALL  YS
                    LJMP LOOP
        YS:  MOV R5, #10
        MP0: MOV R6, #200
        MP1: MOV R7, #123
        MP2: DJNZ R7,MP2
             DJNZ R6,MP1
             DJNZ R5,MP0
             RET
             END
```

a. 程序在仿真运行中，在仿真软件的 I/O 窗口，记录 P0 和 P1 口的现象。

端　　口	运行前现象	运行中现象
P0		
P1		

b. 通过仿真软件产生十六进制文件，并使用 STC-ISP 软件完成程序下载。运行单片机，记录观察到的情况。
c. 通过对比两段程序，结合单片机 P0、P1 口说明出现两种不同情况的原因？　　　结束时间：_____

3. 任务考核

任务 2.3　用 STC89C52 的 P1、P0 控制 LED 灯（1）个人考核标准

考核项目	考核内容	配分	考核要求及评分标准	得分
活动①	P0、P1 口结构、功能及使用注意事项	10 分	功能描述和注意事项全部正确得 10 分，少一项扣 5 分，每超时 3 分钟扣 1 分	
活动②	P0 口 LED 电路焊接及分析	40 分	每小项 10 分，整个任务每超时 5 分钟扣 2 分	
活动③	P0、P1 口电路对比分析	40 分	1 小项 10 分，2 小项 20 分，3 小项 10 分，整个任务每超时 5 分钟扣 2 分	
态度目标	工作态度	5 分	工作认真、细致，组内团结协作好得 5 分，较好得 3 分，消极怠慢得 0 分	
资料整理	资料收集、整理能力	5 分	查阅资料的收集，并分类、记录整理得 5 分，收集不整理得 3 分，没收集不记录得 0 分	

任务 2.3　用 STC89C52 的 P1、P0 控制 LED 灯（1）小组考核标准

评价项目	评价内容及评价分值			自评	互评	教师评分
分工合作	优秀（12～15 分）	良好（9～11 分）	继续努力（9 分以下）			
	小组成员分工明确，任务分配合理，有小组分工职责明细表	小组成员分工较明确，任务分配较合理，有小组分工职责明细表	小组成员分工不明确，任务分配不合理，无小组分工职责明细表			
获取与项目有关质量、市场、环保的信息	优秀（12～15 分）	良好（9～11 分）	继续努力（9 分以下）			
	能使用适当的搜索引擎从网络等多种渠道获取信息，并合理地选择信息、使用信息	能从网络获取信息，并较合理地选择信息、使用信息	能从网络等多种渠道获取信息，但信息选择不正确，信息使用不恰当			
实操技能操作	优秀（16～20 分）	良好（12～15 分）	继续努力（12 分以下）			
	能按技能目标要求规范完成每项实操任务，能准确进行故障诊断，并能够进行正确的检修和维护	能按技能目标要求规范完成每项实操任务，不能准确地进行故障诊断和正确的检修和维护	能按技能目标要求完成每项实操任务，但规范性不够，不能准确进行故障诊断和正确的检修和维护			

续表

评价项目	评价内容及评价分值			自评	互评	教师评分
基本知识分析讨论	优秀（16～20 分）	良好（12～15 分）	继续努力（12 分以下）			
	讨论热烈，各抒己见，概念准确、原理思路清晰、理解透彻，逻辑性强，并有自己的见解	讨论没有间断，各抒己见，分析有理有据，思路基本清晰	讨论能够展开，分析有间断，思路不清晰，理解不透彻			
成果展示	优秀（24～30 分）	良好（18～23 分）	继续努力（18 分以下）			
	能很好地理解项目的任务要求，成果展示逻辑性强，熟练利用信息进行成果展示	能较好地理解项目的任务要求，成果展示逻辑性较强，能够熟练利用信息进行成果展示	基本理解项目的任务要求，成果展示停留在书面和口头表达，不能熟练利用信息进行成果展示			
总分						

附：参考资料情况

_____

_____

_____

_____

_____

知识点 2.4　MCS-51 单片机的输入/输出端口

MCS-51 共有 4 个 8 位的并行 I/O 口，分别记作 P0、P1、P2、P3。每个口都包含一个锁存器，一个输出驱动器和输入缓冲器。这些端口在结构和特性上是基本相同的，但又各具特点，下面分别介绍。

1. P0 口结构、功能及使用

（1）结构 ：P0 口的内部逻辑电路如图 2-3 所示。

由图 2-3 可见，电路中包含有 1 个数据输出锁存器、2 个三态数据输入缓冲器、1 个数据输出的驱动电路和 1 个输出控制电路。当对 P0 口进行写操作时，由锁存器和驱动电路构成数据输出通路。由于通路中已有输出锁存器，因此数据输出时可以与外设直接连接，而不需再加数据锁存电路；如果作外部输出时，则需要 P0 口接上拉电阻。

（2）功能：低 8 位地址总线/数据总线复用口。作低 8 位地址总线/数据总线复用口时，通常后边接地址锁存器；作一般 I/O 口时，先定义后使用。

（3）使用：字节单元地址为 80H，引脚是 39～32 脚，可位寻址。能驱动 8 个 LSTTL 电路。

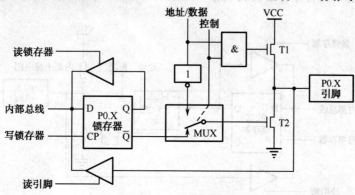

图2-3 P0口位结构图

2. P1口结构、功能及使用

（1）结构：P1口的内部逻辑电路如图2-4所示。

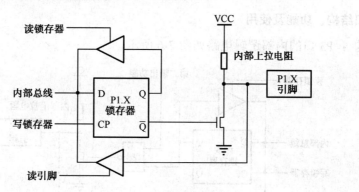

图2-4 P1口位结构图

由于P1口通常是作为通用I/O口使用的，因此在电路结构上与P0口有一些不同之处，首先它不再需要多路转接电路MUX；其次是电路的内部有上拉电阻，与场效应管共同组成输出驱动电路。

（2）功能：51单片机中唯一的一个单功能I/O端口。作一般I/O口时，遵循先定义后使用的原则。

（3）使用：字节单元地址为90H，引脚是1～8脚，可位寻址。能驱动4个LSTTL电路。

3. P2口结构、功能及使用

（1）结构：P2口的内部逻辑电路如图2-5所示。

P2口可以作为通用I/O口使用。这时多路转接开关接通锁存器Q端。但通常应用情况下，P2口是作为高8位地址总线使用的，此时多路转接开关应接通相反方向。

（2）功能：提供高8位地址总线或者是一般I/O端口。作高8位地址总线，从P2.0开始确定方法遵循$Q=2^n$原则，即$n=8+?$（?表示需要P2口提供高8位地址总线的根数，根据实际需要自己确定）；作一般I/O端口，遵循先定义后使用的原则。

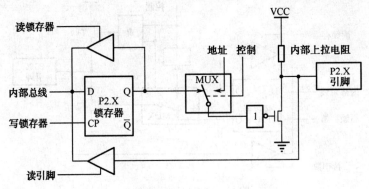

图 2-5 P2 口位结构图

（3）使用：字节单元地址为 A0H，引脚是 21～28 脚，可位寻址。能驱动 4 个 LSTTL 电路。

4. P3 口结构、功能及使用

（1）结构：P3 口的内部逻辑电路如图 2-6 所示。

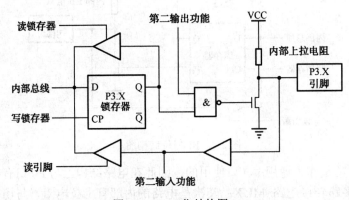

图 2-6 P3 口位结构图

P3 口的特点在于为适应引脚信号第二功能的需要，增加了第二功能控制逻辑。由于第二功能信号有输入和输出两类，因此分两种情况说明。

对于第二功能为输出的信号引脚，当作为 I/O 使用时，第二功能信号引线应保持高电平，与非门开通，以维持从锁存器到输出端数据输出通路的畅通。当输出第二功能信号时，该位的锁存器应置"1"，使与非门对第二功能信号的输出是畅通的，从而实现第二功能信号的输出。

（2）功能：作为一般 I/O 端口，遵循先定义后使用的原则。P3 口第二功能如表 2-8 所示。

（3）使用：字节单元地址为 B0H，引脚是 10～17 脚，可位寻址。能驱动 4 个 LSTTL 电路。通常情况只要 P3 口使用，首先考虑是否是第二功能。

表 2-8　P3 口各位的第二功能

引　　脚	第 二 功 能	信 号 名 称
P3.0	RXD	串行数据接收
P3.1	TXD	串行数据发送
P3.2	$\overline{INT0}$	外部中断 0 申请
P3.3	$\overline{INT1}$	外部中断 1 申请
P3.4	T0	定时器/计数器 0 的外部计数脉冲输入
P3.5	T1	定时器/计数器 1 的外部计数脉冲输入
P3.6	$\overline{WR}$	外部 RAM 写选通信号输出端
P3.7	$\overline{RD}$	外部 RAM 读选通信号输出端

任务 2.4　用 STC89C52 的 P1、P2 控制 LED 灯（2）

1. 任务书

任务名称	用 STC89C52 的 P1、P2 控制 LED 灯
任务要点	1. 正确使用仿真软件的基本能力； 2. 正确使用 STC-ISP 程序下载的基本能力； 3. 掌握单片机传送指令的基本应用
任务要求	完成活动中的全部内容
整理报告	

2. 活动

活动①　学习项目 2 中知识点 2.5 的知识，回答下面问题。

（1）试叙述单片机 P2、P3 口的基本功能和使用注意事项？	时间：20 分钟 配分：10 分 开始时间：_____
（2）查阅 STC89C52 单片机资料，列出 STC89C52 单片机 P3 口的第二功能	结束时间：_____

活动②　根据单片机网络课程中心项目 2 中任务 2.4 的制作实例，完成实验板 P2 口 LED 电路的焊接，并回答下面问题。

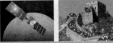

基于网络化教学的项目化单片机应用技术

（1）本部分原理如下。

时间：30分钟

配分：20分

开始时间：

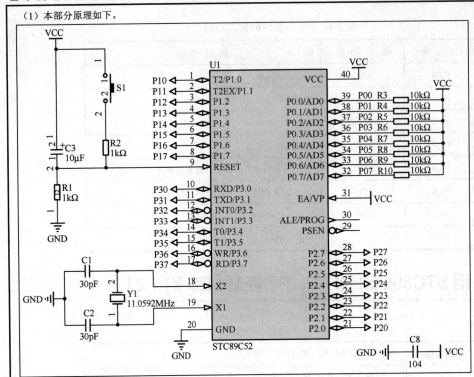

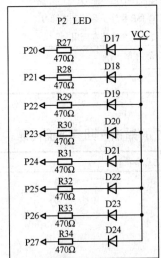

（2）对照原理图，请列出 P2 口 LED 电路使用元器件的清单。

名　称	规格型号	数　量	备注（在电路中标示）

76

续表

（3）根据单片机网络课程中心项目 2 中任务 2.4 的制作实例，完成实验板 P2 口 LED 电路的焊接。

（4）单片机网络课程中心下载项目 2 中的任务 2.4 测试程序，将测试结果填入下表。

端　　口	观察到的现象
P2 口	

结束时间：_____

活动③ 通过项目 2 中知识点 2.5 的学习，完成下面程序设计。

（1）编程将外 RAM 40H 与内 RAM 40H 单元中的数据进行互换，通过仿真测试后记录此程序。	时间：40 分钟 配分：20 分 开始时间：_____
（2）利用三种方法实现内 RAM 30H 与内 RAM 40H 单元中的内容互换，进行仿真测试后记录此程序	结束时间：_____

活动④ 默写数据传送类指令 2 遍。（29 条）

	时间：30 分钟 配分：20 分 开始时间：_____ 结束时间：_____

附注：请自备纸张，完成程序的默写任务。

活动⑤ 任务拓展

阅读项目 2 中任务 2.4 的拓展程序，按要求回答以下问题。	时间：40 分钟
（1）抄写程序中画线的语句，说明其寻址方式。	配分：20 分 开始时间：_____
（2）如果程序使用 XCH 指令实现程序拓展 1 功能，应如何修改程序？说明实现方法并验证。	结束时间：_____

3. 任务考核

任务 2.4 用 STC89C52 的 P1、P2 控制 LED 灯（2）个人考核标准

考核项目	考核内容	配分	考核要求及评分标准	得分
活动①	P2、P3 口的功能及使用	10 分	全部正确得 10 分，超时 10 分钟不得分	
活动②	P2 的 LED 电路焊接及测试	20 分	第 1 小项 5 分，第 2 小项 10 分，第 3 小项 5 分，每超时 5 分钟扣 1 分	
活动③	传送指令的基本应用	20 分	每题 10 分，超时 20 分钟不得分	
活动④	熟悉传送指令格式	20 分	书写规范保证质量 20 分	
活动⑤	XCH 指令应用及传送指令应用的提高	20 分	第 1 项正确得 5 分，第 2 项正确得 15 分 每超时 5 分钟扣 1 分，超时 20 分钟不得分	
态度目标	工作态度	10 分	工作认真、细致，组内团结协作好得 10 分，较好得 3 分，消极怠慢得 0 分	

任务 2.4 用 STC89C52 的 P1、P2 控制 LED 灯（2）小组考核标准

评价项目	评价内容及评价分值			自评	互评	教师评分
分工合作	优秀（12～15 分）	良好（9～11 分）	继续努力（9 分以下）			
	小组成员分工明确，任务分配合理，有小组分工职责明细表	小组成员分工较明确，任务分配较合理，有小组分工职责明细表	小组成员分工不明确，任务分配不合理，无小组分工职责明细表			
获取与项目有关质量、市场、环保的信息	优秀（12～15 分）	良好（9～11 分）	继续努力（9 分以下）			
	能使用适当的搜索引擎从网络等多种渠道获取信息，并合理地选择信息、使用信息	能从网络获取信息，并较合理地选择信息、使用信息	能从网络等多种渠道获取信息，但信息选择不正确，信息使用不恰当			
实操技能操作	优秀（16～20 分）	良好（12～15 分）	继续努力（12 分以下）			
	能按技能目标要求规范完成每项实操任务，能准确进行故障诊断，并能够进行正确的检修和维护	能按技能目标要求规范完成每项实操任务，不能准确地进行故障诊断和正确的检修和维护	能按技能目标要求完成每项实操任务，但规范性不够，不能准确进行故障诊断和正确的检修和维护			
基本知识分析讨论	优秀（16～20 分）	良好（12～15 分）	继续努力（12 分以下）			
	讨论热烈，各抒己见，概念准确、原理思路清晰、理解透彻，逻辑性强，并有自己的见解	讨论没有间断，各抒己见，分析有理有据，思路基本清晰	讨论能够展开，分析有间断，思路不清晰，理解不透彻			
成果展示	优秀（24～30 分）	良好（18～23 分）	继续努力（18 分以下）			
	能很好地理解项目的任务要求，成果展示逻辑性强，熟练利用信息进行成果展示	能较好地理解项目的任务要求，成果展示逻辑性较强，能够熟练利用信息进行成果展示	基本理解项目的任务要求，成果展示停留在书面和口头表达，不能熟练利用信息进行成果展示			
总分						

附：参考资料情况

_____

_____

_____

_____

_____

_____

_____

知识点2.5 MCS-51单片机的数据传送类指令

1. 内、外 RAM 数据传送指令

数据传送指令是 MCS-51 单片机汇编语言程序设计中使用最频繁的指令，包括内部 RAM、寄存器、外部 RAM 以及程序存储器之间的数据传送。

数据传送操作是指把数据从源地址传送到目的地址，源地址内容不变，如图 2-7 所示。

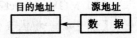

图 2-7 传送指令示意图

内部 RAM 8 位数据传送指令共 15 条，主要用于 MCS-51 单片机内部 RAM 与寄存器之间的数据传送。其指令基本格式：

```
MOV   <目的操作数>,<源操作数>
```

1）以累加器 A 为目的地址的传送指令（4 条）

（1）MOV A，#data   ；data→A

（2）MOV A，Rn   ；（Rn）→A

（3）MOV A，@Ri   ；（（Ri））→A

（4）MOV A，direct   ；（direct）→A

以上四条指令均影响奇偶标志位 P

【例 2-1】 将内 RAM 20H 单元中的数据 66H 送到寄存器 A 中。

方法 1：MOV A，#66H ；应用上面（1）中第 1 条指令，即 MOV A，#data 格式

方法 2：MOV A，20H   ；应用上面（1）中第 4 条指令，即 MOV A，direct，格式

2）以 Rn 为目的地址的传送指令（3 条）

（1）MOV Rn，#data   ；data→Rn

（2）MOV Rn，A   ；（A）→Rn

（3）MOV Rn，direct   ；（direct）→Rn

【例 2-2】 将内 RAM 20H 单元中的数据 66H 送到寄存器 R1 中。

方法 1：MOV R1，#66H ；应用上面（2）中第 1 条指令，即 MOV Rn，#data 格式

方法 2：MOV R1，20H ；应用上面（2）中第 3 条指令，即 MOV Rn，direct 格式

3）以寄存器间接地址为目的地址的传送指令（3条）

（1）MOV @Ri，#data　；data→（Ri）

（2）MOV @Ri，A　　；（A）→（Ri）

（3）MOV @Ri，direct　；（direct）→（Ri）

【例2-3】 将内RAM 20H单元中的数据66H送到30H单元中。

方法1：MOV R1，#30H ；应用上面（2）中第1条指令，即MOV Rn，#data 格式
　　　　MOV @R1，#66H ；应用上面（3）中第1条指令，即MOV @Ri，#data 格式
方法2：MOV R1，#30H ；应用上面（2）中第1条指令，即MOV Rn，#data 格式
　　　　MOV @R1，20H ；应用上面（3）中第3条指令，即MOV @Ri，direct 格式

4）以直接地址为目的地址的传送指令（5条）

（1）MOV direct，#data　；data→direct

（2）MOV direct，A　　；（A）→direct

（3）MOV direct，Rn　　；（Rn）→direct

（4）MOV direct，@Ri　；（（Ri））→direct

（5）MOV direct2，direct1 ；direct1→direct2

【例2-4】 将内RAM 20H单元中的数据66H送到内RAM 30H单元中。

方法1：MOV 30H，#66H ；应用上面（4）中第1条指令，即MOV direct，#data 格式
方法2：MOV 30H，20H ；应用上面（4）中第5条指令，即MOV direct2，direct1 格式

以上就是内部RAM单元之间的数据传送的全部指令，仔细发现还是有一些规律的，其传送数据规律如图2-8所示。

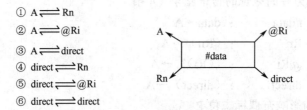

① A ⇌ Rn
② A ⇌ @Ri
③ A ⇌ direct
④ direct ⇌ Rn
⑤ direct ⇌ @Ri
⑥ direct ⇌ direct

图2-8　内RAM数据传送指令格式示意图

【例2-5】 将内RAM 20H单元中的数据与内RAM 30H单元中的数据交换。

分析：由传送指令功能来看，数据要想完成交换，必须借助1个中间单元作为交换场所，本题选累加器A作为暂存的交换场所。

方法：MOV A，20H ；将20H单元内容送A中暂存
　　　MOV 20H，30H ；将30H单元内容送20H中
　　　MOV 30H，A ；将暂存A内容取出送到30H中，完成交换

5）16位立即数传送指令（1条）

```
MOV DPTR, # data16 ; data16→DPTR
```

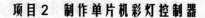

6）外 RAM 数据传送指令（4 条）

（1）MOVX　A，@Ri　；（（Ri））→A

（2）MOVX　@Ri，A　；（A）→（Ri）

（3）MOVX　A，@DPTR；（（DPTR））→A

（4）MOVX　@DPTR，A；（A）→（DPTR）

> **注意：** ① 外部 RAM 只能通过累加器 A 进行数据传送。
>
> ② 累加器 A 与外部 RAM 之间传送数据时只能用间接寻址方式，间接寻址寄存器为 DPTR，R0，R1。
>
> ③ 以上传送指令结果通常影响程序状态字寄存器 PSW 的 P 标志。

【例 2-6】 将外 RAM 20H 单元中的数据送到内 RAM 30H 单元中。

分析：数据由外部存储器送到内部存储器，必须先送到累加器 A 中，再由 A 转存到内部其他单元中。

方法：MOV　R1，#20H　；将 20H 单元的地址送 R1 中

　　　MOVX　A，@R1　；用间接寻址方式将外 RAM 20H 单元内容送 A 中

　　　MOV　30H，A　；将暂存 A 内容取出送到内 RAM 30H 单元中，完成传送

【例 2-7】 将内 RAM 20H 单元中的数据送到外 RAM 30H 单元中。

分析：数据由内部存储器送到外部存储器，也必须先送到累加器 A 中，再由 A 转存到外部其他单元中。

方法：MOV　A，20H　；将 20H 单元的数据送到累加器 A 中

　　　MOV　R1，#30H　；将 30H 单元的地址送到 R1 中

　　　MOVX　@R1，A　；用间接寻址方式将 A 数据送到外 RAM30H 单元中，完成传送

由上面例题可以看出，内、外 RAM 之间数据传送必须经过累加器 A 才能完成。

【例 2-8】 将外 RAM 20H 单元中的数据与外 RAM 2000H 单元中数据互换。

分析：由于数据均在外 RAM 单元中，故不能直接交换，必须将数据读到内部 RAM 中才能交换，具体步骤如图 2-9 所示。

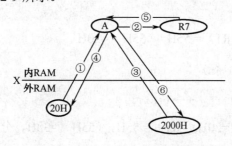

图 2-9　内、外 RAM 交换示意图

方法：① MOV　R0，#20H　；将 20H 单元的地址送到 R0 中

　　　　MOVX　A，@R0　；通过间接寻址将外 RAM 20H 单元的数据送到 A 中

　　② MOV　R7，A　；将 A 数据暂存到外 R7 中

　　③ MOV　DPTR，#2000H　；将 2000H 单元的地址送到 DPTR 中

```
    MOVX   A，@DPTR        ；通过间接寻址将外 2000H 单元的数据送到 A 中
④  MOVX   @R0，A          ；通过间接寻址将 A 数据送到外 RAM 20H 单元中
⑤  MOV    A，R7，          ；将暂存在 R7 中数据送到 A 中
⑥  MOVX   @DPTR，A        ；通过间接寻址将 A 数据送到外 RAM 2000H 单元中
```

2. ROM 传送指令

ROM 数据读取指令（2 条）

```
    MOVC  A，@A+DPTR       ；((A)+(DPTR)) →A
    MOVC  A，@A+PC         ；((A)+(PC)) →A
```

【例 2-9】 将 ROM 2000H 单元中的数据送到内 RAM 20H 单元中。

ROM 的性质决定数据的只读特性，故使用 MOVC 指令来完成。

方法：MOV   DPTR，#2000H ；将 2000H 单元的地址送到 DPTR 中

MOV   A，#00H   ；将 00H 单元的地址送到 A 中

MOVC   A，@A+DPTR；通过变址寻址将 2000H 单元的内容送到 A 中

MOV   30H，A   ；将累加器 A 中数据送到内 RAM 30H 中

说明：由于程序计数器 PC 不能寻址，故上述例题不能用 MOVC　A，@A+PC 来完成任务。

3. 数据交换指令

1）字节交换指令（3 条）

XCH   A，Rn   ；(A) ←→(Rn)

XCH   A，direct ；(A) ←→(direct)

XCH   A，@Ri   ；(A) ←→((Ri))

> **注意：** 以上指令结果影响程序状态字寄存器 PSW 的 P 标志。

【例 2-10】 已知（A）=20H，（R1）= 55H，（55H）=38H，分析执行指令后的结果。

```
    XCH  A,@R1
```

结果是（A）=38H，（R1）= 55H，（55H）=20H

2）半字节交换指令（1 条）

```
    XCHD  A,@Ri   ；(A)_{3-0} ←→((Ri))_{3-0}
```

【例 2-11】 已知（A）=20H，（R1）= 55H，（55H）=38H，分析执行指令后的结果。

```
    XCHD  A,@R1
```

结果是（A）=28H，（R1）= 55H，（55H）=30H

> **注意：** 上面指令结果影响程序状态字寄存器 PSW 的 P 标志。

通过例 2-10 和例 2-11 比较指令 XCH 与 XCHD 的区别是什么？

 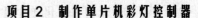

3）累加器A中高4位和低4位交换（1条）

```
SWAP    A  ,(A)7-4 ←→(A)3-0
```

【例2-12】 已知（A）=20H，分析执行指令后的结果。

```
SWAP    A
```

结果是（A）=02H

> **注意：** 上面指令结果不影响程序状态字寄存器PSW标志。

4．堆栈操作指令（2条）

```
PUSH  direct  ; ((SP))+1→SP,  (direct) →(SP)
POP   direct  ; ((SP)) →direct, (SP)-1→SP
```

> **注意：**（1）堆栈是用户自己设定的内部 RAM 中的一块专用存储区，使用时一定先设堆栈指针；堆栈指针默认为 SP=07H。
> （2）堆栈遵循后进先出的原则安排数据。
> （3）堆栈操作必须是字节操作，且只能直接寻址。
> （4）堆栈操作如果遵循后进先出的原则，那是堆栈的暂存功能，如果是先进后出，那堆栈就完成数据交换功能。

【例2-13】

```
PUSH    30H
PUSH    40H
POP     30H
POP     40H
```

任务2.5 用 STC89C52 的 P1 口控制 LED 跑马灯

1．任务书

任务名称	用 STC89C52 的 P1 口控制 LED 跑马灯
任务要点	1．正确使用仿真软件仿真程序的基本能力； 2．利用编程软件进行程序下载的基本能力； 3．掌握单片机算术运算指令的基本能力
任务要求	完成活动中的全部内容
整理报告	

2．活动

活动① 回顾单片机 P1 口的功能和使用注意事项，请叙述下来？

	时间：10 分钟
	配分：5 分
	开始时间：_____
	结束时间：_____

活动② 读原理图，并回答以下问题。

（1）观察实验板 P1 口的焊接部分，抄画出 P1 口 LED 显示部分电路的原理图。	时间：30 分钟 配分：10 分 开始时间：_____
（2）对照实验板和原理图，说出 LED 灯点亮需要什么样的电平条件？在编程时输出什么电平，LED 灯才会被点亮？	 结束时间：_____

活动③ 根据生产生活中看到的跑马灯现象，试叙述一下跑马灯实现的基本原理？

	时间：15 分钟 配分：5 分 开始时间：_____ 结束时间：_____

活动④ 在仿真软件环境中输入程序，编译连接后回答下面问题。

（1）输入测试程序 1，选择单步运行模式，程序运行的现象从哪里观察，观察到的现象又是什么？	时间：40 分钟 配分：40 分 开始时间：_____
（2）输入测试程序 2，同样选择单步运行模式，观察运行结果是否相同？	
（3）比较测试程序 1 和 2，找出程序的区别，分析产生这种现象的原因？	
（4）将编译好的测试程序 1 或者 2 直接下载到单片机中，运行程序，观察运行结果，并比较仿真结果，说明出现这种情况的原因。	
（5）将测试程序 3，编译后仿真运行，观察结果后并记录现象。	
（6）将测试程序 3 编译后产生的机器代码下载到单片机，观察结果后并记录现象。	

续表

（7）找出测试程序 2 和 3 的区别？说明该程序多出程序段的功能，同时分析 P1 口输出数据与跑马灯之间的关系。	
	结束时间：_____

活动⑤　默写算术运算类指令 2 遍。（24 条）

	时间：15 分钟
	配分：10 分
	开始时间：_____
	结束时间：_____

附注：请自备纸张，完成程序的默写任务。

活动⑥　任务拓展

（1）通过知识点 2.6 的学习，在程序 3 基础上，如果把 P2 口也用上，共同完成 16 个 LED 的跑马灯，应如何修改程序？说明实现方法并验证。	时间：40 分钟
	配分：25 分
	开始时间：_____
（2）通过知识点 2.6 的学习，利用本任务的硬件电路，能否实现动态注水式点亮 8 个 LED 灯（效果见单片机网络课程中心），程序将如何修改？说明实现方法并验证	
	结束时间：_____

3．任务考核

任务 2.5　用 STC89C52 的 P1 口控制 LED 跑马灯个人考核标准

考核项目	考核内容	配分	考核要求及评分标准	得分
活动①	P1 口的功能和使用注意事项	5 分	全部正确得 5 分，超时不得分	
活动②	P1 口电路读图	10 分	每小项 5 分，全部正确得 10 分	
活动③	了解跑马灯基本原理	5 分	分析正确得 5 分，超时不得分	
活动④	练习程序仿真和算术运算指令应用	40 分	每小题正确得 5 分，每超时 5 分钟扣 2 分	
活动⑤	掌握算术运算指令格式	10 分	书写规范，认真得 10 分	
任务拓展	算术运算指令提高	25 分	第一小题 10 分，第二小题 15 分	
态度目标	工作态度	5 分	工作认真、细致，组内团结协作好得 5 分，较好得 3 分，消极怠慢得 0 分	

任务 2.5　用 STC89C52 的 P1 控制 LED 跑马灯小组考核标准

评价项目	评价内容及评价分值			自评	互评	教师评分
分工合作	优秀（12～15 分）	良好（9～11 分）	继续努力（9 分以下）			
	小组成员分工明确，任务分配合理，有小组分工职责明细表	小组成员分工较明确，任务分配较合理，有小组分工职责明细表	小组成员分工不明确，任务分配不合理，无小组分工职责明细表			
获取与项目有关质量、市场、环保的信息	优秀（12～15 分）	良好（9～11 分）	继续努力（9 分以下）			
	能使用适当的搜索引擎从网络等多种渠道获取信息，并合理地选择信息，使用信息	能从网络获取信息，并较合理地选择信息，使用信息	能从网络等多种渠道获取信息，但信息选择不正确，信息使用不恰当			
实操技能操作	优秀（16～20 分）	良好（12～15 分）	继续努力（12 分以下）			
	能按技能目标要求规范完成每项实操任务，能准确进行故障诊断，并能够进行正确的检修和维护	能按技能目标要求规范完成每项实操任务，不能准确地进行故障诊断和正确的检修和维护	能按技能目标要求完成每项实操任务，但规范性不够，不能准确进行故障诊断和正确的检修和维护			
基本知识分析讨论	优秀（16～20 分）	良好（12～15 分）	继续努力（12 分以下）			
	讨论热烈，各抒己见，概念准确、原理思路清晰、理解透彻，逻辑性强，并有自己的见解	讨论没有间断，各抒己见，分析有理有据，思路基本清晰	讨论能够展开，分析有间断，思路不清晰，理解不透彻			
成果展示	优秀（24～30 分）	良好（18～23 分）	继续努力（18 分以下）			
	能很好地理解项目的任务要求，成果展示逻辑性强，熟练利用信息进行成果展示	能较好地理解项目的任务要求，成果展示逻辑性较强，能够熟练利用信息进行成果展示	基本理解项目的任务要求，成果展示停留在书面和口头表达，不能熟练利用信息进行成果展示			
总分						

附：参考资料情况

_____

_____

_____

_____

_____

_____

_____

_____

_____

_____

_____

知识点 2.6 MCS-51 单片机算术运算类指令应用

MCS-51 单片机有比较丰富的算术运算指令，算术运算类指令共有 24 条，可以分为不带进位加法、带进位加法、带借位减法、加 1、减 1、乘、除和十进制调整指令等。主要完成加、减、乘、除四则运算以及增量、减量和二-十调整等操作。

1. 不带进位加法指令（4 条）

```
ADD  A, #data  ;    (A) + data  →A
ADD  A, Rn     ;    (A) + (Rn) →A
ADD  A, @Ri    ;    (A) + ((Ri)) →A
ADD  A, direct ;    (A) + (direct) →A
```

功能：将 A 中的值与其后面的值相加，最终结果送回到 A 中。

> **注意：**（1）ADD 相加的和，结果可能出错。
> （2）ADD 指令影响 PSW 的相关位，即 CY、AC、OV 和 P 的值。

【例 2-14】 试编程实现 97H+85H，并将结果送到内 RAM30H 中，并分析对 PSW 的影响。

```
MOV  A, #97H              9 7H
ADD  A, #85H           +  8 5H
MOV  30H, A              1 1CH
```

分析：(A) == 1CH　　(CY) =1　　(AC) =0　　(OV) =1　　(P) =1

如何来判断 OV 的值呢？通常参与 ADD 的两个操作数是无符号数，而计算机总是按有符号对待，并影响 OV 的值。因此，可以仅从两个操作数和结果的符号就可以判断是否溢出了。操作数符号判断原则：凡数据在 00H～7FH 范围的为正数，数据在 80H～FFH 范围的为负数。OV 的判断原则如下：

① 正数+正数=正数，命题为真则 OV=0；
② 正数+正数=负数，命题为假则 OV=1；
③ 负数+负数=负数，命题为真则 OV=0；
④ 负数+负数=正数，命题为假则 OV=1。

例如，在【例 2-14】中，97H 和 85H 均为负数，而结果是 1CH，是一个正数，因此 OV=1。

【例 2-15】 试编程将内 RAM30H 地址开始的 3B 的无符号数相加，并将结果送到内 RAM 40H 中（设结果小于 100H）。

```
MOV  A,  30H
ADD  A,  31H
ADD  A,  32H
MOV  40H, A
```

2. 带进位加法指令（4条）

```
ADDC  A, #data ;     (A)+ data+(CY) →A
ADDC  A, Rn    ;     (A)+(Rn)+(CY) →A
ADDC  A, @Ri   ;     (A)+((Ri))+(CY) →A
ADDC  A, direct;     (A)+(direct)+(CY) →A
```

功能：将 A 中的值与其后面的值相加，再加上 CY 的值，最终结果送回到 A 中。

> **注意：**（1）ADDC 中的 CY 是指令执行前的进位标志，而不是相加以后产生的进位标志 CY。
>
> （2）ADDC 指令影响 PSW 的相关位。即 CY、AC、OV 和 P 的值。
>
> （3）使用 ADDC 指令时，如果系统没有特别指出 CY 值时，第一次相加使用 ADD 指令即可。
>
> （4）使用 ADDC 指令最后注意拾取高位进位。
>
> （5）ADDC 指令本身也可能产生进位 CY。

【例 2-16】 试编程将内 RAM30H 地址开始的 3B 的无符号数相加，并将结果送到内 RAM40H 开始的单元中。

题意分析：当进行加法运算时，如果没有特别说明运算的结果，则需要使用 ADDC 指令来考虑高位的进位，本程序没有说明加的结果，那就必须利用加法原则来进行处理，因此使用 ADDC 指令来考虑进位，这是与【例 2-15】的区别，具体过程和程序如下：

```
    0   30H
    0   31H
  +  CY
  ─────────
  41H 40H
    0   32H
  +  CY
  ─────────
  41H 40H
```

```
MOV  A, 30H
ADD  A, 31H
MOV  40H, A

MOV  A, #00H
ADDC A, #00H
MOV  41H, A

MOV  A, 32H
ADD  A, 40H
MOV  40H, A

MOV  A, #00H
ADDC A, 41H
MOV  41H, A
```

3. 带借位减法指令（4条）

```
SUBB A, #data ;     (A)-data-(CY) →A
```

```
SUBB  A, Rn   ;      (A)－(R n)－(CY)→A
SUBB  A, @Ri  ;      (A)－((Ri))－(CY)→A
SUBB  A, direct;     (A)－(direct)－(CY)→A
```

功能：将 A 中的值与其后面的值相减，再减去 CY 的值，最终结果送回到 A 中。

> **注意：**（1）SUBB 中的 CY 是指令执行前的借位标志，而不是相减以后产生的借位标志 CY。
>
> （2）SUBB 指令影响 PSW 的相关位，即 CY、AC、OV 和 P 的值。
>
> （3）使用 SUBB 指令时，如果系统没有特别指出 CY 值时，第一次相减时一定要清零借位标志位 CY，即 CLR C。
>
> （4）SUBB 指令同样也会产生 CY 值。

【例 2-17】 试编程实现 1234H－3456H，并将结果存在内 RAM40H 开始的单元中（设 40H 为低位）。

题意分析：由于 MCS-51 单片机是一种 8 位机，只能做 8 位的数学运算，对于 16 位数据可以拆开运算。

```
MOV  A , #34H
CLR  C
SUBB  A, #56H
MOV  40H, A
MOV  A, #12H
SUBB  A, #34H
MOV  41H, A
```

4. 加1、减1指令（9条）

```
INC  A      ;    (A) +1→A
INC  Rn     ;    (Rn) +1→Rn
INC  direct ;    (direct) +1→direct
INC  @Ri    ;    ((Ri)) +1→ (Ri)
INC  DPTR   ;    (DPTR) +1→DPTR
DEC  A      ;    (A) -1→A
DEC  Rn     ;    (Rn) -1→Rn
DEC  direct ;    (direct) -1→direct
DEC  @Ri    ;    ((Ri)) -1→(Ri)
```

> **注意：** 以上指令结果除了 INC A 和 DEC A 影响 P 外，其他均不影响程序状态字寄存器 PSW。

5. 乘法指令（1条）

```
MUL  AB ;(A)×(B)→B,A
```

功能：MCS-51 单片机的单字节乘法指令，在乘法运算之前，A 是被乘数，B 是乘数，运算后，B 存放积的高 8 位，A 存放积的低 8 位。

> **注意**：乘法结果影响程序状态字寄存器 PSW 的 OV（积超过 0FFH，则置 1，否则为 0）和 CY（总是清 0）以及 P 标志。

【例 2-18】 已知外 RAM1000H 和 2000H 单元分别存放 1 个 8 位无符号数 X 和 Y，试编程实现 3X+4Y，并将结果存入内 RAM40H 中（设结果小于 100H）。

题意分析：该题目最后也实现加法运算，并指明和小于 100H，由于又是无符号数，因此就可以断定：3X 和 4Y 也小于 100H，即乘法运算结果都在累加器 A 中。详细程序如下：

```
MOV  DPTR , #1000H
MOVX A, @DPTR        ;将外 RAM 1000H 中 X 读到 A 中
MOV  B, #03H
MUL  AB              ;完成 3×X
MOV  40H,  A         ;将 3X 暂存内 RAM 40H 中
MOV  DPTR , #2000H
MOVX A, @DPTR        ;将外 RAM 2000H 中 Y 读到 A 中
MOV  B, #04H
MUL  AB              ;完成 4×Y
ADD  A, 40H          ;完成 3X+4Y
MOV  40H,  A         ;将结果存入内 RAM40H 中
```

【例 2-19】 已知外 RAM1000H 和 2000H 单元分别存放 1 个 8 位无符号数 X 和 Y，试编程实现 3X+4Y，并将结果存入内 RAM40H 开始的单元中。

题意分析：该题目最后也实现加法运算，但并没有指明和小于 100H，因此就不能使用上面的方法来处理。因为 3X 和 4Y 都可能大于 100H，即乘法运算结果就不一定在累加器 A 中。详细程序如下：

```
MOV  DPTR , #1000H
MOVX A, @DPTR        ;将外 RAM1000H 中 X 读到 A 中
MOV  B, #03H
MUL  AB              ;完成 3×X
MOV  40H,  A         ;将 3X 的低 8 位暂存内 RAM 40H 中
MOV  41H,  B         ;将 3X 的高 8 位暂存内 RAM 41H 中
MOV  DPTR , #2000H
MOVX A, @DPTR        ;将外 RAM2000H 中 Y 读到 A 中
MOV  B, #04H
MUL  AB              ;完成 4×Y；同时 A 中是 4Y 的低 8 位
ADD  A, 40H          ;完成 3X+4Y 的低 8 位相加
MOV  40H,  A         ;将 3X+4Y 的低 8 位结果存入内 RAM40H 中
```

```
        MOV  A,  B              ;取出 4Y 的高 8 位
        ADDC A,  41H            ;4Y 的高 8 位与 3X 的高 8 位相加再加上 3X、4Y 的低 8 位相加可能
                                产生的进位
        MOV  41H, A            ;将结果送 41H 单元
```

6. 除法指令（1 条）

```
        DIV  AB    ;（A）÷（B）→A …B
```

功能：MCS-51 单片机的单字节除法指令，在除法运算之前，A 是被除数，B 是除数，运算后，A 是商，B 是余数。

> **注意：**（1）除法结果影响程序状态字寄存器 PSW 的 OV（除数为 0，则置 1，否则为 0）和 CY（总是清 0）以及 P 标志。
>
> （2）当除数为 0 时结果不能确定。

【**例 2-20**】　试编程将内 RAM40H 中 8 位无符号数转成 3 位 BCD 码，并存入内 RAM30H 开始的单元中（设 30H 为百位，31H 为十位，32H 为个位）。

题意分析：该题其实就是想把数据拆开，即 1 个三位数拆成几个百、几个十和几个一的形式。

```
        MOV  A,  40H
        MOV  B,  #64H
        DIV  AB               ;先除 100 将分离百位
        MOV  30H, A
        MOV  A,  B
        MOV  B,  #0AH
        DIV  AB               ;再除 10 将分离十位
        MOV  31H, A
        MOV  32H, B
```

7. 十进制调整指令（1 条）

```
  DA  A   ;若（AC）=1 或 A₃₋₀ >9，则（A）+06H →A
          若（CY）=1 或 A₇₋₄ >9， 则（A）+60H →A
```

说明：BCD 码用 4 位二进制码表示十进制数 0~9 产生的代码，这 4 位二进制数的权为 8421，所以 BCD 码又称为 8421 码。

功能：BCD 码加法的调整指令。

> **注意：**（1）DA　A 结果影响程序状态字寄存器 PSW 的 CY、OV、AC 和 P 标志。
>
> （2）DA　A 指令只适应于 BCD 码加法。
>
> （3）DA　A 指令将 A 中的二进制码自动调整为 BCD 码。

任务 2.6　用 STC89C52 的 P2 口读取其他端口的状态

1. 任务书

任务名称	用 STC89C52 的 P2 口读取其他端口的状态
任务要点	1. 正确使用仿真软件进行程序仿真的基本能力； 2. 利用编程软件进行程序下载的基本能力； 3. 掌握逻辑运算指令格式和编程的基本能力
任务要求	完成活动中的全部内容
整理报告	

2. 活动

活动①　试叙述单片机 P1 口的功能和使用注意事项？

	时间：5 分钟
	配分：5 分
	开始时间：_____
	结束时间：_____

活动②　根据单片机网络课程中心项目 2 中任务 2.6 的制作实例，完成 P1 口拨码开关焊接，回答以下问题。

（1）在实验板上观察 P1 口的拨码开关和 LED 连接电路，画出它的原理电路。	时间：20 分钟
	配分：10 分
	开始时间：_____
（2）由上述②焊接的硬件电路的原理图来看单片机 P1 口是输入还是输出？为什么？从单片机网络课程中心项目 2 中任务 2.6 的下载测试程序 1，汇编完成后下载到实验板，拨动拨码开关，记录观察到的现象。	
	结束时间：_____

活动③　将 P1 口 1～4 位的拨码开关拨上至 ON，5～8 位拨下后，将 P1 口的状态送到 P2 口显示，从单片机网络课程中心下载项目 2 中任务 2.6 的测试程序 2，将测试程序汇编，让单片机运行，观察现象并记录。

源　程　序	汇编代码	运行现象	时间：25 分钟
			配分：10 分
			开始时间：_____
			结束时间：_____

活动④　将上述③实验后断电，把拨码开关 1～4 位的拨码开关拨下，低 5～8 位拨上 ON 后，重新上电，运行程序，观察记录运行现象。

	时间：20 分钟
	配分：5 分
	开始时间：_____
	结束时间：_____

活动⑤ 对比活动③和④，发现拨码开关的状态与亮灯的情况之间有什么关系？

	时间：20 分钟
	配分：5 分
	开始时间：_____
	结束时间：_____

活动⑥ 编程让 P0 口出现间隔一个发光，并保持上述④P1 口的状态保持不变，让 P0 口与 P1 口状态分别相"与"、"或"、"异或"后，并将结果送 P2 口显示，编程并运行，完成下表。

端口状态	电平状态（按实际硬件电路，填 1 或 0）								十六进制数	P2 现象	
P0 口间隔一个发光	P0.0	P0.1	P0.2	P0.3	P0.4	P0.5	P0.6	P0.7			时间：20 分钟
											配分：5 分
P1 口 1~4 位下 /5~8 位上 ON	P1.0	P1.1	P1.2	P1.3	P1.4	P1.5	P1.6	P1.7			开始时间：_____
P0 与 P1 口相与送 P2 口	P2.0	P2.1	P2.2	P2.3	P2.4	P2.5	P2.6	P2.7			
P0 与 P1 口相或送 P2 口	P2.0	P2.1	P2.2	P2.3	P2.4	P2.5	P2.6	P2.7			
P0 与 P1 口相异或送 P2 口	P2.0	P2.1	P2.2	P2.3	P2.4	P2.5	P2.6	P2.7			结束时间：_____
编写程序如下：											

活动⑦ 默写逻辑运算类指令 2 遍（24 条）。

	时间：20 分钟
	配分：10 分
	开始时间：_____
	结束时间：_____

附注：请自备纸张，完成指令的默写任务。

活动⑧ 任务拓展

（1）如果将 P0 口送 BCD 码 23，P1 口的拨码开关 1、3、5、7 拨上 ON，其余拨下，让 P0 口与 P1 口的状态相加，并将结果送 P2 口显示。将上述过程编程，并在其硬件上实现，记录运行的现象。

源 程 序	汇 编 代 码	运 行 现 象	时间：40 分钟
			配分：30 分
			开始时间：_____

（2）通过知识点 7 和上述实例，利用 P2 来显示 P1 口的状态。具体要求是 P2 口与 P1 口完全对应（即拨上第 1 个拨码，P2 口第 1 个灯亮，拨下第 1 个拨码，P2 口第 1 个灯熄灭）以此类推，试编写程序并在硬件电路上验证。

续表

（3）通过本次任务，单片机 P1 口在本次任务中是输入口还是输出口？这和 P1 口的基本功能相矛盾吗？	
	结束时间：_____

3. 任务考核

任务 2.6　用 STC89C52 的 P2 口读取其他端口的状态个人考核标准

考核项目	考核内容	配分	考核要求及评分标准	得分
活动①	P1 口的功能和使用注意	5 分	全部正确得 5 分，超时不得分	
活动②	P1 口拨码开关电路连接	10 分	每小项 5 分，全部正确得 10 分	
活动③	P1、P2 编程与仿真	10 分	编程正确得 10 分，超时不得分	
活动④	P1 口操作	5 分	现象正确 5 分	
活动⑤	端口状态与输出关系	5 分	描述正确得 5 分	
活动⑥	逻辑指令应用	20 分	编写程序合理，仿真现象结果正确得 20 分	
活动⑦	逻辑指令格式	10 分	书写规范，保质保量得 10 分	
任务拓展	逻辑运算指令提高	30 分	每小题 10 分	
态度目标	工作态度	5 分	工作认真、细致，组内团结协作好得 5 分，较好得 3 分，消极怠慢得 0 分	

任务 2.6　用 STC89C52 的 P2 口读取其他端口的状态小组考核标准

评价项目	评价内容及评价分值			自评	互评	教师评分
分工合作	优秀（12～15 分）	良好（9～11 分）	继续努力（9 分以下）			
	小组成员分工明确，任务分配合理，有小组分工职责明细表	小组成员分工较明确，任务分配较合理，有小组分工职责明细表	小组成员分工不明确，任务分配不合理，无小组分工职责明细表			
获取与项目有关质量、市场、环保的信息	优秀（12～15 分）	良好（9～11 分）	继续努力（9 分以下）			
	能使用适当的搜索引擎从网络等多种渠道获取信息，并合理地选择信息、使用信息	能从网络获取信息，并较合理地选择信息、使用信息	能从网络等多种渠道获取信息，但信息选择不正确，信息使用不恰当			
实操技能操作	优秀（16～20 分）	良好（12～15 分）	继续努力（12 分以下）			
	能按技能目标要求规范完成每项实操任务，能准确进行故障诊断，并能够进行正确的检修和维护	能按技能目标要求规范完成每项实操任务，不能准确地进行故障诊断和正确的检修和维护	能按技能目标要求完成每项实操任务，但规范性不够，不能准确进行故障诊断和正确的检修和维护			

评价项目	评价内容及评价分值			自评	互评	教师评分
基本知识分析讨论	优秀（16～20分）	良好（12～15分）	继续努力（12分以下）			
	讨论热烈，各抒己见，概念准确、原理思路清晰、理解透彻，逻辑性强，并有自己的见解	讨论没有间断，各抒己见，分析有理有据，思路基本清晰	讨论能够展开，分析有间断，思路不清晰，理解不透彻			
成果展示	优秀（24～30分）	良好（18～23分）	继续努力（18分以下）			
	能很好地理解项目的任务要求，成果展示逻辑性强，熟练利用信息进行成果展示	能较好地理解项目的任务要求，成果展示逻辑性较强，能够熟练利用信息进行成果展示	基本理解项目的任务要求，成果展示停留在书面和口头表达，不能熟练利用信息进行成果展示			
总分						

附：参考资料情况

_____

_____

_____

_____

_____

_____

知识点 2.7 MCS-51 单片机逻辑运算类指令及应用

MCS-51 单片机不仅有算术运算功能，也有逻辑运算功能。MCS-51 的逻辑运算指令主要包括逻辑与、或、异或，清零、取反和移位等指令。

1. 逻辑与指令（6 条）

```
ANL    A, #data            ; (A) ∧ data→A
ANL    A, Rn               ; (A) ∧ (Rn)→A
ANL    A, @Ri              ; (A) ∧ ((Ri))→A
ANL    A, direct           ; (A) ∧ (direct)→A
ANL    direct, #data       ; (direct) ∧ data→direct
ANL    direct, A           ; (direct) ∧ (A)→direct
```

功能：将 A（或者 direct）中的值与其后面的值（或单元里面的值）相"与"，并将结果送回到 A（或者 direct）中。

> **注意：** 以上指令结果通常影响程序状态字寄存器 PSW 的 P 标志。

【例2-21】 已知（A）=36H，试分析下面指令执行结果。

（1）ANL A, #00H；（2）ANL A, #0FH；（3）ANL A, #0F0H；（4）ANL A, #0FFH。

分析：由"与"指令的真值表，有0出0，全1出1可得出：

（1）（A）=00H；（2）（A）=06H；（3）（A）=30H；（4）（A）=36H。

由例题可知：逻辑"与"可以实现清零与保留功能。方法是：需要清零的位与 0 相"与"，就把该位清0；需要保留的位与1相"与"，就保留1以外的那一位数据。

2. 逻辑或指令（6条）

```
ORL   A, #data            ; (A) ∨ data→A
ORL   A, Rn               ; (A) ∨ (Rn) →A
ORL   A, @Ri              ; (A) ∨ ((Ri)) →A
ORL   A, direct           ; (A) ∨ (direct) →A
ORL   direct, #data       ; (direct) ∨ data→direct
ORL   direct, A           ; (direct) ∨ (A) →direct
```

功能：将 A（或者 direct）中的值与其后面的值（或单元里面的值）相"或"，并将结果送回到 A（或者 direct）中。

注意： 以上指令结果通常影响程序状态字寄存器 PSW 的 P 标志。

【例2-22】 已知（A）=36H，试分析下面指令执行结果。

（1）ORL A, #00H；（2）ORL A, #0FH；（3）ORL A, #0F0H；（4）ORL A, #0FFH。

分析：由"或"指令的真值表，有1出1，全0出0可得出：

（1）（A）=36H；（2）（A）=3FH；（3）（A）=F6H；（4）（A）=FFH。

由例题可知：逻辑"或"可以实现置位与保留功能。方法是：需要置位的位与 1 相"或"，则该位就被置1；需要保留的位与0相"或"，就保留0以外的那一位数据。

3. 逻辑异或指令（6条）

```
XRL   A, #data            ; (A) ⊗ data→A
XRL   A, Rn               ; (A) ⊗ (Rn) →A
XRL   A, @Ri              ; (A) ⊗ ((Ri)) →A
XRL   A, direct           ; (A) ⊗ (direct) →A
XRL   direct, #data       ; (direct) ⊗ data→direct
XRL   direct, A           ; (direct) ⊗ (A) →direct
```

功能：将 A（或者 direct）中的值与其后面的值（或单元里面的值）相"异或"，并将结果送回到 A（或者 direct）中。

注意： 以上指令结果通常影响程序状态字寄存器 PSW 的 P 标志。

【例2-23】 已知（A）=36H，试分析下面指令执行结果。

（1）XRL A, #00H；（2）XRL A, #0FH；（3）XRL A, #0F0H；（4）XRL A, #0FFH。

分析：由"异或"指令的真值表，相同出0，相异出1可得出：

（1）（A）=36H；（2）（A）=39H；（3）（A）=C6H；（4）（A）=C9H。

由例题可知：逻辑"异或"可以实现取反与保留功能。方法是：需要取反的位与1相"异或"，则该位就被取反；需要保留的位与0相"异或"，就保留0以外的那一位数据。

由以上逻辑"与"、"或"、"异或"看出，逻辑指令可以实现清零、置位，取反和保留四种功能，如表2-9所示。

表2-9 逻辑指令功能表

指令＼功能	清0	置 位	取 反	保 留
ANL	0			1
ORL		1		0
XRL			1	0

【例2-24】 试编程将外RAM 40H中的数据高4位取反，低2位置1，其余2位清零。

分析：由于数据在外RAM存放，基本思路是读取外RAM数据后，进行逻辑操作后，再送到外RAM即可。

```
MOV  R0, #40H
MOVX A, @R0          ;将外RAM数据读取到A中
XRL  A, #0F0H        ;将高4位取反
ORL  A, #03H         ;将低2位置1
ANL  A, #0F3H        ;将其余2位清0
MOVX @R0 , A         ;将数据送出
```

4. 累加器清零、取反及移位指令

1）累加器清零与取反指令（2条）

```
CLR  A  ;  0 →A
```

CLR A是累加器A清零的专用指令，在实现A的清零功能上与MOV A, #00H和ANL A, #00H一样。本指令影响PSW的P位。

```
CPL  A  ;  (A) →A
```

CPL A是累加器A取反的专用指令，与XRL A, #0FFH功能一样。本指令不影响PSW。

2）累加器移位指令（4条）

```
        RL    A    ;    ┌──────────────┐
                        └──←A7←──A0←──┘

        RLC   A    ;    ┌──────────────┐
                        └─CY──A7←──A0─┘

        RR    A    ;    ┌──────────────┐
                        └─→A7──A0→──┘

        RRC   A    ;    ┌──────────────┐
                        └─CY→A7──A0─┘
```

以上 4 条移位指令，有时用于数据的增大或者缩小，有时用于移位输出。除了 RRC、RLC 对 P 和 CY 有影响外，其余两条均无影响。

【例 2-25】 设（A）=08H，试分析下面语句执行结果

```
        RL    A
        RL    A
        RL    A
```

分析：语句执行后，（A）=40H。40H 等价于十进制数 64，而对于原来累加器 A=8，相当扩大了 8 倍。也就是说，最高为 0 时，左移指令（RL）每执行一次，就使操作数扩大了 2^1。本例题左移 3 次，就是扩大了 2^3，即 8 倍。

【例 2-26】 设（A）=40H，试分析下面语句执行结果

```
        RR    A
        RR    A
        RR    A
```

分析：语句执行后，（A）=08H。40H 等价于十进制的 64，而对于现在累加器 A=8，相当缩小为 1/8。也就是说，右移指令（RR）每执行一次，就使操作数缩小一半，本例题右移 3 次，就是缩小为 1/8。

提示：移位指令可以实现数据增大和缩小是有条件的，请读者自行分析一下。

任务 2.7　用 STC89C52 单片机制作多种状态彩灯控制器（1）

1. 任务书

任务名称	用 STC89C51 单片机制作多种状态彩灯控制器（1）		
任务要点	1. 正确使用仿真软件进行程序仿真的基本能力；		
	2. 利用编程软件进行程序下载的基本能力；		
	3. 掌握应用控制类指令格式和编程的基本能力		
任务要求	完成活动中的全部内容		
整理报告			

2. 活动

活动① 通过阅读知识点 2.8 的内容，回答以下问题。

（1）试比较 LJMP、AJMP、SJMP 和 JMP 指令的区别。 （2）试比较 LJMP 和 LCALL 指令的区别	时间：15 分钟 配分：10 分 开始时间：＿＿＿ 结束时间：＿＿＿

活动② 程序仿真。

（1）　已知内 RAM 30H 单元存放一自变量 X，试编程求下列函数的值 Y，并将结果送到内 RAM 40H 单元中。函数表达式如下：$$Y=\begin{cases}1 & X>0\\0 & X=0\\-1 & X<0\end{cases}$$	时间：10 分钟 配分：10 分 开始时间：＿＿＿

```
源程序：MOV A, 30H
        JNZ MP3
        MOV 40H, #00H
        SJMP $
   MP3: ANL A, #80H
        JNZ MP4
        MOV 40H, #01H
        SJMP $
   MP4: MOV 40H, #0FFH
        SJMP $
```

使用仿真软件，对程序进行仿真，完成下表。

运行前内 RAM 30H	运行后内 RAM 40H
85H	
37H	
00H	

（右侧栏）结束时间：＿＿＿

活动③ 在单片机网络课程中心（http://www.mcudpj.com）网站，资源下载栏目下载项目 2 中任务 2.7 的测试程序 1，下载程序前，将拨码开关全部拨至数字端，按操作要求，回答下面问题。

源　程　序	汇编代码	运行现象	时间：40 分钟 配分：20 分 开始时间：＿＿＿

续表

（1）抄写源程序时，请给每一条语句加一条注释，填写在上面的表格中。 （2）对测试程序进行汇编，记录汇编代码，填写在上面的表格中。 （3）将程序下载到单片机，观察到现象，填写在上面的表格中。 （4）顺序将拨码开关的 1~8 拨至 ON 位置，对照程序分析，记录程序运行现象，并说明本程序的功能是什么？	结束时间：_____

活动④ 在单片机网络课程中心（http://www.mcudpj.com）网站，资源下载栏目下载项目 2 中任务 2.7 的测试程序 2，下载程序前，将拨码开关全部拨至数字端，按操作要求，回答下面问题。

（1）抄写源程序，请给每一条语句加一条注释，并说明寻址方式。 （2）对照程序，分析总结 CJNE 指令的格式以及使用注意事项。 （3）对照程序，分析 LCALL 指令格式以及使用注意事项。 （4）顺序将拨码开关的 1~4 拨至 ON 位置，记录程序运行现象，并说明本程序的功能是什么？	时间：40 分钟 配分：20 分 开始时间：_____ 结束时间：_____

活动⑤ 默写控制转移类指令 2 遍（17 条）。

	时间：10 分钟 配分：10 分 开始时间：_____ 结束时间：_____

附注：请自备纸张，完成程序的默写任务。

活动⑥ 任务拓展

本任务测试程序 2 完成 4 种类型的变化，如果完成 8 种类型的变化，怎么处理？请在测试程序 2 的基础上，利用拨码开关的 5~8，在 P0 口实现另外 4 种类型？并将程序记录下来	时间：30 分钟 配分：25 分 开始时间：_____ 结束时间：_____

3．任务考核

任务 2.7　用 STC89C52 单片机制作多种状态彩灯控制器（1）个人考核标准

考核项目	考核内容	配分	考核要求及评分标准	得分
活动①	LCALL、SJMP、LJMP、AJMP 指令的基本功能	10 分	全部正确得 10 分，超时不得分	

考核项目	考核内容	配分	考核要求及评分标准	得分
活动②	仿真软件及 JNZ 指令的应用	10 分	全部正确得 10 分	
活动③	数据输入及传送	20 分	每小项 5 分，超时不得分	
活动④	调用指令应用	20 分	每小项 5 分。	
活动⑤	控制转移指令的熟悉	10 分	数量、质量完成得 10 分	
活动⑥任务拓展	控制指令及编程延伸	25 分	程序正确，仿真结果正确得 25 分	
态度目标	工作态度	5 分	工作认真、细致，组内团结协作好得 5 分，较好得 3 分，消极怠慢得 0 分	

任务 2.7　用 STC89C52 单片机制作多种状态彩灯控制器（1）小组考核标准

评价项目	评价内容及评价分值			自评	互评	教师评分
分工合作	优秀（12～15 分）	良好（9～11 分）	继续努力（9 分以下）			
	小组成员分工明确，任务分配合理，有小组分工职责明细表	小组成员分工较明确，任务分配较合理，有小组分工职责明细表	小组成员分工不明确，任务分配不合理，无小组分工职责明细表			
获取与项目有关质量、市场、环保的信息	优秀（12～15 分）	良好（9～11 分）	继续努力（9 分以下）			
	能使用适当的搜索引擎从网络等多种渠道获取信息，并合理地选择信息、使用信息	能从网络获取信息，并较合理地选择信息、使用信息	能从网络等多种渠道获取信息，但信息选择不正确，信息使用不恰当			
实操技能操作	优秀（16～20 分）	良好（12～15 分）	继续努力（12 分以下）			
	能按技能目标要求规范完成每项实操任务，能准确进行故障诊断，并能够进行正确的检修和维护	能按技能目标要求规范完成每项实操任务，不能准确地进行故障诊断和正确的检修和维护	能按技能目标要求完成每项实操任务，但规范性不够，不能准确进行故障诊断和正确的检修和维护			
基本知识分析讨论	优秀（16～20 分）	良好（12～15 分）	继续努力（12 分以下）			
	讨论热烈，各抒己见，概念准确、原理思路清晰、理解透彻，逻辑性强，并有自己的见解	讨论没有间断，各抒己见，分析有理有据，思路基本清晰	讨论能够展开，分析有间断，思路不清晰，理解不透彻			
成果展示	优秀（24～30 分）	良好（18～23 分）	继续努力（18 分以下）			
	能很好地理解项目的任务要求，成果展示逻辑性强，熟练利用信息进行成果展示	能较好地理解项目的任务要求，成果展示逻辑性较强，能够熟练利用信息进行成果展示	基本理解项目的任务要求，成果展示停留在书面和口头表达，不能熟练利用信息进行成果展示			
总分						

附：参考资料情况

_____

_____

_____

_____

_____

_____

知识点 2.8　无条件转移指令格式及应用

通常情况下，程序运行都是按顺序执行的，有时因为操作需要，需要改变程序的运行方向，即安排程序跳转到其他指定地址去，这就是程序转移。控制转移类指令的本质是改变程序计数器 PC 的内容，从而改变程序的执行方向。控制转移指令分为无条件转移指令、条件转移指令和调用/返回指令等，共计 17 条。

没有规定转移条件的指令称无条件转移指令，MCS-51 单片机有 4 条无条件转移指令。

1. 长转移指令

```
LJMP  addr16 ;  addr16→PC
```

功能：程序跳转到 addr16 目的地址的地方执行。

用法：addr16 表示 16 位目的地址，通常用字符串代替；字符串一定要成对出现。

> 注意：LJMP 为长转移指令，寻址范围是 ROM 的 64KB 全程空间，即字符串可以放在 ROM 的任何地方，LJMP 都是可以寻址的。

2. 绝对转移指令

```
AJMP  addr11 ;  (PC)+2→PC, ddr11→PC10_{10-0}
```

功能：程序跳转到 addr11 目的地址的地方执行。

用法：addr11 表示 11 位目的地址，通常用字符串代替；字符串一定要成对出现。

> 注意：AJMP 为绝对转移指令，寻址范围是本指令执行结束后开始的 ROM 的 2KB 空间，即字符串可以放在 ROM 的本指令执行结束后 2KB 范围内，AJMP 都是可以寻址的。换句话说，在 AJMP 本指令执行后（即 PC+2 后），用目的地址的低 11 位地址和本指令高 5 位地址组成的新地址，就是该 AJMP 指令的最终转移地址。

【例 2-27】 例如 1234H: AJMP 0781H

分析：由本题中所给的条件可知：AJMP 指令所处的位置是 1234H 单元，由于本指令占两个单元，因此本指令结束单元地址为 1235H，那么 1236H 单元即位指令转移的起始地址，那 AJMP 最终的转移地址就是当前地址 1236H 单元的高 5 位地址+0781H 的低 11 位地址所组成的新地址，即 1781H。那么这时即便把 0781H 换成 2781H 或者 3781H 等其他地址，AJMP 最终转移地址还是 1781H 单元。

3. 相对转移指令

```
SJMP  rel ;  (PC)+2+rel→PC
```

功能：程序跳转到 rel 目的地址的地方执行。

用法：rel 表示 8 位目的地址，通常用字符串代替；字符串一定要成对出现。

> 注意：SJMP 为相对转移指令，寻址范围是本指令的下一条指令为中心的-128～+127 字节以内，即字符串可以本指令结束的-128～+127 字节范围内，SJMP 都是可以寻址的。

4. 散转指令

```
JMP  @A+DPTR ;  (A)+(DPTR) →PC
```

功能：程序跳转到(A+DPTR)目的地址的地方执行。

由于累加器 A 和数据指针 DPTR 都可以赋值，因此使用很灵活；一般用于多重分支场合，通常做键处理功能。

知识点 2.9 有条件转移指令格式及应用

有条件转移指令是指当条件满足时，就转移执行，条件不满足就顺序执行。

1. 累加器判断转移指令（2条）

```
JZ   rel ; 若A=0, 则PC+2+rel→PC, 程序转移执行
             若A≠0, 则PC+2→PC,     程序顺序执行
JNZ  rel ; 若A≠0, 则PC+2+rel→PC, 程序转移执行
             若A=0, 则PC+2→PC,     程序顺序执行
```

这两条指令均是以累加器 A 的内容作为判别条件的，而且是互反指令，使用时要注意。rel 为地址偏移量，编程时可以用字符串代替，但一定要成对出现，而且一定要放在本指令结束的-128～+127 字节范围内。

【例 2-28】 试编程将内 RAM 以 30H 开始的数据块传送到外 RAM40H 开始的单元中，遇 0 中止。

分析：这是一个条件判断的传送数据块程序，是否传送取决于累加器 A 中的值。因此，判断是传送的前提，就用到累加器判断转移指令。详细如下：

```
源程序:MOV  R0, #30H        ;定义取数的首地址
       MOV  R1, #40H        ;定义放数的首地址
       MOV  A, @R0          ;取数到累加器 A 中
  MP3: JZ  LOOP             ;判断累加器 A 中值是否为 0,是 0 转移到结束
       MOVX @R1, A          ;将数据送到指定单元
       INC  R0              ;构造新的取数单元
       INC  R1              ;构造新的放数单元
```

```
            SJMP   MP3                    ;返回重新判断
      LOOP: SJMP ' $                      ;程序原地等待
```

在上例题中，使用了 JZ 指令，大家想一想，如果使用 JNZ 指令，程序又该如何改动呢？请读者自行分析。

2. 比较不等转移指令（4 条）

```
      CJNE  A, #data, rel     ;若（A）=data，则 PC+3→PC，程序顺序执行，且 CY=0
                              ;若（A）<data，则 PC+3+rel→PC，程序转移执行，
                               且 CY=1
                              ;若（A）>data，则 PC+3+rel→PC，程序转移执行，
                               且 CY=0
      CJNE  A, direct, rel    ;若（A）=（direct），则 PC+3→PC，程序顺序执行，
                               且 CY=0
                              ;若（A）<（direct），则 PC+3+rel→PC，程序转移执行，
                               且 CY=1
                              ;若（A）>（direct），则 PC+3+rel→PC，程序转移执行，
                               且 CY=0
      CJNE  Rn, #data, rel    ;若（Rn）=data，则 PC+3→PC，程序顺序执行，且 CY=0
                              ;若（Rn）<data，则 PC+3+rel→PC，程序转移执行，
                               且 CY=1
                              ;若（Rn）>data，则 PC+3+rel→PC，程序转移执行，
                               且 CY=0
      CJNE  @Ri, #data, rel   ;若（（Ri））=data，则 PC+3→PC，程序顺序执行，
                               且 CY=0
                              ;若（（Ri））<data，则 PC+3+rel→PC，程序转移执行，
                               且 CY=1
                              ;若（（Ri））>data，则 PC+3+rel→PC，程序转移执行，
                               且 CY=0
```

功能：CJNE 指令是判断不等转移指令，该指令是通过做差比较两个数据大小的，并且影响 CY 的值，同时该指令不能用于直接比较两个有符号数的大小。

> **注意**：rel 为地址偏移量，编程时可以用字符串代替，但一定要成对出现，转移范围与 SJMP 和 JZ 指令相同。

【例 2-29】 已知内 RAM30H 单元存放一自变量 X，试编程求下列函数的值 Y，并将结果送到内 RAM 40H 单元中。函数表达式如下：

$$Y = \begin{cases} 1 & X > 0 \\ 0 & X = 0 \\ -1 & X < 0 \end{cases}$$

分析：由已知可知该题中的自变量 X 是有符号数，而且是以自变量 $X=0$ 作为分界的。因此可以采用累加器判断转移指令来确定一个函数值，然后再配合逻辑指令来判断自变量的符号即可判断出其他两种情况，详细如下：

```
源程序：   MOV   A,  30H        ;读取自变量 X 到 A 中
          JNZ   MP3           ;判断自变量 X 不等于 0
          MOV   40H, #00H      ;自变量 X 等于 0，送 0 到 40H 单元中
          SJMP  $
    MP3:  ANL   A,  #80H       ;自变量 X 与立即数 80H 相"与"，是看符号位的
          JNZ   MP4           ;与立即数 80H 相"与"，结果不是 0 为负数
          MOV   40H, #01H      ;与立即数 80H 相"与"，结果是 0，是正数，送 01H 到 40H
          SJMP  $             ;返回重新判断
    MP4:  MOV   40H, #0FFH     ;是负数，将-1 的补码 0FFH 送到 40H
          SJMP  $             ;程序原地等待
```

3. 减 1 条件转移指令　（2 条）

```
DJNZ  Rn, rel  ; (Rn)-1→Rn,   若（Rn）≠0，则 PC+2+rel→PC，转移执行
                              若（Rn）=0，则 PC+2→PC，程序顺序执行
DJNZ  direct, rel; (direct)-1→direct,  若(direct)≠0，则 PC+2+rel→PC,
                                       程序转移执行
                                       若(direct)=0，则 PC+2→PC，程序顺
                                       序执行
```

功能：指令的操作数是先将操作数（Rn 或者 direct）的内容减 1，并保存减 1 的结果，如果减 1 后的结果不等 0 就转移程序，否则就顺序程序。

> **注意：**（1）DJNZ 指令通常用于循环程序中控制循环次数。
>
> （2）转移范围与 SJMP 指令相同。
>
> （3）DJNZ 指令在进行循环次数判断时，有两种情况，即先判断和先执行。当先判断时，定义次数时，$N=n+1$；当先执行时，$N=n$。

【例 2-30】试编程将内 RAM 以 30H 开始的 10B 个无符号数相加，并将结果送到内 RAM50H 单元中（设结果小于 100H）。

分析：该题是求和，而且数据是 10 个，可以采用控制数据个数来完成相加求和，详细如下：

```
源程序：   MOV   R0,  #30H      ;定义求和的首地址
          MOV   R7,  #0AH      ;定义求和的数据个数
          MOV   A,   #00H      ;
    MP3:  ADD   A,   @R0       ;求和运算
          INC   R0
          DJNZ  R7,  MP3       ;判断数据是否相加完毕
          MOV   40H,  A        ;将结果送到 40H 中
```

本程序采用先执行后判断，故循环次数 $N=10$。如果采用先判断再执行，程序又该如何改动呢？请读者自行分析。

知识点 2.10　子程序调用及返回指令和空操作指令格式及应用

1. 子程序调用和返回指令（4 条）

子程序是一种程序结构，在控制系统中经常使用。通常把能完成一定功能且能被调用执行并能返回调用程序的程序叫子程序。调用子程序的程序叫主程序，被调用的叫子程序。在 MCS-51 系统中，子程序和主程序是相对的两个概念。

1）调用指令（2 条）

```
LCALL  addr16  ;(PC)+3→PC
                (SP)+1→SP, PC0-7→(SP)
                (SP)+1→SP, PC8-15→(SP)
                addr16→PC
ACALL  addr11  ;(PC)+2→PC
                (SP)+1→SP, PC0-7→(SP)
                (SP)+1→SP, PC8-15→(SP)
                addr11→PC10-0
```

功能：调用指令是程序自动调用子程序，运行子程序后并返回主程序的过程。

➡ **注意**：（1）addr16 和 addr11 就是子程序的地址，在编程时可以用字符串代替，且成对出现，出现的范围和 LJMP 与 AJMP 的相同。

（2）主程序在调用时，首先要进行断点保护，然后再构造目的地址，最后调用。

（3）使用子程序调用时，应在主程序中设置堆栈指针 SP 的值。

2）子程序返回指令 RET（1 条）

```
RET ;  ((SP)) → (PC)15-8, (SP)-1→SP
       ((SP)) → (PC)7-0   (SP)-1→SP
```

3）中断返回指令 RETI（1 条）

```
RETI ;  ((SP)) → (PC)15-8, (SP)-1→SP
        ((SP)) → (PC)7-0   (SP)-1→SP
```

功能：都是返回指令，其实质都是从堆栈中自动恢复断点地址送入 PC 实现的。

➡ **注意**：（1）RET 和 RETI 都是返回指令，都是在子程序或者中断服务程序的最后一句。

（2）RET 是子程序返回指令，RETI 是中断返回指令。

（3）该指令结果不影响程序状态字寄存器 PSW。

【例 2-31】 试编程实现 $c=a^2+b^2$，设 a、b、c（a、b 均小于 10）分别存放于内 RAM 的 30H、31H 和 32H 中。

分析：该题实现平方和，可以采用乘法指令，也可以采用调用指令（a^2 和 b^2 有相同的运算法则），现采用查表和子程序相结合的方法实现该功能。详细如下：

```
源程序：  MOV  A,  30H          ; 将 a 送到累加器 A 中
         LCALL  SQR            ; 调用以 SQR 为标识符的子程序
         MOV  R1,  A           ; 将 a² 的值暂存到 R1 中
         MOV  A,  31H          ; 将 b 送到累加器 A 中
         LCALL  SQR            ; 调用以 SQR 为标识符的子程序
         ADD  A,  R1           ; 实现 a²+b²
         MOV  32H,  A          ; 将结果送到 32H 中
         SJMP  $
SQR:     INC  A                ; 获得参数 a
         MOVC  A,  @A+PC       ; 查表计算平方值
         RET
TAB:     DB  0,1,4,9,16,25,36,49,64,91
         END
```

2. 空操作指令（1 条）

```
NOP    ;（PC）+1→PC
```

本指令仅占 1 个单元，除执行时 PC 自动加 1 且耗费 1 个机器周期外，对系统不产生任何操作。

任务 2.8 用 STC89C52 单片机制作多种状态彩灯控制器（2）

1. 任务书

任务名称	用 STC89C52 单片机制作多种状态彩灯控制器（2）
任务要点	1. 正确使用仿真软件进行程序仿真的基本能力； 2. 利用编程软件进行程序下载的基本能力； 3. 掌握应用位控制类指令格式和编程的基本能力
任务要求	完成活动中的全部内容
整理报告	

2. 活动

活动① 通过阅读知识点 2.11 和知识点 2.12 的内容，进行程序仿真并回答下面问题

在单片机网络课程中心（http://www.mcudpj.com）网站，资源下载栏目下载项目 2 中任务 2.8 的测试程序 1，按要求操作并回答下面问题。注意下载程序前，将拨码开关全部拨至数字端	时间：30 分钟 配分：20 分 开始时间：_____

（1）在仿真软件中仿真，采用单步方式执行程序，观察单片机 P1 口的状态并记录下来。	
（2）将汇编产生的机器代码下载到 STC89C52 单片机，观察现象并记录下来。	
（3）此时拨动 P1 口拨码开关，现象有何改变？结合程序说明原因。	
（4）在目前这个程序系统中，P1 口是输入还是输出？	
	结束时间：_____

活动②　在单片机网络课程中心（http://www.mcudpj.com）网站，资源下载栏目下载项目 2 中任务 2.8 的测试程序 2，按要求操作并回答下面问题。注意下载程序前，将拨码开关全部拨至数字端。

（1）将汇编后的测试程序 2 下载到单片机，依次将拨码开关 1～8 由数字端拨至 ON 端，将程序运行的情况记录下来。	时间：40 分钟 配分：20 分 开始时间：_____
（2）再将拨码开关由 ON 状态拨至数字端，观察现象并记录下来。	
（3）对照测试程序的程序清单，结合实验现象，画出程序运行的基本流程？	
（4）将测试程序 2 抄写下来，并给每一条语句加上注释性文字	
	结束时间：_____

活动③　默写控制转移类指令 2 遍（17 条）。

	时间：10 分钟 配分：10 分 开始时间：_____ 结束时间：_____

活动④　学习指令的基本格式和指令基本功能，回答下面问题。

（1）位操作指令与前面位的传送、逻辑、判断转移指令有什么异同？	时间：20 分钟 配分：15 分 开始时间：_____
（2）对照指令格式和教材内容，说出位地址的表示形式有哪些？	
（3）对比 JC 和 JB 指令有什么不同？JB 指令可以实现 JC 指令的功能吗？	
	结束时间：_____

活动⑤　任务拓展

在本任务测试程序 2 基础上，完善测试程序，改变实现现象，即将拨码开关由 ON 端拨至数字端时，P2 口的现象随之改变。请将测试正确的程序抄写下来，并给每一条语句添加注释。	时间：40 分钟 配分：25 分 开始时间：_____
	结束时间：_____

3．任务考核

任务 2.8　用 STC893C52 单片机制作多种状态彩灯控制器（2）个人考核标准

考核项目	考核内容	配分	考核要求及评分标准	得分
活动①	位传送指令应用	20 分	全部正确得 20 分，每小项 5 分	
活动②	位控制转移指令应用	20 分	全部正确得 20 分，每小项 5 分	
活动③	位指令格式熟悉	10 分	正确，质量好得满分	
活动④	位控制转移指令比较	15 分	每小项 5 分。	
活动⑤	任务拓展	25 分	保质保量完成得 25 分	
态度目标	工作态度	10 分	工作认真、细致，组内团结协作好得 10 分，较好得 8 分，消极怠慢得 0 分	

任务 2.8　用 STC89C52 单片机制作多种状态彩灯控制器（2）小组考核标准

评价项目	评价内容及评价分值			自评	互评	教师评分
分工合作	优秀（12～15 分）	良好（9～11 分）	继续努力（9 分以下）			
	小组成员分工明确，任务分配合理，有小组分工职责明细表	小组成员分工较明确，任务分配较合理，有小组分工职责明细表	小组成员分工不明确，任务分配不合理，无小组分工职责明细表			

评价项目	评价内容及评价分值			自评	互评	教师评分
获取与项目有关质量、市场、环保的信息	优秀（12~15分）	良好（9~11分）	继续努力（9分以下）			
	能使用适当的搜索引擎从网络等多种渠道获取信息，并合理地选择信息，使用信息	能从网络获取信息，并较合理地选择信息，使用信息	能从网络等多种渠道获取信息，但信息选择不正确，信息使用不恰当			
实操技能操作	优秀（16~20分）	良好（12~15分）	继续努力（12分以下）			
	能按技能目标要求规范完成每项实操任务，能准确进行故障诊断，并能够进行正确的检修和维护	能按技能目标要求规范完成每项实操任务，不能准确地进行故障诊断和正确的检修和维护	能按技能目标要求完成每项实操任务，但规范性不够，不能准确进行故障诊断和正确的检修和维护			
基本知识分析讨论	优秀（16~20分）	良好（12~15分）	继续努力（12分以下）			
	讨论热烈，各抒己见，概念准确、原理思路清晰、理解透彻，逻辑性强，并有自己的见解	讨论没有间断，各抒己见，分析有理有据，思路基本清晰	讨论能够展开，分析有间断，思路不清晰，理解不透彻			
成果展示	优秀（24~30分）	良好（18~23分）	继续努力（18分以下）			
	能很好地理解项目的任务要求，成果展示逻辑性强，熟练利用信息进行成果展示	能较好地理解项目的任务要求，成果展示逻辑性较强，能够熟练利用信息进行成果展示	基本理解项目的任务要求，成果展示停留在书面和口头表达，不能熟练利用信息进行成果展示			
总分						

附：参考资料情况

_____

_____

_____

_____

_____

_____

_____

知识点 2.11　位数据传送指令、位清零与置位指令的格式及应用

位操作指令的操作数是 1 "位" 数据，其取值只能是 0 或 1，故又称为布尔变量操作指令。位操作指令的操作对象是片内 RAM 的位寻址区（20H~2FH）和特殊功能寄存器 SFR

中的 11 个可位寻址的寄存器。MCS-51 单片机的位操作指令可分为位传送、位置位与位清零、位逻辑运算和位的控制转移等。

1. 位传送指令（2 条）

```
MOV  C, bit   ;(bit)→CY
MOV  bit, C   ;(CY)→bit
```

【例 2-32】　试编程实现 30H 位与 40H 位内容互换。

分析：该题是交换，基本思路和单元内容交换一样，不同之处，这里是位，即位与位的交换，详细如下：

```
MOV  C, 30H      ;将 30H 位数据送布尔累加器 C 中
MOV  F,  C       ;将 30H 位数据通过布尔累加器 C 在 F 位中暂存
MOV  C, 40H      ;将 40H 位数据送布尔累加器 C 中
MOV  30H, C      ;将 40H 位数据通过布尔累加器 C 送到 30H 位中
MOV  C, F        ;将暂存 F 位中数据送到布尔累加器 C 中
MOV  40H, C      ;将布尔累加器 C 中数据送到 40H 位中，完成交换
END
```

> **注意**：位传送指令必须与布尔累加器 C 进行，不能在其他两个位之间传送。进位标志 C 也称为位累加器。

2. 位置位、清零、取反指令（6 条）

```
SETB  C  ; 1→CY
SETB  bit ; 1→bit
CLR   C  ; 0→CY
CLR   bit ; 0→bit
CPL   C  ;(C̄Y)→CY
CPL   bit ;(bit)→bit
```

知识点 2.12　位逻辑运算指令和位条件转移指令的格式及应用

1. 位运算指令（4 条）

```
ANL  C, bit     ;(CY)∧(bit)→CY
ANL  C, /bit    ;(CY)∧(bit̄)→CY
ORL  C, bit     ;(CY)∨(bit)→CY
ORL  C, /bit    ;(CY)∨(bit̄)→CY
```

【例 2-33】　试编程实现将位 M 和位 N 的内容相异或，并将结果送到 F 中。

分析：根据异或关系得知 $M \oplus N = M\bar{N} + \bar{M}N$，详细如下：

```
源程序：MOV  C, M
```

```
        ANL  C, /N
        MOV  F, C
        MOV  C, N
        ANL  C, /M
        ORL  C, F
        MOV  F, C
        END
```

2. 位控制转移指令（5条）

```
    JC   rel          ;若(CY)=1，则PC+2+rel→PC，程序转移执行
                      ;若(CY)=0，则PC+2→PC，程序顺序执行
    JNC  rel          ;若(CY)=0，则PC+2+rel→PC，程序转移执行
                      ;若(CY)=1，则PC+2→PC，程序顺序执行
    JB   bit, rel     ;若(bit)=1，则PC+3+rel→PC，程序转移执行
                      ;若(bit)=0，则PC+3→PC，程序顺序执行
    JNB  bit, rel     ;若(bit)=0，则PC+3+rel→PC，程序转移执行
                      ;若(bit)=1，则PC+3→PC，程序顺序执行
    JBC  bit, rel     ;若(bit)=1，则PC+3+rel→PC，程序转移执行且0→bit
                      ;若(bit)=0，则PC+3→PC，程序顺序执行
```

【例2-34】 试编程实现将内RAM中以BUF开始的一批有符号数，将正数送外RAM的正数区，负数送外RAM的负数区，遇到0中止。（设正数区起点地址是30H，负数区起点地址是60H）

分析：该题实现数据按类分离，将0作为中止条件。可以采用累加器判别指令和位控制转移指令来实现。详细如下：

```
源程序：MOV  R0, #BUF        ;将数据块的首地址送到R0中
        MOV  R1, #30H        ;将正数的首地址送到R1中
        MOV  DPTR, #0060H    ;将负数的首地址送到DPTR中
MP3；   MOV  A, @R0          ;将数据读到累加器A中
        JNZ  MP4             ;判断A中数据不是0
        SJMP $               ;累加器A中数据是0中止
MP4:    JB   ACC.7 ,MP5      ;累加器A中数据是负数？
        MOVX @R1, A          ;将正数送正数区
        INC  R0              ;指向数据块的下一个数据
        INC  R1              ;指向正数区的下一个单元
        AJMP MP3             ;返回继续
MP5:    MOVX @DPTR, A        ;将负数送负数区
        INC  R0              ;指向数据块的下一个数据
        INC  DPTR            ;指向负数区的下一个单元
```

AJMP　MP3　　　　　　　　　;返回继续

　　　　END

任务2.9　用STC89C52单片机制作多种状态彩灯控制器（3）

1. 任务书

任务名称	用STC89C52单片机制作多种状态彩灯控制器（3）
任务要点	1. 正确使用仿真软件进行程序仿真的基本能力； 2. 利用编程软件进行程序下载的基本能力； 3. 掌握应用伪指令格式和汇编语言编程的基本能力； 4. 掌握各类程序结构的类型及编程方法
任务要求	完成活动中的全部内容
整理报告	

2. 活动

活动①　根据项目2中任务2.9的制作实例，完成按键焊接及测试。

（1）在单片机网络课程中心（http://www.mcudpj.com）网站，参照项目2中任务2.9的制作实例，完成按键的焊接工作。 （2）测试按键的基本情况，完成下面的表格。 　a. 在单片机网络课程中心（http://www.mcudpj.com）下载项目2中任务2.9的测试程序1，利用仿真和编程软件，完成汇编并将程序下载到单片机，并加电运行程序，记录程序现象。（此时拨码开关都拨至数字端）	时间：15分钟 配分：15分 开始时间：_____

　b. 将万用表选至直流电压挡，将黑表笔连接单片机的第20引脚，红表笔分别连接单片机的第12、13、14、15引脚，按要求完成下面表格。

	电平情况
按下P3.2按键	
松开P3.2按键	
按下P3.3按键	
松开P3.3按键	
按下P3.4按键	
松开P3.4按键	
按下P3.5按键	
松开P3.5按键	

结束时间：_____

活动②　程序基本功能：8个发光二极管对应8个拨码开关，若开关1为ON，则LED1灭。对应基本关系是：拨码开关接P1口，P1口LED灯的状态由拨码开关来确定，即拨码开关拨至数字端，则P1口对应的发光二极管被点亮。程序实现由P2口上LED灯的状态来显示拨码开关的操作。

				时间：20 分钟
_____	**EQU**	**P1**		配分：15 分
_____	**EQU**	**P2**		开始时间：_____
	ORG	0000H		
START:	LJMP	MAIN		
	ORG	0030H		
_____ :	**MOV SP,**	_____		
	MOV MP3,	**#0FFH**		
_____ :	**MOV A,**			
	MOV	_____ ,	A	
	LJMP		_____	
	END			结束时间：_____

（1）按程序功能要求补齐上述程序中缺少的语句；

（2）给加黑加粗的程序语句添加注释性说明文字（请注意：保留底稿中加黑、加粗）

活动③ 程序基本功能：完成 8 个发光二极管点亮，点亮规律是从左向右依次显示的，间隔时间为 1s，无穷次数循环。

			时间：35 分钟
_____	**EQU**	**P2**	配分：20 分
	ORG	0000H	开始时间：_____
START:	LJMP	MAIN	
	ORG	0030H	
_____ :	**MOV SP,**	_____	
_____ :	MOV A,	# _____	
	MOV R1,	#08H	
_____ :	**MOV** _____ , **A**		
	RL A		
	LCALL	**YS1S**	
	DJNZ R1,	_____	
	LJMP	_____	
_____ :	MOV R5,	#10	
MP0:	MOV R6,	#200	
MP1:	MOV R7,	#123	
MP2:	DJNZ	R7,MP2	
	DJNZ	R6,MP1	
	DJNZ	R5,MP0	
	RET		
	END		

（1）按程序功能要求补齐上述程序中缺少的语句；

（2）给加黑加粗的程序语句添加注释性说明文字；

（3）本程序是否使用循环结构，如果有，请按循环结构的 4 个组成部分，摘录出语句并标明

续表

（4）按要求调试完程序后，根据程序的运行情况，在单片机网络课程中心网站（http://www.mcudpj.com），资源下载栏目下载画程序图工具完成该程序的流程图。	
	结束时间：_____

活动④　将实验板上的拨码开关全部拨至数字端，下载程序任务 2.9 测试程序 2 到单片机，观察情况，回答下面问题。

（1）给下面程序的每一条语句添加注释	时间：30 分钟
	配分：20 分
	开始时间：_____

```
        ORG    0000H
        LJMP   MAIN
        ORG    0030H
MAIN:MOV P1,#0FFH
        CLR P1.0
LOOP:JNB P3.2, MP0
        SJMP LOOP
MP0:SETB   P1.0
        CLR   P1.1
        JB P3.2,LOOP1
        SJMP MP0
    -------------------------------------------------
LOOP1:JNB P3.2, MP1
        SJMP LOOP1
MP1:SETB   P1.1
        CLR   P1.2
        JB P3.2,LOOP2
        SJMP MP1
    -------------------------------------------------
LOOP2:JNB P3.2, MP2
        SJMP LOOP2
MP2:SETB   P1.2
        CLR   P1.3
        JB P3.2,LOOP3
        SJMP MP2
    -------------------------------------------------
LOOP3:JNB P3.2, MP3
        SJMP LOOP3
MP3:SETB   P1.3
        CLR P1.4
        JB P3.2,LOOP4
        SJMP MP3
```

```
        ------------------------------------------------
   LOOP4:JNB P3.2, MP4
        SJMP  LOOP4
   MP4:SETB   P1.4
       CLR   P1.5
       JB  P3.2,LOOP5
       SJMP  MP4
        ------------------------------------------------
   LOOP5:JNB P3.2, MP5
        SJMP  LOOP5
   MP5:SETB   P1.5
       CLR   P1.6
       JB  P3.2,LOOP6
       SJMP  MP5
        ------------------------------------------------
   LOOP6:JNB P3.2, MP6
        SJMP  LOOP6
   MP6:SETB   P1.6
       CLR   P1.7
       JB  P3.2,LOOP7
       SJMP  MP6
        ------------------------------------------------
   LOOP7:JNB P3.2, MP7
        SJMP  LOOP7
   MP7:SETB   P1.7
       CLR   P1.0
       JB  P3.2,LOOP8
       SJMP  MP7
   LOOP8:LJMP LOOP
       END
```

（2）将测试程序汇编下载到单片机以后，运行程序（不进行任何操作）将观察到的现象记录下来？

（3）操作按键 P3.2，将观察到的现象记录下来？

结束时间：_____

 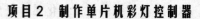

活动⑤ 任务拓展

在本任务测试程序基础上，试编程实现每操作按键 P3.3 一次，P2 口的 8 个灯，依次熄灭一个。(P2 口初始化 8 个灯全亮，每操作 P3.3 一次，减少 1 个灯，直到全部熄灭)	时间：30 分钟 配分：20 分 开始时间：_____ 结束时间：_____

3. 任务考核

任务 2.9 用 STC89C52 单片机制作多种状态彩灯控制器（3）个人考核标准

考核项目	考核内容	配分	考核要求及评分标准	得分
活动①	按键焊接以及测试	15 分	焊接、程序现象及测试三项每小项正确得 5 分，每超时 2 分钟扣 1 分	
活动②	伪指令应用及基本程序编程	15 分	填充程序 1 项正确得 10 分，注释性文字正确得 5 分，每超时 5 分钟扣 2 分	
活动③	伪指令应用及循环结构编程	20 分	每小项正确得 5 分，每超时 5 分钟扣 2 分	
活动④	按键操作程序编程练习	20 分	程序注释 10 分，记录两种现象各 5 分，每超时 5 分钟扣 2 分	
活动⑤	任务拓展	20 分	程序合理，实现功能得 20 分，每超时 10 分钟扣 3 分	
态度目标	工作态度	10 分	工作认真、细致，组内团结协作好得 10 分，较好者 8 分，消极怠慢得 0 分	

任务 2.9 用 STC89C52 单片机制作多种状态彩灯控制器（3）小组考核标准

评价项目	评价内容及评价分值			自评	互评	教师评分
分工合作	优秀（12～15 分）	良好（9～11 分）	继续努力（9 分以下）			
	小组成员分工明确，任务分配合理，有小组分工职责明细表	小组成员分工较明确，任务分配较合理，有小组分工职责明细表	小组成员分工不明确，任务分配不合理，无小组分工职责明细表			
获取与项目有关质量、市场、环保的信息	优秀（12～15 分）	良好（9～11 分）	继续努力（9 分以下）			
	能使用适当的搜索引擎从网络等多种渠道获取信息，并合理地选择信息，使用信息	能从网络获取信息，并较合理地选择信息，使用信息	能从网络等多种渠道获取信息，但信息选择不正确，信息使用不恰当			
实操技能操作	优秀（16～20 分）	良好（12～15 分）	继续努力（12 分以下）			
	能按技能目标要求规范完成每项实操任务，能准确进行故障诊断，并能够进行正确的检修和维护	能按技能目标要求规范完成每项实操任务，不能准确地进行故障诊断和正确的检修和维护	能按技能目标要求完成每项实操任务，但规范性不够，不能准确进行故障诊断和正确的检修和维护			

续表

评价项目	评价内容及评价分值			自评	互评	教师评分
基本知识分析讨论	优秀（16～20 分）	良好（12～15 分）	继续努力（12分以下）			
	讨论热烈，各抒己见，概念准确、原理思路清晰、理解透彻，逻辑性强，并有自己的见解	讨论没有间断，各抒己见，分析有理有据，思路基本清晰	讨论能够展开，分析有间断，思路不清晰，理解不透彻			
成果展示	优秀（24～30 分）	良好（18～23 分）	继续努力（18分以下）			
	能很好地理解项目的任务要求，成果展示逻辑性强，熟练利用信息进行成果展示	能较好地理解项目的任务要求，成果展示逻辑性较强，能够熟练利用信息进行成果展示	基本理解项目的任务要求，成果展示停留在书面和口头表达，不能熟练利用信息进行成果展示			
总分						

附：参考资料情况

_____

_____

_____

_____

_____

_____

知识点 2.13　MCS-51 单片机伪指令

单片机汇编语言程序设计中，除了使用指令系统规定的指令外，还要用到一些伪指令。伪指令又称为指示性指令，具有和指令类似的形式，但汇编时伪指令并不产生可执行的目标代码，只是对汇编过程进行某种控制或提供某些汇编信息。

下面对常用的伪指令做简单介绍。

1. 定位伪指令 ORG

格式：[标号：]　ORG　地址表达式

功能：规定程序块或数据块存放的起始位置

例如：

```
ORG  1000H      ;表示下面指令 MOV A,#20H 存放于 1000H 开始的单元
MOV A,#20H
```

说明：程序中可以出现多个 ORG 指令。

2. 定义字节数据伪指令 DB

格式：[标号：] DB 字节数据表

功能：字节数据表可以是多个字节数据、字符串或表达式，它表示将字节数据表中的数据从左到右依次存放在指定地址单元。

例如：

```
ORG 1000H
    TAB: DB 2BH, 0A0H, 'A', 2*4    ; 表示从 1000H 单元开始的地方存放数据 2BH, 0A0H,
41H（字母 A 的 ASCII 码），08H
```

3. 定义字数据伪指令 DW

格式：[标号：] DW 字数据表

功能：与 DB 类似，但 DW 定义的数据项为字，包括两个字节，存放时高位在前，低位在后。

例如：

```
ORG 1000H
    DATA: DW 324AH, 3CH    ; 表示从 1000H 单元开始的地方存放数据 32H, 4AH, 00H, 3CH
（3CH 以字的形式表示为 003CH）
```

4. 定义空间伪指令 DS

格式：[标号：] DS 表达式

功能：从指定的地址开始，保留多少个存储单元作为备用的空间。

例如：

```
ORG  1000H
    BUF: DS  50
    TAB: DB 22H  ; 表示从 1000H 开始的地方预留 50（1000H~1031H）个存储字节空间，
22H 存放在 1032H 单元
```

5. 符号定义伪指令 EQU 或=

格式：符号名 EQU 表达式

　　　　符号名=表达式

功能：将表达式的值或某个特定汇编符号定义为一个指定的符号名，只能定义单字节数据，并且必须遵循先定义后使用的原则，因此该语句通常放在源程序的开头部分。

例如：

```
SUM  EQU  21H
………
    MOV  A, SUM  ; 执行指令后，累加器 A 中的值为 21H 中的数据
………
```

6. 数据赋值伪指令 DATA

格式：符号名　DATA　表达式

功能：将表达式的值或某个特定汇编符号定义一个指定的符号名，只能定义单字节数据，但可以先使用后定义，因此用它定义数据可以放在程序末尾进行数据定义。

举例：

```
·········
MOV A，#LEN
·········
LEN  DATA  10
```

尽管 LEN 的引用在定义之前，但汇编语言系统仍可以知道 A 的值是 0AH。

7. 数据地址赋值伪指令 XDATA

格式：符号名　XDATA　表达式

功能：将表达式的值或某个特定汇编符号定义一个指定的符号名，可以先使用后定义，并且用于双字节数据定义。

举例：

```
DELAY XDATA  0356H
·········
LCALL  DELAY   ；执行指令后，程序转到 0356H 单元执行
```

8. 汇编结束伪指令 END

格式：[标号：]　END

功能：汇编语言源程序结束标志，用于整个汇编语言程序的末尾处。

知识点 2.14　MCS-51 单片机汇编语言程序设计与汇编

程序设计是单片机应用系统设计的重要组成部分，计算机的全部动作都是在程序的控制下进行的。在 MCS-51 的实际应用中有很大一部分是用单片机汇编语言设计的。

2.14.1　汇编程序设计步骤

（1）分析问题，确定算法。单片机程序设计首先要分析控制系统的整体结构和控制对象的具体要求，然后根据实际问题的要求和指令系统的特点，确定解决问题的算法。所谓算法，就是解决问题而采取的方法和步骤。

（2）画出程序流程图。编写较复杂的程序，画出程序流程图是十分必要的。所谓程序流程图，也称为程序框图，是根据控制流程设计的，它直接反映了整个系统以及各个部分之间的相互关系，同时也反映操作顺序，因而有助于分析出错原因。

（3）分配内存工作区及有关端口地址。分配内存工作区，要根据程序区、数据区、暂存区、堆栈区等预计所占空间大小，对片内外存储区进行合理分配并确定每个区域的首地

址，便于编程使用。

（4）编制汇编源程序。根据流程图用汇编语言来描述流程图中的每一个步骤，即用单片机指令系统中的指令来描述过程，从而编写出汇编语言的源程序。

（5）仿真调试程序。程序正确与否，应通过仿真软件或者仿真器来检验。即将程序在仿真软件或者仿真器上以单步、断点、连续等方式运行，直到程序符合设计要求。

（6）固化程序。将符合功能的程序下载到单片机程序存储器的过程称为固化程序，也称为程序下载。一般程序下载是通过专用的编程器或者专用数据线来实现。

2.14.2　源程序的汇编

汇编是将汇编语言的源程序翻译成机器语言的目标程序的过程。通常有两种方法：人工汇编和机器汇编。

（1）人工汇编。人工汇编也称为手工汇编，是通过查指令表将汇编语言源程序翻译成目标程序。特点是效率低，出错率高。

（2）机器汇编。机器汇编是计算机通过专用的汇编软件来完成的。一般仿真软件都具有这个功能。特点是效率高，正确性相当高。现在工程实践上程序都是通过机器汇编来完成的。

知识点 2.15　MCS-51 单片机汇编语言程序结构

程序按其执行顺序或者执行路线可以分为顺序、分支、循环和子程序 4 种结构。无论程序多么庞大和复杂，基本都可以看成是由这 4 种结构组合而成。

2.15.1　顺序结构

顺序程序结构，是最简单、最基本的程序结构，其特点是按指令的排列顺序一条条地执行，直到全部指令执行完毕为止。不管多么复杂的程序，总是由若干顺序程序段所组成的。

【例 2-35】　将内部 RAM 30H 单元中存放的 BCD 码十进制数拆开并变成相应的 ASCII 码，分别存放到 31H 和 32H 单元中。

（1）题意分析：题目要求如图 2-10 所示。

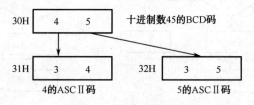

图 2-10　题意分析示意图

本题中，首先必须将两个数拆分开，然后再转换成 2 个 ASCII 码。数字与 ASCII 码之间的关系是：高 4 位为 0011H，低 4 位即为该数字的 8421 码，详细请查阅附录 C。

（2）汇编语言源程序如下：

```
        ORG     0000H
        MOV     R0,#30H
```

```
        MOV     A,#30H
        XCHD    A,@R0       ;A 的低 4 位与 30H 单元的低 4 位交换
        MOV     32H,A       ;A 中的数值为低位的 ASCII 码
        MOV     A,@R0
        SWAP    A           ;将高位数据换到低位
        ORL     A,#30H      ;与 30H 拼装成 ASCII 码
        MOV     31H,A
        END
```

2.15.2　分支结构

顺序结构程序往往只能解决一些简单的算术、逻辑运算，或者简单的查表、传送操作等。实际问题一般都是比较复杂的，总是伴随有逻辑判断或条件选择，要求计算机能根据给定的条件进行判断，选择不同的处理路径，从而表现出某种智能。根据程序要求改变程序执行顺序，即程序的流向有两个或两个以上的出口，根据指定的条件选择程序流向的程序结构称为分支程序结构。

【例 2-36】　变量 X 存放在 VAR 单元内，函数值 Y 存放在 FUNC 单元中，试按下式的要求给 Y 赋值。

$$Y = \begin{cases} 1 & X > 0 \\ 0 & X = 0 \\ -1 & X < 0 \end{cases}$$

本题的程序流程如图 2-11（a）所示。

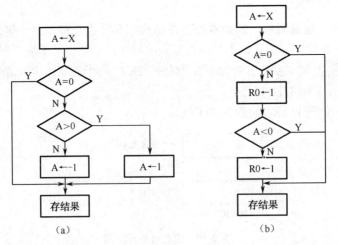

(a)　　　　　　　　　　　　(b)

图 2-11　程序流程图

参考程序：

```
        ORG 0030H
        VAR   DATA   30H
        FUNC    DATA    31H
```

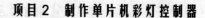
```
            MOV    A , VAR           ;A ← X
            JZ     DONE              ;若 X=0，则转 DONE
            JB     ACC.7 , POSI      ;若 X>0，则转 POSI
            MOV    A , # 0FFH        ;若 X<0，则 Y=—1
            SJMP   DONE
   POSI:    MOV    A , # 01H         ;若 X>0，则 Y = 1
   DONE:    MOVE   FUNC , # 00H      ;存函数值
            SJMP   $
            END
```

这个程序的特征是先比较判断，然后按比较结果赋值，这实际是三分支而归一的流程图，因此，至少要用两个转移指令。初学者很容易犯的一个错误是：往往容易漏掉了其中的 SJMP DONE 语句，因为流程图中没有明显的转移痕迹。

这个程序也可以按图 2-12（b）的流程图来编写，其特征是先赋值，后比较判断，然后修改赋值并结束。

参考程序：

```
            ORG 0030H
            VAR    DATA    30H
            FUNC   DATA    31H
            MOV A , VAR              ;A ← X
            JZ DONE                  ;若 X=0，则转 DONE
            MOV R0 , # 0FFH          ;先设 X<0，R0 = FFH
            JNB ACC.7 , NEG          ;若 X<0，则转 NEG
            MOV R0 , # 01H           ;若 X>0，R0 = 1
   NEG:     MOV A , # 01H            ;若 X>0，则 Y = 1
   DONE:    MOV FUNC A               ;存函数值
            SJMP    $
            END
```

2.15.3　循环结构

1. 循环结构的组成

循环程序由以下四部分组成。

（1）初始化部分。程序在进入循环处理之前必须先设立初值，如循环次数计数器、工作寄存器以及其他变量的初始值等，为进入循环做准备。

（2）循环体。循环体也称为循环处理部分，是循环程序的核心。循环体用于处理实际的数据，是重复执行部分。

（3）循环控制。在重复执行循环体的过程中，不断修改和判别循环变量，直到符合循环结束条件。一般情况下，循环控制有以下几种方式。

① 计数循环——如果循环次数已知，用计数器计数来控制循环次数，这种控制方式用

得比较多。循环次数要在初始化部分预置，在控制部分修改，每循环一次计数器内容减1。

② 条件控制循环——在循环次数未知的情况下，一般通过设立结束条件来控制循环的结束。

（4）循环结束处理。这部分程序用于存放执行循环程序所得结果以及恢复各工作单元的初值等。

2. 循环程序的基本结构

循环程序通常有两种编制方法：一种是先处理再判断，另一种是先判断后处理，如图 2-12 所示。

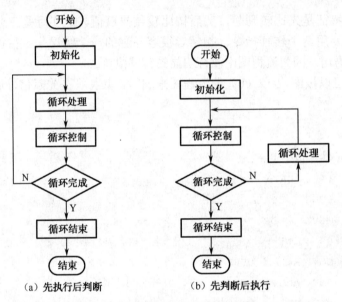

（a）先执行后判断　　（b）先判断后执行

图 2-12　循环程序的两种基本结构

3. 多重循环结构程序

有些复杂问题，必须采用多重循环的程序结构，即循环程序中包含循环程序或一个大循环中包含多个小循环程序，称为多重循环程序结构，又称为循环嵌套。

多重循环程序必须注意的是各重循环不能交叉，不能从外循环跳入内循环。

4. 循环程序与分支程序的比较

循环程序本质上是分支程序的一种特殊形式，凡是分支程序可以使用的转移指令，循环程序一般都可以使用。并且由于循环程序在程序设计中的重要性，单片机指令系统还专门提供了循环控制指令，如 DJNZ 等。

【例 2-37】 从 BLOCK 单元开始存放一组无符号数，一般称为一个数据块。数据块长度放在 LEN 单元，编写一个求和程序，将和存入 SUM 单元，假设和不超过 8 位二进制数。

在置初值时，将数据块长度置入一个工作寄存器，将数据块首地址送入另一个工作寄存器，一般称它为数据块地址指针。每做一次加法之后，修改地址指针，以便取出下一个数来相加，并且使计数器减1。到计数器减到 0 时，求和结束，把和存入 SUM 即可。

参考程序：各单元的地址是任意的。

```
                ORG 0030H
                LEN  DATA    20H
                SUM  DATA    21H
                BLOCK    DATA    22H
                CLR  A                  ;清累加器
                MOV  R2，LEN            ;数据块长度送 R2
                MOV  R1，# BLOCK        ;数据块首址送 R1
        LOOP:   ADD A，@R1              ;循环做加法
                INC  R1                 ;修改地址指针
                DJNZ    R2，    LOOP    ;修改计数器并判断
                MOV SUM，    A          ;存和
                END
```

以上程序在计数器初值不为零时是没有问题的，但若是数据块的长度有可能为零，则将出现问题。当 R2 初值为零，减 1 之后将为 FFH，故要做 256 次加法之后才会停止，显然和题意不符。若考虑到这种情况，则可按图 3-5（b）的方式来编写程序。在做加法之前，先判断一次 R2 的初值是否为零。这就是前面 DJNZ 指令所说的先判断后执行的情况。

参考程序如下：

```
                ORG 0030H
                LEN   DATA  20H
                BLOCK    DATA    22H
                CLR  A                  ;清累加器
                MOV  R2，LEN            ;数据块长度送 R2
                MOV  R1，# BLOCK        ;数据块首址送 R1
                INC  R2
                SJMP    CHECK
        LOOP:   ADD A，@R1              ;循环做加法
                NC   R1                 ;修改地址指针
        CHECK:  DJNZ    R2，    LOOP
                MOV SUM，    A          ;存和
                END
```

2.15.4　子程序结构

【例 2-38】　设有一长度为 30H 的字符串在单片机内 RAM 中，其首地址为 40H，要求将该字符串中的每一个字符加偶校验位，试编程用子程序的方法来实现。

参考程序如下：

```
                ORG 0030H
        MAIN:   MOV R0，#40H            ;置地址指针 R0 初值
                MOV R7，#30H            ;置字符串长度
```

```
LOOP:   MOV  A, @R0           ;取未加检验位的 ASCII 码
        LCALL  MP3            ;调用子程序
        MOV  @R0, A           ;将加检验位的 ASCII 码送回
        INC  R0               ;修改数据指针
        DJNZ  R7, LOOP        ;判断数据循环是否结束?
        SJMP  $
MP3:  ADD  A , #00H
      JNB  PSW.0, MP4
      ORL  A, #80H
MP4:  RET
      END
```

任务2.10　用 STC89C52 单片机制作多种彩灯控制器（4）

1. 任务书

任务名称	用 STC89C52 单片机制作多种彩灯控制器（4）
任务要点	1. 阅读相关资料，了解 51 单片机的中断系统相关知识； 2. 对 51 系列单片机的中断系统进行分类总结； 3. 通过实例掌握中断系统的应用
任务要求	完成活动中的全部内容
整理报告	

2. 活动

活动①　通过阅读知识点 2.16 和知识点 2.17 材料，回答下面问题。

（1）什么是中断及中断系统？MCS-51 系列单片机中断系统有几部分组成？分别是什么？	时间：15 分钟 配分：6 分 开始时间：_____
（2）MCS-51 单片机响应中断时，各个中断对应的入口地址分别是多少？是不是必须对应？	 结束时间：_____

活动②　学习特殊功能寄存器的相关资料，完成下列表格。

寄存器名称	单元地址	功　能	
TCON			时间：15 分钟
SCON			配分：4 分
IE			开始时间：_____
IP			结束时间：_____

活动③ 在单片机网络课程中心（http://www.mcudpj.com）网站，资源下载栏目下载项目2中任务2.10的测试程序1，汇编下载到单片机，观察运行情况，回答下面问题

（1）将任务 2.10 测试程序 1，通过软件汇编后下载到单片机，不进行任何操作，观察看到的现象，并描述该程序所实现的功能	时间：40 分钟
	配分：30 分
	开始时间：_____

（2）通过阅读测试程序1，并参照教材知识点2.16、知识点2.17给下面程序的每一句程序添加注释

```
        ORG  0000H
        LJMP  MAIN
        ORG   0003H
        LJMP  NT0
        ORG   0030H
MAIN:  MOV SP , #60H
        MOV IE, #10000001B
        MOV IP, #00000001B
        MOV TCON, #00000000B
LOOP:  MOV A, #0FFH
        CLR  C
        MOV R2, #08H
LOOP1: RLC A
        MOV P2, A
        LCALL DELAY
        DJNZ R2, LOOP1
        MOV R2, #07H
LOOP2: RRC A
        MOV P2, A
        LCALL DELAY
        DJNZ R2, LOOP2
        LJMP LOOP
NT0:   PUSH ACC
        PUSH PSW
        SETB RS0
        CLR  RS1
        MOV A, #00H
        MOV R2, #10
LOOP3: MOV P2, A
        LCALL DELAY
        CPL A
        DJNZ R2, LOOP3
        POP PSW
        POP ACC
```

```
        RETI
DELAY: MOV  R5, #10
MP0:  MOV  R6, #200
MP1:  MOV  R7, #123
MP2:  DJNZ R7,MP2
      DJNZ R6,MP1
      DJNZ R5,MP0
      RET
      END
```

（3）在程序运行过程中，按一下 P3.2 键，请记录程序运行的现象，对照测试程序 1，并叙述本程序所实现的功能 | 结束时间：_____

活动④　在单片机网络课程中心（http://www.mcudpj.com）网站，资源下载栏目下载项目 2 中任务 2.10 的测试程序 2，通过软件汇编后，下载到单片机，观察运行情况，回答下面问题。

（1）阅读测试程序 2，并结合程序运行现象，在没有操作中断的情况下（即不按下 P3.2 和 P3.3 按键），记录程序运行的现象？	时间：40 分钟 配分：40 分 开始时间：_____
（2）参照教材知识点 2.16、知识点 2.17，摘录测试程序 2 中的中断初始化部分？	
（3）分析上面摘录出来的中断初始化部分，指出本程序设置了几个中断，分别采用什么样方式触发？并说明依据。	
（4）在测试程序 2 中，以 P3.2 键按下为例，结合教材内容，描述外部中断 1 的具体执行过程	结束时间：_____

活动⑤　任务拓展

在测试程序 2 运行过程中，如果同时按下按键 P3.2 和 P3.3 会出现什么现象？请结合实际程序，说明出现该现象的原因，并给出依据	时间：30 分钟 配分：15 分 开始时间：_____ 结束时间：_____

3. 任务考核

任务 2.10　用 STC89C52 单片机制作多种彩灯控制器（4）个人考核标准

考核项目	考核内容	配分	考核要求及评分标准	得分
活动①	中断的基本知识	6 分	每小项 3 分，全部正确得 6 分，每超时 5 分钟扣 2 分	
活动②	中断相关寄存器	4 分	每小项 1 分，全部正确得 4 分，每超时 3 分钟扣 1 分	
活动③	中断的基本控制	30 分	小项 1 和 3 每项 5 分，第 2 小项 20 分，每超时 3 分钟扣 1 分	
活动④	两个中断的基本控制实现	40 分	每小项 10 分，每超时 5 分钟扣 3 分	
活动⑤	中断优先级分析	15 分	现象、原因、证据每项 5 分，每超时 3 分钟扣 1 分	
态度目标	工作态度	5 分	工作认真、细致，组内团结协作好得 5 分，较好得 3 分，消极怠慢得 0 分	

任务 2.10　用 STC89C52 单片机制作多种彩灯控制器（4）小组考核标准

评价项目	评价内容及评价分值			自评	互评	教师评分
分工合作	优秀（12~15 分）	良好（9~11 分）	继续努力（9 分以下）			
	小组成员分工明确，任务分配合理，有小组分工职责明细表	小组成员分工较明确，任务分配较合理，有小组分工职责明细表	小组成员分工不明确，任务分配不合理，无小组分工职责明细表			
获取与项目有关质量、市场、环保的信息	优秀（12~15 分）	良好（9~11 分）	继续努力（9 分以下）			
	能使用适当的搜索引擎从网络等多种渠道获取信息，并合理地选择信息、使用信息	能从网络获取信息，并较合理地选择信息、使用信息	能从网络等多种渠道获取信息，但信息选择不正确、信息使用不恰当			
实操技能操作	优秀（16~20 分）	良好（12~15 分）	继续努力（12 分以下）			
	能按技能目标要求规范完成每项实操任务，能准确进行故障诊断，并能够进行正确的检修和维护	能按技能目标要求规范完成每项实操任务，不能准确地进行故障诊断和正确的检修和维护	能按技能目标要求完成每项实操任务，但规范性不够，不能准确进行故障诊断和正确的检修和维护			
基本知识分析讨论	优秀（16~20 分）	良好（12~15 分）	继续努力（12 分以下）			
	讨论热烈，各抒己见，概念准确、原理思路清晰、理解透彻、逻辑性强，并有自己的见解	讨论没有间断，各抒己见，分析有理有据，思路基本清晰	讨论能够展开，分析有间断，思路不清晰，理解不透彻			

续表

评价项目	评价内容及评价分值			自评	互评	教师评分
成果展示	优秀（24～30 分）	良好（18～23 分）	继续努力（18 分以下）			
	能很好地理解项目的任务要求，成果展示逻辑性强，熟练利用信息进行成果展示	能较好地理解项目的任务要求，成果展示逻辑性较强，能够熟练利用信息进行成果展示	基本理解项目的任务要求，成果展示停留在书面和口头表达，不能熟练利用信息进行成果展示			
总分						

附：参考资料情况

_____

_____

_____

_____

_____

_____

_____

知识点 2.16 MCS-51 单片机中断与中断控制信号

1. 中断的基本概念

1）中断

计算机在执行程序的过程中，由于计算机系统内部或者外部某种原因使其暂时中止当前程序的执行而转去执行相应的处理程序，待处理程序执行完毕后，再继续执行原来被中断的程序。这种程序在执行过程中由于外界的原因而被中间打断的情况称为"中断"。

2）中断源

引起中断的原因就是中断源。在 MCS-51 单片机系统中，共有 5 个中断源，即外部 2 个中断源（外部中断 0 和外部中断 1），2 个定时器/计数器中断和 1 个串行口中断。

3）中断的作用

中断技术是计算机一项重要的技术，在计算机中得到广泛应用。中断技术实质是一种资源共享技术，其主要作用如下。

（1）可以提高 CPU 工作效率。

（2）可以实现实时处理。

（3）可以实现人机交流。

4）中断系统

中断系统是实现中断功能的硬件电路和软件程序的总称。MCS-51 单片机中断的大部分硬件电路都集成在芯片内部，因此重点是了解中断系统的功能，具体功能如下：

（1）实现中断响应。

（2）实现中断返回。

（3）中断优先级排队。

（4）实现中断的嵌套。

（5）实现中断的屏蔽。

2. 中断源与中断请求信号

在 MCS-51 系列单片机中，类型不同，其中断情况也不一定相同。51 系列有 5 个中断，52 系列有 6 个中断。现以 51 系列介绍如下：

在 MCS-51 单片机系统，共有 5 个中断源，即外部 2 个中断源（外部中断 0 和外部中断 1），2 个定时/计数器中断和 1 个串行口中断。

1）外部中断

$\overline{\text{INT0}}$：外部中断 0 请求，硬件电路入口由 P3.2 引脚输入，中断程序入口地址是 0003H

$\overline{\text{INT1}}$：外部中断 1 请求，硬件电路入口由 P3.3 引脚输入，中断程序入口地址是 0013H

外部中断请求信号有两种形式：即低电平触发和脉冲下沿触发。

2）定时器/计数器中断

TF0：定时器/计数器 T0 溢出中断请求，T0 作定时用时，中断信号来自内部定时脉冲；作外部计数使用时，硬件电路入口由 P3.4 引脚输入。不管内外，中断程序入口地址均是 000BH。

TF1：定时器/计数器 T1 溢出中断请求，T1 作定时用，中断信号来自内部定时脉冲；作外部计数使用，硬件电路入口由 P3.5 引脚输入。不管内外，中断程序入口地址均是 001BH。

3）串行口中断

RI 或 TI：串行中断请求。当接收或发送完一串行帧时，内部串行口中断请求标志位 RI 或者 TI 置位（由硬件自动执行），请求中断。串口中断软件程序入口地址是 0023H

知识点 2.17　MCS-51 单片机中断控制、中断扩展及中断应用

1. 中断控制

在 MCS-51 系列单片机中，中断的请求、屏蔽以及优先级都是由相应的专用寄存器来实现的。主要有以下几种。

1）定时器控制寄存器（TCON）

该寄存器字节地址是 88H，可位寻址的特殊功能寄存器，其位地址为 88H～8FH。寄存

器的内容及位地址如表 2-10 所示。

表 2-10　TCON 的内容及位地址

8FH	8EH	8DH	8CH	8BH	8AH	89H	88H
TF1	TR1	TF0	TR0	IE1	IT1	IE0	IT0

TCON 为定时器 T0 和 T1 的控制寄存器，同时也锁存 T0 和 T1 的溢出中断标志及外部中断 $\overline{INT0}$ 和 $\overline{INT1}$ 的中断标志等，与中断有关位的标志位如下：

（1）IE0/IE1：外部中断 0（$\overline{INT0}$）和外部中断 1（$\overline{INT1}$）的中断请求标志位。该位为 1，表明 $\overline{INT0}$ 或 $\overline{INT1}$ 向 CPU 申请中断请求。

（2）IT0/IT1：外部中断 0（$\overline{INT0}$）和外部中断 1（$\overline{INT1}$）的中断请求信号方式控制位。该位为 1，表明外部中断采用脉冲下降沿触发方式触发中断，该位为 0，表明外部中断采用低电平触发方式触发中断。

（3）TF0/TF1：定时器/计数器溢出中断请求标志位。该位为 1，表明定时结束或者计数结束，在向 CPU 申请中断。

2）串行口控制寄存器（SCON）

该寄存器字节地址是 98H，可位寻址的特殊功能寄存器，其位地址为 98H～9FH。寄存器的内容及位地址如表 2-11 所示。

表 2-11　SCON 的内容及位地址

9FH	9EH	9DH	9CH	9BH	9AH	99H	98H
SM0	SM1	SM2	REN	TB8	RB8	TI	RI

SCON 是串行口控制寄存器，其低 2 位 TI 和 RI 锁存串行口的接收中断标志和发送中断标志。

（1）TI：串行口发送中断请求标志位。CPU 将数据写入发送缓冲器 SBUF 时，就启动发送，每发送完一帧串行数据后，硬件将使 TI 置位。但 CPU 响应中断时并不清除 TI，必须由软件清除。

（2）RI：串行口接收中断请求标志位。在串行口允许接收时，每接收完一帧串行数据后，硬件将使 RI 置位。同样，CPU 在响应中断时不会清除 RI，必须由软件清除。

3）中断允许控制寄存器（IE）

该寄存器字节地址是 A8H，可位寻址的特殊功能寄存器，其位地址为 A8H～AFH。寄存器的内容及位地址如表 2-12 所示。

表 2-12　IE 的内容及位地址

AFH	AEH	ADH	ACH	ABH	AAH	A9H	A8H
EA	—	—	ES	ET1	EX1	ET0	EX0

（1）EA：中断允许总控制位。EA=1，开放所有中断，各中断源的允许和禁止可通过相

应的中断允许位单独加以控制；EA=0，禁止所有中断请求。

（2）EX0/EX1：外部中断 0（$\overline{INT0}$）/外部中断 1（$\overline{INT1}$）中断允许控制位。该位为 1，$\overline{INT0}$/INT1 允许申请中断，该位为 0，$\overline{INT0}$/INT1 中断请求被禁止。

（3）ET0/ET1：T0/ T1 中断允许控制位。该位为 1，T0/T1 允许中断，该位为 0，T0/T1 中断被禁止。

（4）ES：串行口中断允许控制位。该位为 1，允许串口中断，该位为 0，串口中断被禁止。

51 单片机系统复位后，IE 中各中断允许位均被清零，即禁止所有中断

4）中断优先级控制寄存器（IP）

该寄存器字节地址是 B8H，可位寻址的特殊功能寄存器，其位地址为 B8H～BFH。寄存器的内容及位地址如表 2-13 所示。

表 2-13　IE 的内容及位地址

BFH	BEH	BDH	BCH	BBH	BAH	B9H	B8H
—	—	—	PS	PT1	PX1	PT0	PX0

MCS-51 单片机有两个中断优先级，每个中断源都可以通过编程确定为高优先级中断或低优先级中断，因此，可实现二级嵌套。同一优先级别中的中断源可能不止一个，也有中断优先权排队的问题。专用寄存器 IP 为中断优先级寄存器，锁存各中断源优先级控制位，IP 中的每一位均可由软件来置 1 或清零，且 1 表示高优先级，0 表示低优先级。详细如下：

（1）PX0/PX1：外部中断 0（$\overline{INT0}$）/外部中断 1（$\overline{INT1}$）中断优先级控制位。该位为 1，表明 $\overline{INT0}$/INT1 优先级为高优先级；该位为 0，表明 $\overline{INT0}$/INT1 优先级为低优先级。

（2）PT0/PT1：T0/T1 中断优先级控制位。该位为 1，表明 T0/T1 优先级为高优先级；该位为 0，表明 T0/T1 优先级为低优先级。

（3）PS：串行口中断优先级控制位。该位为 1，表明串行口中断优先级为高优先级；该位为 0，表明串行中断优先级为低优先级。

当系统复位后，IP 低 5 位全部清零，所有中断源均设定为低优先级中断。

如果几个同一优先级的中断源同时向 CPU 申请中断，CPU 通过内部硬件查询逻辑，按自然优先级顺序确定先响应哪个中断请求。自然优先级由硬件形成，排列如下：

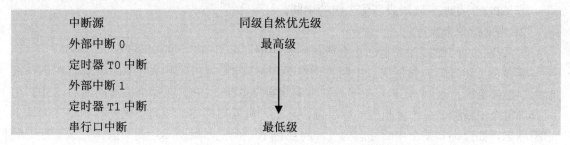

综合上述情况，MCS-51 型单片机对中断的控制可以用图 2-13 来表示。

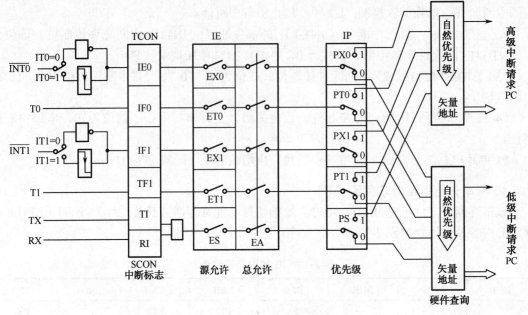

图 2-13　MCS-51 型单片机中断控制示意图

2. 中断处理过程

中断处理过程可分为中断响应、中断处理和中断返回 3 个阶段。不同的计算机因其中断系统的硬件结构不同，因此，中断响应的方式也有所不同。这里，仅以 51 系列单片机为例进行叙述。

1）中断响应

中断响应是 CPU 对中断源中断请求的响应，包括保护断点和将程序转向中断服务程序的入口地址（通常称为矢量地址）。CPU 并非任何时刻都响应中断请求，而是在中断响应条件满足之后才会响应。CPU 响应中断的条件如下：

（1）有中断源发出中断请求。

（2）中断总允许位 EA=1。

（3）申请中断的中断源允许。

满足以上基本条件，CPU 一般会响应中断，但若有下列任何一种情况存在，则中断响应会受到阻断。

① CPU 正在响应同级或高优先级的中断。

② 当前指令未执行完。

③ 正在执行 RETI 中断返回指令或访问专用寄存器 IE 和 IP 的指令。

若存在上述任何一种情况，中断查询结果即被取消，CPU 不响应中断请求而在下一机器周期继续查询，否则，CPU 在下一机器周期响应中断。CPU 在每个机器周期的 S5P2 期间查询每个中断源，并设置相应的标志位，在下一机器周期 S6 期间按优先级顺序查询每个中断标志，如查询到某个中断标志为 1，将在再下一个机器周期 S1 期间按优先级进行中断处理。

2）中断响应时间

中断响应时间是指从中断请求标志位置位到 CPU 开始执行中断服务程序的第一条指令所持续的时间。CPU 并非每时每刻对中断请求都予以响应，另外，不同的中断请求其响应时间也是不同的，因此，中断响应时间形成的过程较为复杂。以外部中断为例，CPU 在每个机器周期的 S5P2 期间采样其输入引脚 $\overline{\text{INT0}}$ 或 $\overline{\text{INT1}}$ 端的电平，如果中断请求有效，则置位中断请求标志位 IE0 或 IE1，然后在下一个机器周期再对这些值进行查询，这就意味着中断请求信号的低电平至少应维持一个机器周期。这时，如果满足中断响应条件，则 CPU 响应中断请求，在下一个机器周期执行一条硬件长调用指令"LACLL"，使程序转入中断矢量入口。该调用指令执行时间是两个机器周期，因此，外部中断响应时间至少需要 3 个机器周期，这是最短的中断响应时间。

如果中断请求不能满足前面所述的 3 个条件而被阻断，则中断响应时间将延长。例如，一个同级或更高级的中断正在进行，则附加的等待时间取决于正在进行的中断服务程序的长度。如果正在执行的一条指令还没有进行到最后一个机器周期，则附加的等待时间为 1～3 个机器周期（因为一条指令的最长执行时间为 4 个机器周期）。如果正在执行的指令是 RETI 指令或访问 IE 或 IE 的指令，则附加的等待时间在 5 个机器周期之内（最多用一个机器周期完成当前指令，再加上最多 4 个机器周期完成下一条指令）。

若系统中只有一个中断源，则中断响应时间为 3～8 个机器周期。

3）中断响应过程

中断响应过程包括保护断点和将程序转向中断服务程序的入口地址。首先，中断系统通过硬件自动生成长调用指令（LACLL），该指令将自动把断点地址压入堆栈保护（不保护累加器 A、状态寄存器 PSW 和其他寄存器的内容），然后，将对应的中断入口地址装入程序计数器 PC（由硬件自动执行），使程序转向该中断入口地址，执行中断服务程序。MCS-51 系列单片机各中断源的入口地址由硬件事先设定，分配如下：

中断源	入口地址
外部中断 0	0003H
定时器 T0 中断	000BH
外部中断 1	0013H
定时器 T1 中断	001BH
串行口中断	0023H

使用时，通常在这些中断入口地址处存放一条绝对跳转指令，使程序跳转到用户安排的中断服务程序的起始地址上去。

4）中断处理

中断处理就是执行中断服务程序。中断服务程序从中断入口地址开始执行，到返回指令"RETI"为止，一般包括两部分内容，一是保护现场，二是完成中断源请求的服务。

通常，主程序和中断服务程序都会用到累加器 A、状态寄存器 PSW 及其他一些寄存器，当 CPU 进入中断服务程序用到上述寄存器时，会破坏原来存储在寄存器中的内容，一旦中断返回，将会导致主程序的混乱，因此，在进入中断服务程序后，一般要先保护现场，然后，执行中断处理程序，在中断返回之前再恢复现场。

编写中断服务程序时还需注意以下几点。

（1）各中断源的中断入口地址之间只相隔 8 个字节，容纳不下普通的中断服务程序，因此，在中断入口地址单元通常存放一条无条件转移指令，可将中断服务程序转至存储器的其他任何空间。

（2）若要在执行当前中断程序时禁止其他更高优先级中断，需先用软件关闭 CPU 中断，或用软件禁止相应高优先级的中断，在中断返回前再开放中断。

（3）在保护和恢复现场时，为了不使现场数据遭到破坏或造成混乱，一般规定此时 CPU 不再响应新的中断请求。因此，在编写中断服务程序时，要注意在保护现场前关中断，在保护现场后若允许高优先级中断，则应开中断。同样，在恢复现场前也应先关中断，恢复之后再开中断。

5）中断返回

中断返回是指中断服务完成后，计算机返回原来断开的位置（即断点），继续执行原来的程序。中断返回由中断返回指令 RETI 来实现。该指令的功能是把断点地址从堆栈中弹出，送回到程序计数器 PC，此外，还通知中断系统已完成中断处理，并同时清除优先级状态触发器。特别要注意不能用"RET"指令代替"RETI"指令。同时也为了接受新的或者更高级的中断请求，就应该及时清除中断请求标志位。否则，会重复引起中断而导致错误。MCS-51 各中断源中断请求撤除的方法各不相同，分别为以下几种。

（1）定时器中断请求的撤除

对于定时器 0 或 1 溢出中断，CPU 在响应中断后即由硬件自动清除其中断标志位 TF0 或 TF1，无须采取其他措施。

（2）串行口中断请求的撤除

对于串行口中断，CPU 在响应中断后，硬件不能自动清除中断请求标志位 TI、RI，必须在中断服务程序中用软件将其清除。

（3）外部中断请求的撤除

外部中断可分为脉冲下降沿触发型和低电平触发型。

对于脉冲下降沿触发的外部中断 0 或 1，CPU 在响应中断后由硬件自动清除其中断标志位 IE0 或 IE1，无须采取其他措施。

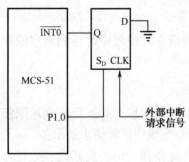

图 2-14　撤除外部中断请求的电路

对于低电平触发的外部中断，其中断请求撤除方法较复杂。因为对于低电平触发外部中断，CPU 在响应中断后，硬件不会自动清除其中断请求标志位 IE0 或 IE1，同时，也不能用软件将其清除，所以，在 CPU 响应中断后，应立即撤除 $\overline{INT0}$ 或 $\overline{INT1}$ 引脚上的低电平。否则，就会引起重复中断而导致错误。而 CPU 又不能控制 $\overline{INT0}$ 或 $\overline{INT1}$ 引脚的信号，因此，只有通过硬件再配合相应软件才能解决这个问题。图 2-15 是撤除外部中断请求的电路。

由图 2-14 可知，外部中断请求信号不直接加在 $\overline{INT0}$ 或 $\overline{INT1}$ 引脚上，而是加在 D 触发器的 CLK 端。由于 D 端接地，当外部中断请求的正脉冲信

号出现在 CLK 端时，Q 端输出为 0，$\overline{INT0}$ 或 $\overline{INT1}$ 为低，外部中断向单片机发出中断请求。利用 P1 口的 P1.0 作为应答线，当 CPU 响应中断后，可在中断服务程序中采用两条指令：

```
ORL    P1, #01H
ANL    P1, #0FEH
```

来撤除外部中断请求。第一条指令使 P1.0 为 0，因 P1.0 与 D 触发器的异步置 1 端 SD 相连，Q 端输出为 1，从而撤除中断请求。第二条指令使 P1.0 变为 1，$\overline{Q}$=1，Q 继续受 CLK 控制，即新的外部中断请求信号又能向单片机申请中断。第二条指令是必不可少的，否则，将无法再次形成新的外部中断。

3. 外部中断源的扩展

MCS-51 单片机仅有两个外部中断请求输入端 $\overline{INT0}$ 和 $\overline{INT1}$，在实际应用中，若外部中断源超过两个，则必须对外部中断源进行扩展。下面介绍两种简单可行的方法。

1）利用定时器扩展外部中断源

MCS-51 单片机有两个定时器，具有两个内中断标志和外计数引脚，若在某些应用中没有被使用，则它们的中断可作为外部中断请求使用。此时，可将定时器设置成计数方式，计数初值可设为满量程，则它们的计数输入端 T0（P3.4）或 T1（P3.5）引脚上发生负跳变时，计数器加 1 便产生溢出中断。利用此特性，可把 T0 引脚或 T1 引脚作为外部中断请求输入线，而计数器的溢出中断作为外部中断请求标志。

【例 2-39】 利用定时器 T0 扩展为外部中断源。

将定时器 T0 设定为方式 2（自动恢复计数初值），TH0 和 TF0 的初值均设置为 FFH，允许 T0 中断，CPU 开放中断，源程序如下：

```
MOV    TMOD, #06H
MOV    TH0, #0FFH
MOV    TL0, #0FFH
SETB   TR0
SETB   ET0
SETB   EA
...
```

当连接在 T0（P3.4）引脚的外部中断请求输入线发生负跳变时，TL0 加 1 溢出，TF0 置 1，向 CPU 发出中断申请，同时，TH0 的内容自动送至 TL0 使 TL0 恢复初值。这样，T0 引脚每输入一个负跳变，TF0 都会置 1，向 CPU 请求中断，此时，T0 引脚相当于脉冲下沿触发的外部中断源输入线。

同样，也可将定时器 T1 扩展为外部中断源。

2）利用中断与查询相结合的方法扩展外部中断源

利用定时器/计数器扩展外部中断，只能扩展 2 个外部中断，而且是以牺牲内部中断为代价的。如系统需要多个外部中断，显然利用定时器/计数器扩展外部中断已经不能满足系统要求了。采用中断与查询相结合可以解决这个问题。其基本原理如下：用两根外部中断

输入线（$\overline{INT0}$ 和 $\overline{INT1}$ 引脚），每一中断输入线可以通过或非门的关系连接多个外部中断源，同时，利用并行输入端口线作为多个中断源的识别线，其电路原理图如图 2-16 所示。

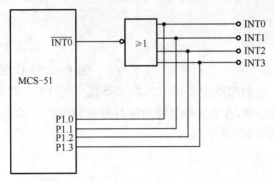

图 2-15　中断与查询相结合扩展成多个外中断的原理图

由图 2-15 可知，4 个外部扩展中断源通过 4 个 OC 门电路组成或非门后再与 $\overline{INT0}$ 相连，4 个外部扩展中断源 INT0～INT3 中有一个或几个出现高电平则输出为 0，使 $\overline{INT0}$ 引脚为低电平，从而发出中断请求，因此，这些扩展的外部中断源都是电平触发方式（高电平有效）。CPU 执行中断服务程序时，先依次查询 P1 口的中断源输入状态，然后，转入到相应的中断服务程序，4 个扩展中断源的优先级顺序由软件查询顺序决定，即最先查询的优先级最高，最后查询的优先级最低。

中断服务程序如下：

```
        ORG 0003H              ;外部中断 0 入口
        AJMP    INT0           ;转向中断服务程序入口
        ...
INT0:   PUSH    PSW            ;保护现场
        PUSH    ACC
        JNB     P1.0，EXT0     ;中断源查询并转相应中断服务程序
        JNB     P1.1，EXT1
        JNB     P1.2，EXT2
        JNB     P1.3，EXT3
EXIT:   POP     ACC            ;恢复现场
        POP     PSW
        RETI
        ...
EXT0:   ...                    ;EXINT0 中断服务程序
        AJMP    EXIT
EXT1:   ...                    ;EXINT1 中断服务程序
        AJMP    EXIT
EXT2:   ...                    ;EXINT2 中断服务程序
        AJMP    EXIT
```

```
EXT3:   ...                       ;EXINT3中断服务程序
        AJMP    EXIT
```

同样，外部中断1（$\overline{INT1}$）也可作相应的扩展。

4. 中断系统应用

中断应用，必须对中断进行初始化操作。所谓中断初始化，就是指用户对中断相关的特殊功能寄存器中的相关位进行赋值。其基本步骤如下。

（1）开中断（置相应中断允许控制位和 EA 位为 1，即对中断允许控制寄存器 IE 赋值）。

（2）设定中断的优先级（即对中断优先级控制器赋值）。

（3）设定中断的触发方式（电平触发还是脉冲下降沿触发，即对 TCON 相关位赋值）。

由于中断控制的相关寄存器都是可位寻址的特殊功能寄存器，因此使用通常也采用两种形式。

【例 2-40】 编程设定 $\overline{INT1}$ 为低电平触发的高优先级中断源。

初始化程序如下：

```
SETB  EX1   或者  MOV  IE, #84H
SETB  EA          MOV  IP , #04H
SETB  PX1         MOV  TCON, #0FBH
CLR   IT1
```

> **注意：** 使用立即数寻址方式对中断源进行初始化时，应注意不以影响其它中断为准。

【例 2-41】 4 路故障检测系统，如图 2-16 所示。当系统无故障时，4 个故障源输入端全为低电平，故障显示全部熄灭。只有当某部线路出现故障时，其相应的输入线才由低电平转成高电平，从而引起中断。中断服务程序判断是哪一路出现故障，同时故障线路的报警以发光管的形式显示出来。

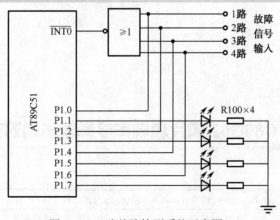

图 2-16 4 路故障检测系统示意图

源程序如下：

```
ORG  0000H
LJMP  START            ;转向主程序
```

```
            ORG   0003H
            LJMP  MP3              ;转向中断服务程序
    START:  MOV   P1, #55H         ;全部指示灯熄灭，并为读入故障信号作准备
            SETB  IT0              ;外部中断0脉冲触发方式
            SETB  EX0              ;允许外部中断0中断
            SETB  EA
    LOOP:   MOV   A, P1
            ANL   A, #55H
            JNZ   LOOP             ;有故障就转LOOP
            MOV   P1, #55H         ;无故障信号指示熄灭，并为读入故障信号作准备
            SJMP  LOOP
    MP3:    JNB   P1.0, L1         ;中断服务程序，查询故障源是1路吗？
            SETB  P1.1             ;1路故障指示
            SJMP  L2
    L1:     CLR   P1.1
    L2:     JNB   P1.1, L3         ;查询故障源是2路吗？
            SETB  P1.3             ;2路故障指示
            SJMP  L4
    L3:     CLR   P1.3
    L4:     JNB   P1.4, L5         ;查询故障源是3路吗？
            SETB  P1.5             ;3路故障指示
            SJMP  L6
    L5:     CLR   P1.5
    L6:     JNB   P1.6, L7         ;查询故障源是4路吗？
            SETB  P1.7             ;4路故障指示
            SJMP  L8
    L7:     CLR   P1.7
    L8:     RETI
            END
```

任务 2.11   用 STC89C52 单片机制作多种状态彩灯控制器（5）

1. 任务书

任务名称	用 STC89C52 单片机制作多种状态彩灯控制器（5）
任务要点	1. 阅读教材知识点资料，了解 51 单片机的定时器/计数相关知识； 2. 了解 51 系列单片机的定时器的工作原理及控制； 3. 掌握单片机定时器的初始化编程
任务要求	完成活动中的全部内容
整理报告	

2. 活动

活动①　通过阅读知识点 2.18 以及其他相关资料，回答下面问题。

（1）MCS-51 单片机内部有几个定时器？分别是什么？	时间：15 分钟 配分：8 分 开始时间：_____
（2）简述 MCS-51 单片机定时器的工作原理。	结束时间：_____

活动②　学习特殊功能寄存器的相关资料，完成下列表格。

寄存器名称	字节/位地址	功　能	时间：15 分钟 配分：12 分 开始时间：_____
TCON			
TMOD			
GATE			
$C/\bar{T}$			
TR0			
TF1			结束时间：_____

活动③　在单片机网络课程中心（http://www.mcudpj.com）网站，资源下载栏目下载项目 2 中任务 2.11 的测试程序 1，汇编下载到单片机，观察运行情况，回答下面问题。

（1）将任务 2.11 测试程序 1，通过软件汇编后下载到单片机，不进行任何操作，记录看到的现象，描述该程序所实现的功能。	时间：90 分钟 配分：50 分 开始时间：_____

（2）通过阅读测试程序，并参照教材知识点 2.18、知识点 2.19 给下面程序的每一句程序添加注释。

```
        ORG    0000H
        LJMP   MAIN
        ORG    0000BH
        LJMP   IT0
        ORG    0030H
MAIN:   MOV SP , #60H
        MOV   TMOD, #00000001B
        MOV   TH0, #0D8H
        MOV   TL0, #0EFH
        SETB   TR0
        MOV   IE , #10000010B
        MOV   R5, #100
```

寄存器名称	位地址符号	功　能	

```
              SJMP    $
     IT0:     PUSH    ACC
              MOV     TH0,  #0D8H
              MOV     TL0,  #0EFH
              DJNZ    R5, LOOP
              MOV     R5, #100
              MOV     A, P2
              RL      A
              MOV     P2, A
     LOOP:    POP     ACC
              RETI
              END
```

（3）对照知识点 2.19 的材料，写出定时器初始化的步骤，并将本程序中定时器/计数器初始化的语句摘录下来。

（4）本任务测试程序 1 采用了哪个定时器/计数器，是什么方式，依据是什么？

（5）本任务测试程序 1 采用哪种工作方式？初值是多少？定时器/计数的值是多少？请对照程序参数写出计算过程。

结束时间：_____

活动④　在单片机网络课程中心（http://www.mcudpj.com）网站，资源下载栏目下载项目 2 中任务 2.11 的测试程序 2，通过软件汇编后下载到单片机，观察运行情况，回答下面问题。

（1）将本任务测试程序 2，完成编译，下载到单片机，描述观察到的现象，与本任务测试程序 1 的运行现象有什么异同？	时间：40 分钟 配分：30 分 开始时间：_____
（2）对比测试程序 1 和测试程序 2，说明各自程序的优缺点。	
（3）对比测试程序 1 和测试程序 2 后，说明使用定时器中断方式的优点是什么？	结束时间：_____

3. 任务考核

任务2.11 用STC89C52单片机制作多种状态彩灯控制器（5）个人考核标准

考核项目	考核内容	配　分	考核要求及评分标准	得　分
活动①	MCS-51单片机定时器及工作原理	8分	每小项4分，全部正确得8分，每超时5分钟扣2分	
活动②	单片机定时器控制寄存器	12分	每小项2分，全部正确得12分，每超时3分钟扣1分	
活动③	定时器基本编程	50分	每小项10分，全部正确得50分，每超时5分钟扣3分	
活动④	定时器的程序功能分析	20分	第1小项7分，第2小项8分，第3小项5分，全部正确得20分，每超时5分钟扣3分	
态度目标	工作态度	10分	工作认真、细致，组内团结协作好得10分，较好得7分，消极怠慢得0分	

任务2.11 用STC89C52单片机制作多种状态彩灯控制器（5）小组考核标准

评价项目	评价内容及评价分值			自评	互评	教师评分
分工合作	优秀（12～15分）小组成员分工明确，任务分配合理，有小组分工职责明细表	良好（9～11分）小组成员分工较明确，任务分配较合理，有小组分工职责明细表	继续努力（9分以下）小组成员分工不明确，任务分配不合理，无小组分工职责明细表			
获取与项目有关质量、市场、环保的信息	优秀（12～15分）能使用适当的搜索引擎从网络等多种渠道获取信息，并合理地选择信息、使用信息	良好（9～11分）能从网络获取信息，并较合理地选择信息、使用信息	继续努力（9分以下）能从网络等多种渠道获取信息，但信息选择不正确，信息使用不恰当			
实操技能操作	优秀（16～20分）能按技能目标要求规范完成每项实操任务，能准确进行故障诊断，并能够进行正确的检修和维护	良好（12～15分）能按技能目标要求规范完成每项实操任务，不能准确地进行故障诊断和正确的检修和维护	继续努力（12分以下）能按技能目标要求完成每项实操任务，但规范性不够，不能准确进行故障诊断和正确的检修和维护			
基本知识分析讨论	优秀（16～20分）讨论热烈，各抒己见，概念准确、原理思路清晰、理解透彻，逻辑性强，并有自己的见解	良好（12～15分）讨论没有间断，各抒己见，分析有理有据，思路基本清晰	继续努力（12分以下）讨论能够展开，分析有间断，思路不清晰，理解不透彻			

续表

评价项目	评价内容及评价分值			自评	互评	教师评分
成果展示	优秀（24～30分）	良好（18～23分）	继续努力（18分以下）			
	能很好地理解项目的任务要求，成果展示逻辑性强，熟练利用信息进行成果展示	能较好地理解项目的任务要求，成果展示逻辑性较强，能够熟练利用信息进行成果展示	基本理解项目的任务要求，成果展示停留在书面和口头表达，不能熟练利用信息进行成果展示			
总分						

附：参考资料情况

_____

_____

_____

知识点 2.18　MCS-51 单片机定时器/计数器结构及工作原理

1. 定时器/计数器的结构

MCS-51 单片机内部有两个 16 位的可编程定时器/计数器，称为定时器 0（T0）和定时器 1（T1），可编程选择其作为定时器用或作为计数器用。此外，工作方式、定时时间、计数值、启动、中断请求等都可以由程序设定，其逻辑结构如图 2-17 所示。

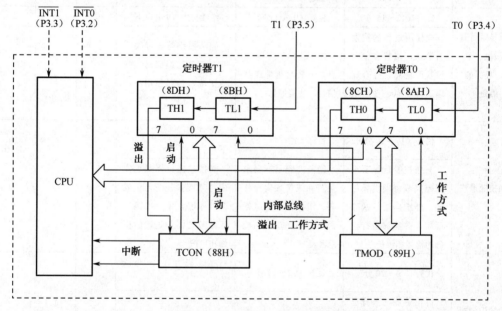

图 2-17　MCS-51 单片机定时器/计数器逻辑结构图

由图 2-17 可知，MCS-51 单片机定时器/计数器由定时器 T0、定时器 T1、定时器方式寄存器 TMOD 和定时器控制寄存器 TCON 组成。

T0、T1 是 16 位加法计数器，分别由两个 8 位专用寄存器组成：T0 由 TH0 和 TL0 构

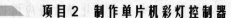
成，T1 由 TH1 和 TL1 构成。TL0、TL1、TH0、TH1 的访问地址依次为 8AH～8DH，每个寄存器均可单独访问。T0 或 T1 用作计数器时，对芯片引脚 T0（P3.4）或 T1（P3.5）上输入的脉冲计数，每输入一个脉冲，加法计数器加 1；其用作定时器时，对内部机器周期脉冲计数，由于机器周期是定值，故计数值一定时，时间也随之确定。

TMOD、TCON 与 T0、T1 间通过内部总线及逻辑电路连接，TMOD 用于设置定时器的工作方式，TCON 用于控制定时器的启动与停止。

2. 定时器/计数器的工作原理

当定时器/计数器设置为定时工作方式时，计数器对内部机器周期计数，每过一个机器周期，计数器增 1，直至计满溢出。定时器的定时时间与系统的振荡频率紧密相关，因为 MCS-51 单片机的一个机器周期由 12 个振荡脉冲组成，所以计数频率 $f_c = \frac{1}{12} f_{osc}$。如果单片机系统采用 12MHz 晶振，则计数周期为 $T = \frac{1}{12 \times 10^6 \times 1/12} = 1\mu s$，这是最短的定时周期，适当选择定时器的初值可获取各种定时时间。

具体计算公式如下：

$T=$（2^n-初值）×机器周期（n 是定时器的工作方式：方式 0，$n=13$；方式 1，$n=16$；方式 2，$n=8$）

当定时器/计数器设置为计数工作方式时，计数器对来自输入引脚 T0（P3.4）和 T1（P3.5）的外部信号计数，外部脉冲的下降沿将触发计数。在每个机器周期的 S5P2 期间采样引脚输入电平，若前一个机器周期采样值为 1，后一个机器周期采样值为 0，则计数器加 1。新的计数值是在检测到输入引脚电平发生 1 到 0 的负跳变后，于下一个机器周期的 S3P1 期间装入计数器中的，可见，检测一个由 1 到 0 的负跳变需要两个机器周期，所以最高检测频率为振荡频率的 1/24。计数器对外部输入信号的占空比没有特别的限制，但必须保证输入信号的高电平与低电平的持续时间在一个机器周期以上。

具体计算公式如下：

$S=$（2^n-初值）（n 是定时器的工作方式：方式 0，$n=13$；方式 1，$n=16$；方式 2，$n=8$）

知识点 2.19　MCS-51 单片机定时器/计数器控制

定时/计数器的控制是通过工作方式控制寄存器和控制寄存器来完成。

1. 工作方式控制寄存器 （TMOD）

TMOD 是一个不可位寻址的特殊功能寄存器，其字节地址位 89H，寄存器的内容如图 2-18 所示。

TMOD 的低 4 位为 T0 使用，高 4 位为 T1 使用，它们的含义完全相同。

（1）M1 和 M0：方式选择位。定义如表 2-14 所示。

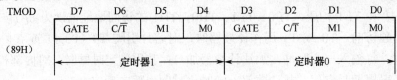

TMOD	D7	D6	D5	D4	D3	D2	D1	D0
(89H)	GATE	C/$\overline{T}$	M1	M0	GATE	C/$\overline{T}$	M1	M0

图 2-18 TMOD 的各位含义

表 2-14 工作方式选择位

M1	M0	工 作 方 式	功 能 说 明
0	0	方式 0	13 位计数器
0	1	方式 1	16 位计数器
1	0	方式 2	自动重装入 8 位计数器
1	1	方式 3	定时器 0：分成两个 8 位计数器；定时器 1：停止计数

（2）C/$\overline{T}$：功能选择位。C/$\overline{T}$ = 0 时，设置为定时方式；C/$\overline{T}$ = 1 时，设置为计数方式。

（3）GATE：门控位。当 GATE=0 时，软件控制位 TR0 或 TR1 置 1 即可启动定时器；当 GATE=1 时，软件控制位 TR0 或 TR1 须置 1，同时还须 $\overline{INT0}$（P3.2）或 $\overline{INT1}$（P3.3）为高电平方可启动定时器，即允许外中断 $\overline{INT0}$、$\overline{INT1}$ 启动定时器。

TMOD 不能位寻址，只能用字节指令设置定时器工作方式，高 4 位定义 T1，低 4 位定义 T0。复位时，TMOD 所有位均置 0。

2. 定时器/计数器控制寄存器 TCON

TCON 的作用是控制定时器的启动、停止，表示定时器的溢出和中断情况。前面介绍其中断相关的功能。定时器控制字 TCON 的格式如表 2-15 所示。

表 2-15 TCON 的内容及位地址

8FH	8EH	8DH	8CH	8BH	8AH	89H	88H
TF1	TR1	TF0	TR0	IE1	IT1	IE0	IT0

（1）TR0/TR1：定时/计数器运行控制位。该位为 1,表明启动定时/计数器；该位为 0,表明停止定时/计数器

（2）TF0/TF1：定时/计数器溢出中断请求标志位。该位为 1,表明启动定时/计数器定时或者计数结束，并向 CPU 申请中断；该位为 0，表明停止定时/计数器定时或者计数没有完成。

任务 2.12 用 STC89C52 单片机制作多种状态彩灯控制器（6）

1. 任务书

任 务 名 称	用 STC89C52 单片机制作多种状态彩灯控制器（6）		
任务要点	1. 阅读教材知识点资料，了解 A51 单片机的定时/计数相关知识； 2. 了解 MCS-51 系列单片机的定时器的工作原理及控制； 3. 掌握单片机定时器的初始化编程		
任务要求	完成活动中的全部内容		
整理报告			

2. 活动

活动① 通过阅读知识点 2.20 以及其他相关资料，回答下面问题。

（1）MCS-51 单片机内部有几个计数器？分别是什么？是加计数器还是减计数器？加、减计数器如何理解。	时间：15 分钟 配分：8 分 开始时间：_____
（2）简述 MCS-51 单片机计数器的工作原理。	结束时间：_____

活动② 学习特殊功能寄存器的相关资料，完成下列表格。

寄存器名称或位地址符号	功　　能	
C/$\overline{T}$		时间：20 分钟
M1、M0		配分：12 分
M1M0=00		开始时间：_____
M1M0=01		
M1M0=10		
M1M0=11		结束时间：_____

活动③ 在单片机网络课程中心（http://www.mcudpj.com）网站，资源下载栏目下载项目 2 中任务 2.12 的测试程序 1，通过软件汇编后下载到单片机，观察运行情况，回答下面问题。

（1）将任务 2.12 测试程序 1，通过软件汇编后下载到单片机，不进行任何操作，记录看到的现象，然后不停地按动 P3.4，观察并记录实训现象。	时间：40 分钟 配分：30 分 开始时间：_____
（2）通过阅读测试程序 1，并参照教材知识点 2.20 给下面程序每一句添加注释。	

```
        ORG    0000H
        LJMP   MAIN
        ORG    0030H
MAIN:   MOV    P0, #00H
        CLR    EA
        MOV    TMOD, #06H
        MOV    TH0, #00H
        MOV    TL0, #00H
        MOV    R0, #00H
        SETB   TR0
        SJMP   $
```

```
LP:     MOV   A, TL0
        MOV   P0, A
        JNB   TF0,LP1
        INC   R0
        CLR   TF0
LP1:    SJMP  LP
        END
```

（3）对照看到的现象并结合添加注释的测试程序1，把测试程序1的功能描述下来。

（4）本任务测试程序 1 采用哪种工作方式？初值是多少？将程序的说明工作方式和初值语句摘录出来。

结束时间：_____

活动④　某设备计数范围为 200～400，请在本任务测试程序 1 基础上，使用 P2 和 P0 口来实现，P2 口表示高位，P0 口表示低位，具体初始现象请参照单片机网络课程中心网站（http://www.mcudpj.com）提供的初始状态，请选择合适的计数器并采用合适的工作方式，编程完成上述任务。

时间：20 分钟

配分：10 分

开始时间：_____

结束时间：_____

活动⑤　在单片机网络课程中心（http://www.mcudpj.com）网站，资源下载栏目下载项目 2 中任务 2.12 的测试程序 2，回答下面问题。

（1）仔细阅读下载程序，并给每一条语句添加一条注释，抄写在下面

时间：40分钟

配分：30 分

开始时间：_____

（2）按照程序的内容，还原出本测试程序的硬件电路，并将构思的系统原理电路画出来

（3）根据程序功能描述其原理图，在实验板上找出相应的硬件电路，并将测试程序汇编以后，下载到单片机实验板上，进行操作，观察实验现象，总结程序功能，并描述下来。

结束时间：_____

3. 任务考核

任务 2.12 用 STC89C52 单片机制作多种状态彩灯控制器（6）个人考核标准

考核项目	考核内容	配　分	考核要求及评分标准	得　分
活动①	计数器及其工作原理	8	每小项4分，全部正确得8分，每超时5分钟扣2分	
活动②	计数器相关寄存器	12	每小项2分，全部正确得12分，每超时3分钟扣1分	
活动③	计数器基本编程	30	第1小项5分，第2小项10分，第3小项5分，第4小项10分，每超时5分钟扣3分	
活动④	计数器编程练习	10	正确得10分，每超时5分钟扣3分	
活动⑤	计数器应用拓展	30	每小项10分，全部正确得30分，每超时5分钟扣3分	
态度目标	工作态度	10	工作认真、细致，组内团结协作好得10分，较好得7分，消极怠慢得0分	

任务 2.12 用 STC89C52 单片机制作多种状态彩灯控制器（6）小组考核标准

评价项目	评价内容及评价分值			自评	互评	教师评分
分工合作	优秀（12～15分）	良好（9～11分）	继续努力（9分以下）			
	小组成员分工明确，任务分配合理，有小组分工职责明细表	小组成员分工较明确，任务分配较合理，有小组分工职责明细表	小组成员分工不明确，任务分配不合理，无小组分工职责明细表			
获取与项目有关质量、市场、环保的信息	优秀（12～15分）	良好（9～11分）	继续努力（9分以下）			
	能使用适当的搜索引擎从网络等多种渠道获取信息，并合理地选择信息，使用信息	能从网络获取信息，并较合理地选择信息，使用信息	能从网络等多种渠道获取信息，但信息选择不正确，信息使用不恰当			
实操技能操作	优秀（16～20分）	良好（12～15分）	继续努力（12分以下）			
	能按技能目标要求规范完成每项实操任务，能准确进行故障诊断，并能够进行正确的检修和维护	能按技能目标要求规范完成每项实操任务，不能准确地进行故障诊断和正确的检修和维护	能按技能目标要求完成每项实操任务，但规范性不够，不能准确进行故障诊断和正确的检修和维护			
基本知识分析讨论	优秀（16～20分）	良好（12～15分）	继续努力（12分以下）			
	讨论热烈，各抒己见，概念准确、原理思路清晰、理解透彻，逻辑性强，并有自己的见解	讨论没有间断，各抒己见，分析有理有据，思路基本清晰	讨论能够展开，分析有间断，思路不清晰，理解不透彻			
成果展示	优秀（24～30分）	良好（18～23分）	继续努力（18分以下）			
	能很好地理解项目的任务要求，成果展示逻辑性强，熟练利用信息进行成果展示	能较好地理解项目的任务要求，成果展示逻辑性较强，能够熟练利用信息进行成果展示	基本理解项目的任务要求，成果展示停留在书面和口头表达，不能熟练利用信息进行成果展示			
总分						

附：参考资料情况

_____

_____

_____

_____

_____

_____

_____

知识点 2.20　MCS-51 单片机定时器/计数器的工作方式及应用

MCS-51 单片机有 4 种工作方式，每种工作方式下，内部定时/计数器的位数及功能有所不同。

1.　工作方式 0

工作方式 0 构成一个 13 位定时器/计数器。图 2-19 是定时器 0 在方式 0 时的逻辑电路结构，定时器 1 的结构和操作与定时器 0 完全相同。

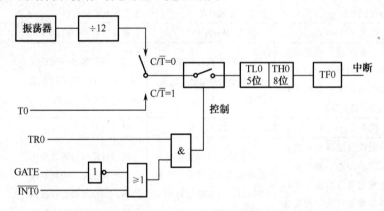

图 2-19　T0（或 T1）方式 0 时的逻辑电路结构图

由图 2-19 可知，16 位加法计数器（TH0 和 TL0）只用了 13 位。其中，TH0 占高 8 位，TL0 占低 5 位（只用低 5 位，高 3 位未用）。当 TL0 低 5 位溢出时自动向 TH0 进位，而 TH0 溢出时向中断位 TF0 进位（硬件自动置位），并申请中断。

当 $C/\overline{T} = 0$ 时，多路开关连接 12 分频器输出，T0 对机器周期计数，此时，T0 为定时器。其定时时间为：

$$T = (2^n - 初值) \times 机器周期 = (2^{13} - 初值) \times 机器周期$$

当 $C/\overline{T} = 1$ 时，多路开关与 T0（P3.4）相连，外部计数脉冲由 T0 引脚输入，当外部信号电平发生由 0 到 1 的负跳变时，计数器加 1，此时，T0 为计数器。其计数为：

$$S = (2^n - 初值) = (2^{13} - 初值)$$

当 GATE = 0 时，或门被封锁，$\overline{INT0}$ 信号无效。或门输出常 1，打开与门，TR0 直接控制定时器 0 的启动和关闭。TR0 = 1，接通控制开关，定时器 0 从初值开始计数直至溢出。溢出时，16 位加法计数器为 0，TF0 置位，并申请中断。如要循环计数，则定时器 T0 需重置初值，且需用软件将 TF0 复位，TR0 = 0，则与门被封锁，控制开关被关断，停止计数。

当 GATE = 1 时，与门的输出由 $\overline{INT0}$ 的输入电平和 TR0 位的状态来确定。若 TR0 = 1 则与门打开，外部信号电平通过 $\overline{INT0}$ 引脚直接开启或关断定时器 T0，当 $\overline{INT0}$ 为高电平时，允许计数，否则停止计数；若 TR0 = 0，则与门被封锁，控制开关被关断，停止计数。

【例 2-42】 已知某控制系统的时钟频率为 6MHz，要求在 MCS-51 单片机的 P1.0 引脚输出周期为 500μs 的方波信号。

定时器/计数器在使用前，也必须进行初始化操作，其步骤通常如下：

① 确定工作方式，即对 TMOD 赋值。

② 预置定时或计数的初值，即将初值写入 TH0、TL0 或 TH1、TL1。

③ 启动定时或计数器，即置位 TR0 或者 TR1

④ 如果是中断方式，还必须开中断。

分析：因方式 0 采用 13 位定时/计数器,其最大定时时间为：$T = (2^{13}-初值)×机器周期 = (8192-0)×2μs = 16.384ms$，因此，为满足系统要求，则定时器的初值为：

$250 = (2^{13}-初值)×2$；

初值=1F83H，本题采用 T0 的工作方式 0 进行。

因 13 位计数器中 TL0 的高 3 位未用，应填写 0，TH0 占高 8 位，即 1F83H（共 13 位）将高 8 位装入 TH0（TH0=FCH），低 5 位装入 TL0 的低 5 位（TL0=03H）所以，初值的实际填写值应为：

初值= 1111110000011B = FC03H。

同时采用查询方式，程序如下：

```
            ORG     0030H
            MOV     TMOD, #00H          ;设定时器 0 为方式 0
            MOV     TH0, #0FCH          ;置定时器初值
            MOV     TL0, #03H
            MOV     IE, #00H            ;关闭中断
            SETB    TR0                 ;启动 T0
    LOOP1:  JBC     TF0, L00P2          ;查询计数溢出
            SJMP    LOOP1
    L00P2:  CPL     P1.0
            CLR     TR0                 ;关闭 T0
            MOV     TH0, #0FCH          ;重新置定时器初值
            MOV     TL0, #03H
            SETB    TR0                 ;启动 T0
            AJMP    LOOP1
            END
```

2. 工作方式 1

工作方式 1 与工作方式 0 基本相同，是 16 位定时/计数器。因此只要工作方式 0 能完成的功能，工作方式 1 一定能够实现。其逻辑结构图如图 2-20 所示。

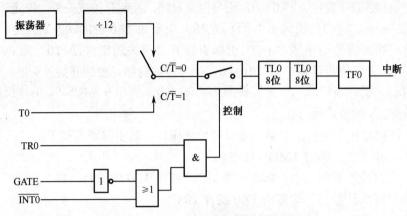

图 2-20　T0（或 T1）方式 1 时的逻辑电路结构

【例 2-43】　利用查询方式和中断方式分别完成【例 2-42】所要求的控制任务。

分析：因方式 1 采用 16 位定时/计数器，其最大定时时间为：T=（2^{16}-初值）×机器周期=（65536-0）×2μs = 131.072ms，因此，满足系统要求，则定时器的初值为：

$250 = （2^{16}-初值）×2$；

初值=FF83H，本题采用 T0 的工作方式 1 进行。

因工作方式 1 是 16 位定时/计数器。所以 TL0、TH0 各占 8 位，初值的实际填写值应为：

初值= 1111111110000011B = FF83H

即：TH0 = FFH，TL0= 83H。程序如下：

查询方式：

```
            ORG     0030H
            MOV     TMOD, #01H      ;设定时器 0 为方式 1
            MOV     TH0, #0FFH      ;置定时器初值
            MOV     TL0, #83H
            MOV     IE, #00H        ;关闭中断
            SETB    TR0             ;启动 T0
LOOP1:      JBC     TF0, LOOP2      ;查询计数溢出
            SJMP    LOOP1
LOOP2:      CPL     P1.0
            CLR     TR0             ;关闭 T0
            MOV     TH0, #0FFH      ;重新置定时器初值
            MOV     TL0, #83H
            SETB    TR0             ;启动 T0
            AJMP    LOOP1
```

END

中断方式：

```
        ORG     0000H
        LJMP    MAIN
        ORG     000BH
        AJMP    MP3
        ORG     0030H
MAIN:   MOV     TMOD, #01H      ;设定时器0为方式1
        MOV     TH0, #0FFH      ;置定时器初值
        MOV     TL0, #83H
        SETB    ET0             ;T0中断允许
        SETB    EA              ;总中断允许
        SETB    PT0             ;T0中断优先级为高优先级
        SETB    TR0             ;启动T0
        SJMP    $               ;原地踏步等待中断
MP3:    CPL     P1.0
        CLR     TR0             ;关闭T0
        MOV     TH0, #0FFH      ;重新置定时器初值
        MOV     TL0, #83H
        SETB    TR0             ;启动T0
        RETI
        END
```

3. 工作方式2

工作方式0和工作方式1用于循环计数在每次计满溢出后计数器都置0，要进行新一轮计数还须重置计数初值。这不仅导致编程麻烦，而且影响定时时间精度。方式2具有初值自动装入功能，避免了上述缺陷，适合用作较精确的定时脉冲信号发生器。其逻辑结构图如图2-21所示

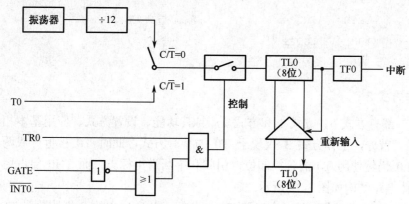

图2-21 T0（或T1）方式2时的逻辑电路结构图

由图 2-21 可以看出，工作方式 2 中 16 位加法计数器被分割为两个，TL0 用作 8 位计数器，TH0 用以保持初值。在程序初始化时，TL0 和 TH0 由软件赋予相同的初值。一旦 TL0 计数溢出，TF0 将被置位，同时，TH0 中的初值装入 TL0，从而进入新一轮计数，如此重复循环不止。工作方式 2 自动加载初始值的功能是以牺牲定时/计数的范围为代价的。其定时时间为：

$$T = (2^8 - 初值) \times 机器周期$$

计数个数为：

$$S = (2^8 - 初值)$$

【例 2-44】 利用查询方式完成【例 2-42】所要求的控制任务。

分析：因方式 2 采用 8 位自动重装型定时/计数器，其最大定时时间为：

$$T = (2^8 - 初值) \times 机器周期 = (256 - 0) \times 2\mu s = 512\mu s$$

因此，满足系统要求，则定时器的初值为：

$$250 = (2^8 - 初值) \times 2$$

初值=83H，本题采用 T0 的工作方式 2 进行。

因工作方式 2 是 8 位自动重装型定时/计数器。所以 TL0 和 TH0 同时赋值，因此，初值的实际填写值应为：

初值= 10000011B = 83H

即：TH0 = 83H，TL0= 83H。程序如下：

```
        ORG     0030H
        MOV     TMOD, #02H          ; 设定时器 0 为方式 2
        MOV     TH0, #83H           ; 置定时器初值
        MOV     TL0, #83H
        MOV     IE, #00H            ; 关闭中断
        SETB    TR0                 ; 启动 T0
LOOP1:  JBC     TF0, LOOP2          ; 查询计数溢出
        SJMP    LOOP1
LOOP2:  CLR     TR0                 ; 关闭 T0
        CPL     P1.0
        SETB    TR0                 ; 启动 T0
        AJMP    LOOP1
        END
```

4. 工作方式 3

T0 和 T1 都有方式 0、方式 1 和方式 2，且其功能、设置方式、应用基本相同。工作方式 3 则不然。首先，工作方式 3 仅现于 T0 的特有方式，此时 T0 被拆分成两个独立的部分。其中 TL0 仍然使用 T0 的各控制位、引脚和中断溢出标志，而 TH0 要占用 T1 的 TR1 和 TF1。具体电路结构如图 2-22 所示。

由图 2-22 可知，方式 3 时，定时器 T0 被分解成两个独立的 8 位计数器 TL0 和 TH0。

其中，TL0 占用原 T0 的控制位、引脚和中断源，即 C/$\overline{T}$、GATE、TR0、TF0 和 T0（P3.4）引脚、$\overline{INT0}$（P3.2）引脚。除计数位数不同于方式 0、方式 1 外，其功能、操作与方式 0、方式 1 完全相同，可定时也可计数。而 TH0 占用原定时器 T1 的控制位 TF1 和 TR1，同时还占用了 T1 的中断源，其启动和关闭仅受 TR1 置 1 或清 0 控制，TH0 只能对机器周期进行计数，因此，TH0 只能用作简单的内部定时，不能用作对外部脉冲进行计数，是定时器 T0 附加的一个 8 位定时器。二者的定时时间分别为：

TL0：（M−TL0 初值）×时钟周期×12＝（256−TL0 初值）×时钟周期×12

TH0：（M−TH0 初值）×时钟周期×12＝（256−TH0 初值）×时钟周期×12

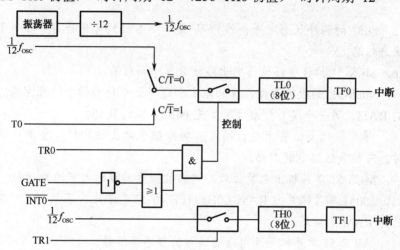

图 2-22　T0 方式 3 时的逻辑结构

方式 3 时，定时器 T1 仍可设置为方式 0、方式 1 或方式 2。但由于 TR1、TF1 及 T1 的中断源已被定时器 T0 占用，此时，定时器 T1 仅由控制位 C/$\overline{T}$ 切换其定时或计数功能，当计数器计满溢出时，只能将输出送往串行口。在这种情况下，定时器 T1 一般用作串行口波特率发生器或不需要中断的场合。因定时器 T1 的 TR1 被占用，因此其启动和关闭较为特殊，当设置好工作方式时，定时器 1 即自动开始运行，若要停止操作，只需送入一个设置定时器 1 为方式 3 的方式字即可。

项目小结 2

通过完成项目 2 的 12 个学习任务，学习者已经基本了解单片机存储器的相关知识，掌握 51 系列单片机指令的寻址方式和汇编语言的基本编程，掌握了单片机定时器/计数器、中断的基本应用。在能力方面，学习者已经初步具有单片机简单系统硬件电路搭建、程序编写以及程序调试的基本能力，为单片机的综合应用奠定知识和能力基础。

项目考核 2

项目 2 考核包括理论测试和实践操作两部分，所占比例各占 50%。

第一部分　理论测试部分

（总分 100 分，占项目 2 考核的 50%）

一、判断题（每题 0.8 分，共 40 分）

（　　）1. MCS-51 单片机的程序存储器的容量与地址总线无关。

（　　）2. MCS-51 单片机的存储器编址方式属于统一编址方式。

（　　）3. 存放数据的存储器，它的读写方式是只读的。

（　　）4. 8051 的累加器 ACC 是一个 8 位的寄存器，简称 A，用来存一个操作数或中间结果。

（　　）5. 8051 的程序状态字寄存器 PSW 是一个 8 位的专用寄存器，用于存放程序运行中的相关状态信息。

（　　）6. MCS-51 的程序存储器用于存放运算中间结果。

（　　）7. MCS-51 的数据存储器在物理上和逻辑上都分为两个地址空间：一个是片内的 256 字节的 RAM，另一个是片外最大可扩充 64K 字节的 RAM。

（　　）8. 单片机的复位有上电自动复位和按钮手动复位两种，当单片机运行出错或进入死循环时，可按复位键重新启动。

（　　）9. MCS-51 单片机上电复位后，片内数据存储器的内容均为 00H。

（　　）10. 8051 单片机片内 RAM 00H～1FH 的 32 个单元，不仅可以作工作寄存器使用，而且可作为 RAM 来读写。

（　　）11. MCS-51 单片机的片内存储器称为程序存储器。

（　　）12. MCS-51 单片机的指令格式中操作码与操作数之间必须用"，"分隔。

（　　）13. MCS-51 指令：MOV A，#40H；表示将立即数 40H 传送至 A 中。

（　　）14. MCS-51 指令：MOV A，@R0；表示将 R0 指示的地址单元中的内容传送至 A 中。

（　　）15. MCS-51 的数据传送指令是把源操作数传送到目的操作数，指令执行后，源操作数改变，目的操作数修改为源操作数。

（　　）16. MCS-51 指令中，MOVX 为片外 RAM 传送指令。

（　　）17. MCS-51 指令中，MOVC 为 ROM 传送指令。

（　　）18. 将 37H 单元的内容传送至 A 的指令是：MOV A，#37H。

（　　）19. MCS-51 指令中，16 位立即数传送指令是：MOV DPTR，#data16。

（　　）20. 如 JC rel 发生跳转时，目标地址为当前指令地址加上偏移量。

（　　）21. 指令 MUL AB 执行前（A）=F0H，（B）=05H，执行后（A）=FH5，（B）=00H。

（　　）22. 已知：DPTR=11FFH，执行 INC　DPTR 后，结果：DPTR=1200H。

（　　）23. 已知：A=11H　B=04H，执行指令 DIV AB 后，其结果：A=04H，B=1CY=OV=0。

（　　）24. 已知：A=1FH，（30H）=83H，执行 ANL A，30H 后，结果：A=03H（30H）=83H P=0。

（　　　）25. 无条件转移指令 LJMP addr16 称长转移指令，允许转移的目标地址在 128KB 空间范围内。

（　　　）26. MCS-51 指令系统中，执行指令 FGO bit F0，表示凡用到 F0 位的指令中均可用 FGO 来代替。

（　　　）27. MCS-51 指令系统中，指令 CJNE A, #data, rel 的作用相当于 SUBB A, #data 与 JNC rel 的作用。

（　　　）28. MCS-51 指令系统中，指令 JNB bit, rel 是判位转移指令，即表示 bit=1 时转。

（　　　）29. 8031 单片机的 PC 与 DPDR 都在 CPU 片内，因此指令 MOVC A, @A+PC 与指令 MOVC A, @A+DPTR 执行时只在单片机内部操作，不涉及片外存储器。

（　　　）30. MCS-51 单片机中 PUSH 和 POP 指令只能保护现场，不能保护断点。

（　　　）31. 指令 LCALL addr16 能在 64KB 范围内调用子程序。

（　　　）32. 设 PC 的内容为 35H，若要把程序存储器 08FEH 单元的数据传送至累加器 A，则必须使用指令 MOVC A, @A+PC。

（　　　）33. 指令 MOV A, 00H 执行后 A 的内容一定为 00H。

（　　　）34. 在进行二-十进制运算时，必须用到 DA A 指令。

（　　　）35. 在 MCS-51 单片机内部结构中，TMOD 为模式控制寄存器，主要用来控制定时器的启动与停止。

（　　　）36. 在 MCS-51 单片机内部结构中，TCON 为控制寄存器，主要用来控制定时器的启动与停止。

（　　　）37. MCS-51 单片机的两个定时器均有两种工作方式，即定时和计数工作方式。

（　　　）38. MCS-51 单片机的 TMOD 模式控制寄存器不能进行位寻址，只能用字节传送指令设置定时器的工作方式及操作模式。

（　　　）39. MCS-51 单片机系统复位时，TMOD 模式控制寄存器所低 4 位均为 0。

（　　　）40. 8051 单片机 5 个中断源相应地在芯片上都有中断请求输入引脚。

（　　　）41. 启动定时器工作，可使用 SETB TRi 启动。

（　　　）42. 8051 单片机对最高优先权的中断响应是无条件的。

（　　　）43. 中断初始化时，对中断控制器的状态设置，只可使用位操作指令，而不能使用字节操作指令。

（　　　）44. MCS-51 单片机系统复位后，中断请求标志 TCON 和 SCON 中各位均为 0。

（　　　）45. MCS-51 单片机的中断允许寄存器的 IE 的作用是用来对各中断源进行开放或屏蔽的控制。

（　　　）46. 串行口的中断，CPU 响应中断后，必须在中断服务程序中，用软件清除相应的中断标志位，以撤销中断请求。

（　　　）47. 串行口数据缓冲器 SBUF 是可以直接寻址的专用寄存器。

（　　　）48. 如设外部中断 0 中断，应置中断允许寄存器 IE 的 EA 位和 EX0 位为 1。

（　　）49. 若置 8051 的定时器/计数器 T1 于计数模式，工作于方式 1，则工作方式字为 50H。

（　　）50. 当 8031 的定时器 T0 计满数变为 0 后，溢出标志位（TCON 的 TF0）也变为 0。

二、选择题（每题 1 分，共 60 分）

1. 单片机上电复位后，PC 的内容和 SP 的内容为（　　）。
   A. 0000H，00H
   B. 0000H，07H
   C. 0003H，07H
   D. 0800H，08H

2. PSW 中的 RS1 和 RS0 用来（　　）。
   A. 选择工作寄存器区号
   B. 指示复位
   C. 选择定时器
   D. 选择工作方式

3. 8051 单片机上电复位后，堆栈区的最大允许范围是（　　）个单元。
   A. 64
   B. 120
   C. 128
   D. 256

4. 堆栈指针 SP 在内部 RAM 中的直接地址是（　　）。·
   A. 00H
   B. 07H
   C. 81H
   D. FFH

5. Intel 8031 的 P0 口，当使用外部存储器时它是一个（　　）。
   A. 传输高 8 位地址口
   B. 传输低 8 位地址口
   C. 传输高 8 位数据口
   D. 传输低 8 位地址/数据口

6. MCS-51 单片机的数据指针 DPTR 是一个 16 位的专用地址指针寄存器，主要用来（　　）。
   A. 存放指令
   B. 存放 16 位地址，作间址寄存器使用
   C. 存放下一条指令地址
   D. 存放上一条指令地址

7. 单片机上电或复位后，工作寄存器 R0 是在（　　）。
   A. 0 区 00H 单元
   B. 0 区 01H 单元
   C. 0 区 09H 单元
   D. SFR

8. 8051 单片机中，输入/输出引脚中用于专门的第二功能的引脚是（　　）。
   A. P0
   B. P1
   C. P2
   D. P3

9. MCS-51 的专用寄存器 SFR 中的堆栈指针 SP 是一个特殊的存储区，用来（　　），它是按后进先出的原则存取数据的。
   A. 存放运算中间结果
   B. 存放标志位
   C. 暂存数据和地址
   D. 存放待调试的程序

10. MCS-51 汇编语言指令格式中，唯一不可缺少的部分是（　　）。
    A. 标号
    B. 操作码
    C. 操作数
    D. 注释

11. 下列完成 8051 单片机内部数据传送的指令是（　　）。
    A. MOVX　A，@DPTR
    B. MOVC　A，@A+PC
    C. MOV　A，#data
    D. MOV　direct，direct

12. 单片机中 PUSH 和 POP 指令常用来（　　）。
    A. 保护断点
    B. 保护现场

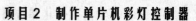

C. 保护现场，恢复现场   D. 保护断点，恢复现场

13. MCS-51 寻址方式中，操作数 Ri 加前缀"@"号的寻址方式是（   ）。

     A. 寄存器间接寻址   B. 寄存器寻址

     C. 基址加变址寻址   D. 立即寻址

14. MCS-51 寻址方式中，立即寻址的寻址空间是（   ）。

     A. 工作寄存器 R0～R7

     B. 专用寄存器 SFR

     C. 程序存储器 ROM

     D. 片内 RAM 的 20H～2FH 字节中的所有位和部分专用寄存器 SFR 的位

15. 主程序执行完 ACALL 后返回主程序后，堆栈指针 SP 的值（   ）。

     A. 不变   B. 加 2   C. 加 4   D. 减 2

16. 指令 JB 0E0H，LP 中的 0E0H 是指（   ）。

     A. 累加器 A   B. 累加器 A 的最高位

     C. 累加器 A 的最低位   D. 一个单元的地址

17. 指令 MOV R0，#20H 执行前（R0）=30H，（20H）=38H，执行后（R0）=（   ）。

     A. 00H   B. 20H   C. 30H   D. 38H

18. 执行如下三条指令后，30H 单元的内容是（   ）。

     MOV R1，#30H

     MOV 40H，#0EH

     MOV @R1，40H

     A. 40H   B. 0EH   C. 30H   D. FFH

19. MCS-51 指令 MOV R0，#20H 中的 20H 是指（   ）。

     A. 立即数

     B. 内部 RAM20H

     C. 一个数的初值

     D. 以上三种均有可能，视该指令的在程序中的作用

20. 在 MCS-51 指令中，下列指令中（   ）是无条件转移指令。

     A. LCALL addr16   B. DJNZ direct,rel

     C. SJMP rel   D. ACALL addr11

21. 设 A=AFH   （20H）=81H，指令：ADDC A，20H 执行后的结果是（   ）。

     A. A=81H   B. A=30H   C. A=AFH   D. A=20H

22. 已知：A=DBH R4=73H CY=1，指令：SUBB A，R4 执行后的结果是（   ）。

     A. A=73H   B. A=DBH   C. A=67H   D. 以上都不对

23. 将内部数据存储单元的内容传送到累加器 A 中的指令是（   ）。

     A. MOVX A，@R0   B. MOV A，#data

     C. MOV A，@R0   D. MOVX A，@DPTR

24. 已知：A=D2H，（40H）=77H，执行指令：ORL A，40H 后，其结果是（   ）。

A. A=77H　　　　B. A=F7H　　　　C. A=D2H　　　　D. 以上都不对

25. 指令 MUL AB 执行前（A）=18H，（B）=05H，执行后，A、B 的内容是（　　）。

　　A. 90H，05H　　B. 90H，00H　　C. 78H，05H　　D. 78H，00H

26. MCS-51 指令系统中，清零指令是（　　）。

　　A. CPL A　　　　B. RLC A　　　　C. CLR A　　　　D. RRC A

27. MCS-51 指令系统中，求反指令是（　　）。

　　A. CPL A　　　　B. RLC A　　　　C. CLR A　　　　D. RRC A

28. MCS-51 指令系统中，指令 MOV A，@R0，执行前（A）=86H，（R0）=20H，（20H）=18H，执行后（　　）。

　　A.（A）=86H　　B.（A）=20H　　C.（A）=18H　　D.（A）=00H

29. 已知 A=87H，（30H）=76H，执行 XRL A，30H 后，其结果为（　　）。

　　A. A=F1H（30H）=76H　　P=0

　　B. A=87H（30H）=76H　　P=1

　　C. A=F1H（30H）=76H　　P=1

　　D. A=76H（30H）=87H　　P=1

30. MCS-51 指令系统中，指令 ADD A，R0，执行前（A）=38H，（R0）=54H，（C）=1 执行后，其结果为（　　）。

　　A.（A）=92H　（C）=1　　　　B.（A）=92H　（C）=0

　　C.（A）=8CH　（C）=1　　　　D.（A）=8CH　（C）=0

31. 下列指令能使累加器 A 低 4 位不变，高 4 位置 F 的是（　　）。

　　A. ANL A，#OFH　　　　　　B. ANL A，#OFOH

　　C. ORL A，#OFH　　　　　　D. ORL A，#OF0H

32. 下列指令能使累加器 A 的最高位置 1 的是（　　）。

　　A. ANL A，#7FH　　　　　　B. ANL A，#80H

　　C. ORL A，#7FH　　　　　　D. ORL A，#80H

33. 下列指令能使 P1 口的第 3 位置 1 的是（　　）。

　　A. ANL P1，#0F7H　　　　　B. ANL P1，#7FH

　　C. ORL P1，#08H　　　　　　D. SETB 93

34. 下列指令判断若 P1 口的最低位为高电平就转 LP，否则就执行下一句的是（　　）。

　　A. JNB P1.0,LP　　　　　　B. JB P1.0,LP

　　C. JC P1.0,LP　　　　　　　D. JNZ P1.0,LP

35. MCS-51 指令系统中，指令 DA A 是（　　）。

　　A. 除法指令　　B. 加 1 指令　　C. 加法指令　　D. 十进制调整指令

36. 8051 单片机传送外部存储器地址信号的端口是（　　）。

　　A. P0 口和 P1 口　　　　　　B. P1 口和 P2 口

　　C. P1 口和 P3 口　　　　　　D. P0 口和 P2 口

37. 8031 单片机的定时器 T1 用作定时方式时是（　　）。

　　A. 由内部时钟频率定时，一个时钟周期加 1

B. 由内部时钟频率定时，一个机器周期加 1

C. 由外部时钟频率定时，一个时钟周期加 1

D. 由外部时钟频率定时，一个机器周期加 1

38. 8031 单片机的机器周期为 2μs，则其晶振频率 f_{osc} 为（　　）MHz。

    A. 1 　　　　　　B. 2 　　　　　　C. 6 　　　　　　D. 12

39. 用 8031 的定时器 T1 作定时方式，用方式 1，则工作方式控制字为（　　）。

    A. 01H 　　　　　B. 05H 　　　　　C. 10H 　　　　　D. 50H

40. 用 8031 的定时器，若用软启动，应使 TOMD 中的（　　）。

    A. GATE 位置 1 　　　　　　　　B. C/T 位置 1

    C. GATE 位置 0 　　　　　　　　D. C/T 位置 0

41. 启动定时器 0 开始计数的指令是使 TCON 的（　　）。

    A. TF0 位置 1 　　　　　　　　　B. TR0 位置 1

    C. TR0 位置 0 　　　　　　　　　D. TR1 位置 0

42. 使 8051 的定时器 T0 停止计数的指令是（　　）。

    A. CLR TR0 　　　　　　　　　　B. CLR TR1

    C. SETB TR0 　　　　　　　　　D. SETB TR1

43. 8031 的定时器 T0 作计数方式，用方式 1（16 位计数器）则应用指令（　　）初始
化编程。

    A. MOV　　TMOD，#01H 　　　B. MOV　　TMOD，10H

    C. MOV　　TMOD，#05H 　　　D. MOV　　TCON，#05H

44. 下列指令判断若定时器 T0 计满数就转 LP 的是（　　）。

    A. JB T0,LP 　　　　　　　　　　B. JNB TF0,LP

    C. JNB TR0, LP 　　　　　　　　D. JB　TF0,LP

45. 下列指令判断若定时器 T0 未计满数就原地等待的是（　　）。

    A. JB T0,$ 　　　　　　　　　　B. JNB TF0,$

    C. JNB TR0, $ 　　　　　　　　　D. JB　TF0,$

46. 当 CPU 响应定时器 T1 的中断请求后，程序计数器 PC 的内容是（　　）。

    A. 0003H 　　　　B. 000BH 　　　　C. 00013H 　　　D. 001BH

47. 当 CPU 响应外部中断 0 INT0 的中断请求后，程序计数器 PC 的内容是（　　）。

    A. 0003H 　　　　B. 000BH 　　　　C. 00013H 　　　D. 001BH

48. MCS-51 单片机在同一级别里除串行口外，级别最低的中断源是（　　）。

    A. 外部中断 1 　　　　　　　　　B. 定时器 T0

    C. 定时器 T1 　　　　　　　　　D. 串行口

49. 当外部中断 0 发出中断请求后，中断响应的条件是（　　）。

    A. SETB ET0 　　　　　　　　　B. SETB EX0

    C. MOV IE，#81H 　　　　　　D. MOV IE，#61H

50. 8051 的定时器 T0 作定时方式,用方式 1(16 位计数器)则应用指令(　　　）初始
化编程。

    A. MOV　　TMOD，#01H　　　　B. MOV　　TMOD，01H

    C. MOV　　TMOD，#05H　　　　D. MOV　　TCON，#01H

51. 用定时器 T1 方式 1 计数,要求每计满 10 次产生溢出标志,则 TH1、TL1 的初始
值是(　　　）。

    A. FFH、F6H　　　　　　　　B. F6H、F6H

    C. F0H、F0H　　　　　　　　D. FFH、F0H

52. MCS-51 单片机的两个定时器作定时器使用时 TMOD 的 D6 或 D2 应分别为(　　　）。

    A. D6=0，D2=0　　　　　　　B. D6=1，D2=0

    C. D6=0，D2=1　　　　　　　D. D6=1，D2=1

53. MCS-51 单片机的 TMOD 模式控制寄存器是一个专用寄存器,用于控制 T1 和 T0
的操作模式及工作方式,其中 $C/\overline{T}$ 表示的是(　　　）。

    A. 门控位　　　　　　　　　B. 操作模式控制位

    C. 功能选择位　　　　　　　D. 启动位

54. MCS-51 单片机定时器溢出标志是(　　　）。

    A. TR1 和 TR0　　　　　　　B. IE1 和 IE0

    C. IT1 和 IT0　　　　　　　D. TF1 和 TF0

55. 用定时器 T1 方式 2 计数,要求每计满 100 次,向 CPU 发出中断请求,TH1、TL1
的初始值是(　　　）。

    A. 9CH　　　　　B. 20H　　　　　C. 64H　　　　　D. A0H

56. MCS-51 单片机定时器 T1 的溢出标志 TF1,若计满数产生溢出时,如不用中断方
式而用查询方式,则应(　　　）。

    A. 由硬件清零　　　　　　　B. 由软件清零

    C. 由软件置于　　　　　　　D. 可不处理

57. MCS-51 单片机定时器 T0 的溢出标志 TF0,若计满数产生溢出时,其值为(　　　）。

    A. 00H　　　　B. FFH　　　　C. 1　　　　D. 计数值

58. MCS-51 单片机定时器 T0 的溢出标志 TF0,若计满数在 CPU 响应中断后(　　　）。

    A. 由硬件清零　　　　　　　B. 由软件清零

    C. A 和 B 都可以　　　　　　D. 随机状态

59. 8051 单片机计数初值的计算中,若设最大计数值为 M,对于方式 1 下的 M 值
为(　　　）。

    A. M==8192　　B. M==256　　C. M==16　　D. M==65536

60. 8051 单片机计数初值的计算中,若设最大计数值为 M,对于模式 2 下的 M 值
为(　　　）。

    A. M= 8192　　B. M= =256　　C. M= =16　　D. M= 65536

第二部分　实践操作部分

（总分100分，占项目2考核的50%）

一、编程与测试（分值20分，时间30分钟）

编程实现下列功能，已知单片机片内30H单元的内容35H，试编程实现与P1口的内容相加、减、乘，并将结果送P2口显示。（注：将单片机P1口设定为输入口，输入数据由拨码开关决定，片内30H单元数据运算时送P0口，运算结果在P2口显示）并完成下面表格。（硬件由本课程实验板提供）

测 试 次 数	P1口数据	P1口现象	（30H数据）P0口数据	运 算 关 系	运 算 结 果	P2口现象
1				加		
2				减		
3				乘		

附注：上面表格每一项运算测试选择两次不同的数据进行。将测试完成后将每种情况的程序测试清单摘录下来。

_____

_____

_____

_____

_____

_____

_____

_____

二、编程与测试（分值40分，时间30分钟）

利用本课程的试验电路板，利用定时器中断方式实现P2口8个LED发光二极管每间隔1s右移1次。请按照要求将实现本功能的硬件电路从实验板上分离出来，并画出它的原理电路，同时将测试通过的程序清单写下来。

_____

_____

_____

_____

_____

_____

_____

三、编程与测试（分值 40 分，时间 40 分钟）

　　利用本课程的试验电路板，利用定时器和中断方式实现 P0 口 8 个 LED 发光二极管每间隔 1s 左移 1 次。按外部中断 1 时，P0 口 8 个 LED 闪烁 8 次（即不使用中断时，LED 灯一直间隔 1s 左移，中断时，LED 灯由左移变成闪烁 8 次）。请按照要求将实现本功能的硬件电路从实验板上分离出来，并画出它的原理电路，同时将测试通过的程序清单写下来。

_____

_____

_____

_____

_____

_____

_____

_____

_____

_____

_____

_____

_____

项目拓展 2：汇编语言与 C 语言

众所周知，计算机由硬件和软件组成，计算机应用则是通过软件程序来操作计算机硬件实现的。真可谓硬件是基础，软件是灵魂。说起软件，那就不得不说编程语言。对于每一个学习的单片机或者嵌入式系统的人来说，都会在内心存在使用汇编和 C 语言的争执，特别是对于初学者更有这方面的顾虑。

汇编语言（Assembly Language）是直接面向处理器（Processor）的程序设计语言。处理器是在指令的控制下工作的，处理器可以识别的每一条指令称为机器指令。每一种处理器都有自己可以识别的一整套指令，称为指令集。处理器执行指令时，根据不同的指令采取不同的动作，完成不同的功能，既可以改变自己内部的工作状态，也能控制其他外围电路的工作状态。计算机运行需要程序和指令，不管什么样的程序和指令，最终都必须转化成"0"和"1"，但是"0"和"1"的组合非常不便于程序员的记忆，因此就出现"MOV，A,#30H"这样助记符。换句话说，编程人员使用"MOV，A,#30H"语句代替了计算机能够识别的一串"0"和"1"的序列，这就是汇编语言。汇编语言涉及计算机硬件的每一个细节，要想对单片机或者嵌入式处理器有一个全面的理解，就必须要将每一条汇编语言弄懂，会用每一条汇编指令，知道这条汇编指令执行之后对处理器的影响，处理器是如何执行的，对各种标志位的影响如何等。知道了汇编语言的本质，就不难理解，汇编语言是面向机器的语言，汇编语言的运行只需要将助记符转成与之对应的二进制代码就可以。因此学习和使用汇编语言有利于帮助学习者了解计算机的内部硬件组成，这也是嵌入式系统学习的一个基本要求。

C 语言是应用程序设计语言，编写不依赖计算机硬件的应用程序，是面向任务的编程语言。C 语言的所有语法以及它代码组织形式都是有助于程序员编写代码的。C 语言的运行，需要通过编译器将 C 语言编译成与相应 CPU 指令集对应的机器语言。由于 C 语言的语法是固定的，C 语言编写的程序要编译成 CPU 能读懂的机器语言指令没办法一一对应。因此 C 语言编译只能依靠编译规则。比如说一个 for 循环会有若干条实现对应 for 循环功能的机器指令，而一个 switch，也相应会有机器指令段代替。因此面对任务，可以不必了解处理器是如何具体地去操作，影响了什么标志位。理解起来很容易，对系统做成之后的维护很有优点，特别是在对他人阅读程序时有很大优势。另外可以很方便地做成模块，以后将做好的模块直接调用，C 语言编程人员面对程序，更侧重功能而不必十分清楚了解计算机内部的资源如何分配。这就是 C 语言，面向任务的编程语言。

语言是为了交流，计算机的语言是为了实现计算机的某项功能。不管是高级语言 C 还是低级的汇编语言，归根结底都要转化为计算机二进制代码直接输入到机器的 ROM 里，让它运行的。对高手而言，汇编就是 C 语言，C 语言就是汇编，目的只有一个，那就是实现功能，异曲同工！

如果是一位初学者，想马上上手，想得到点成就感，那就用 C 语言，它可以让初学者很快地获得学习的乐趣和成功的快乐。但是也别忘了，汇编是理解单片机或者嵌入式的很好的工具，如果要深入地学习和了解它，建议学习者还是从汇编开始学起。

应用篇

项目 3 基于 51 单片机简单控制系统设计与制作

能力目标

☐ 单片机与 LED 数码管接口与编程的基本能力
☐ 单片机与 A/D 接口与编程的基本能力
☐ 单片机双机通信的接口与编程的基本能力
☐ 简单单片机系统硬件电路调试的基本能力
☐ 单片机简单应用软件程序编程、调试的基本能力
☐ 读懂简单单片机应用系统原理图的基本能力
☐ MCS-51 单片机与 LCD1602 的接口和编程的基本能力
☐ MCS-51 单片机双机串口通信接口与编程的基本能力
☐ 团结协作，交流分享的能力

知识目标

☐ 掌握单片机与 LED 的接口电路
☐ 掌握单片机输入的 A/D 转换技术
☐ 掌握单片机输出的 D/A 转换技术
☐ 掌握单片机串行接口的基本知识
☐ 掌握 LCD1602 的基本知识
☐ 掌握 MCS-51 单片机的串口工作方式

单片机应用系统中，人通常利用按键或者键盘对应用系统的工作状态进行干预和数据输入，同时系统以指示灯、LED/LCD、CRT 等或者用打印机方式显示，向人汇报运行状态或者运行结果，形成人与计算机之间的交流通道，称为人机接口。有时候，单机应用不能解决或者需要联网应用的场合，通过系统接口的相互配置，可以实现各种各样的多机控制系统。

项目背景

单片机应用系统在进行实际控制中，通常需要被测信号的输入通道（也称为前向通道）和面向控制对象输出的通道（也称为后向通道），被测信号如电压、电流、温度、压力、位移等，一般为模拟量，需要将模拟量经过 A/D 转换成数字量，才能被 CPU 接受。对于系统控制对象，CPU 一般只能输出数字量，多数情况下需要将数字量经过 D/A 转换成模拟量，然后驱动控制对象。有时候单片机除了需要控制外围器件完成特定功能外，在很多应用中还需要完成单片机和单片机之间、单片机和外围器件之间以及单片机与微机之间的数据交换，这种数据交换就称为单片机通信。本项目围绕接口和通信两个方面，通过 3 个任务，让学习者了解其基本知识，掌握单片机更高层次的应用。

任务 3.1　基于 STC89C52 单片机的交通灯控制系统

1. 任务要求

（1）本系统利用 STC89C52 单片机作为控制器。

（2）本系统 4 个路口采用红灯、黄灯、绿灯显示 4 个路口的交通通行情况。

（3）本系统 4 个路口采用 LED 数码管作为倒计时显示。

2. 相关理论

在现实生活中，交通灯控制系统涉及多个问题，诸如信号灯驱动，车辆到达感知以及违规拍照等。本任务利用绿灯、黄灯、红灯等发光二极管模拟表示主干道路口上的交通信号情况，该路口的交通灯示意图如 3-1 所示。

基于单片机交通灯控制系统需要充分认识以下 3 个问题。

（1）了解实际交通灯的变化规律。

初始状态 0 为东西红灯亮，南北红灯亮，转为状态 1。

状态 1 为南北绿灯通行，东西红灯禁止，过一段时间（延时）后转为状态 2。

状态 2 为南北绿灯闪几次转黄灯，延时几秒，东西仍然为红灯，之后转为状态 3。

状态 3 为东西绿灯通行，南北红灯禁止，过一段时间转为状态 4。

状态 4 为东西绿灯闪几次转黄灯，延时几秒，南北仍然红灯，之后转为状态 1。

上面为一个完整的循环。

（2）东西、南北为双向而且变化规律基本一样，红、黄、绿灯可以单独显示也可以并联显示，考虑模拟，直接使用单色发光二极管来实现。

（3）时间显示。

有些路口红绿灯还增加时间显示，通常时间也是可调的，范围几十秒。为了显示方便，本系统使用 0.35 寸数码管来实现。

3. 方案论证

对于一个单片机控制系统的实现，关键是资源的合理安排与实施的过程。本系统 STC89C52 单片机作为控制器，存储器和 I/O 口都是非常充足的，综合交通灯控制需求分析和 STC89C52 单片机的系统资源来看，设计如下。

1）方案 1

（1）东西、南北为双向而且变化规律一样，所以东西、南北红、黄、绿应该并联为 1 组，因此系统可以分为 3 组。采用单片机 P1 口来实现，使用共阳接法，如图 3-2 所示。

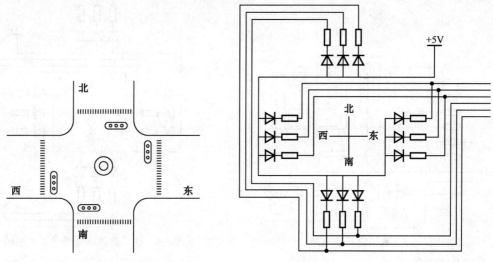

图 3-1　模拟主干道交通信号灯示意图　　　　图 3-2　红、黄、绿灯并联显示电路

P1 口输出低电平，发光二极管点亮；输出高电平，发光二极管熄灭。为了实现上述控制要求，P1 口输出 4 种控制码即可，详细控制如表 3-1 所示。

表 3-1　P1 口的控制码

P1.5	P1.4	P1.3	P1.2	P1.1	P1.0	控制码	状态	状态说明
南北方向绿灯	南北方向黄灯	南北方向红灯	东西方向绿灯	东西方向黄灯	东西方向红灯			
1	1	0	1	1	0	F6H 或 36H	0	南北线禁止，东西线禁止
0	1	1	1	1	0	DEH 或 1EH	1	南北线通行，东西线禁止
1	0	1	0	1	1	EB 或 2BH	2	南北线黄灯闪烁，东西线禁止
1	1	0	0	1	1	F3 或 33H	3	南北线禁止，东西线放行
1	1	0	1	0	1	F5 或 35H	4	南北线禁止，东西线黄灯闪烁

注：0 表示灯亮，1 表示灯灭。

由于单片机 P1 口的 P1.6、P1.7 没有使用，可以全为 0 或者全为 1，因此编码时情况可以是两种状态，故表 3-1 中给出两个编码。

（2）时间显示问题。本系统采用两位一体数码管来显示时间，具体电路如图 3-3 所示。

方案 1 综合分析，由方案 1 可以看出，方案 1 一共使用单片机 I/O 接口 15 个，但是考虑发光二极管并联和数码管驱动问题，PCB 板子的单层布线，跳线很多，整个板子焊接，读板子线路的连续性将变差。考虑到以上问题，优化设计方案。

2）方案 2

（1）红、黄、绿灯可以单独显示,分别使用单个 I/O 口驱动，具体如图 3-4 所示。

（2）显示方式还采用动态数码管，详细情况如图 3-3 所示。

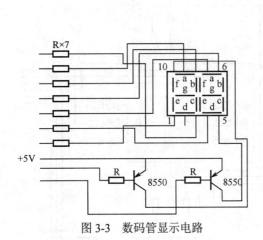

图 3-3　数码管显示电路　　　　　图 3-4　红、黄、绿灯单个显示电路

4．系统整体设计与调试

1）原理图设计

基于单片机的交通灯控制系统由单片机最小系统、数码显示系统、红绿灯显示系统组成，具体如图 3-5 所示。

由原理图分析可知，交通红绿灯状况与单片机 I/O 端口之间的对应关系如表 3-2 所示。

表 3-2　交通状况与 I/O 之间的对应关系表

I/O 端口	I/O 端口与交通灯之间的对应关系	I/O 端口	I/O 端口与交通灯之间的对应关系
P1.2	南北方向，北半副绿灯	P2.0	南北方向，南半副绿灯
P1.3	南北方向，北半副黄灯	P2.1	南北方向，南半副黄灯
P1.4	南北方向，北半副红灯	P2.2	南北方向，南半副红灯
P1.5	东西方向，东半副绿灯	P2.3	东西方向，西半副红灯
P1.6	东西方向，东半副黄灯	P2.4	东西方向，西半副黄灯
P1.7	东西方向，东半副红灯	P2.5	东西方向，西半副绿灯
P0 口	数码管段码	P2.6	数码管位选信号　（个位）
		P2.7	数码管位选信号　（十位）

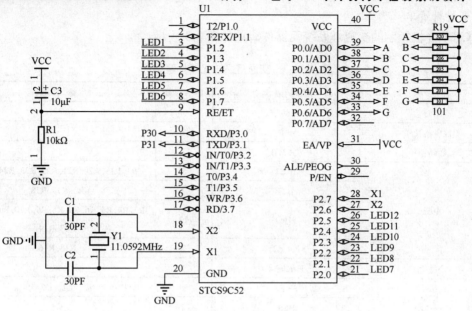

（a）单片机最小系统电路

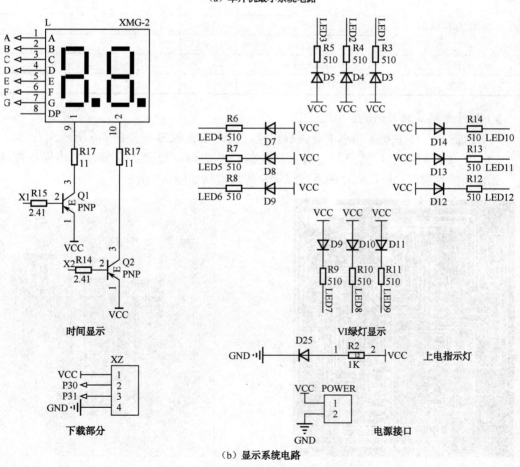

（b）显示系统电路

图 3-5　基于单片机的交通灯控制系统

2）材料清单

基于单片机控制的交通灯系统元器件清单如表 3-3 所示。

表 3-3　交通灯系统元器件清单

名　称	规格型号	数量	备　注
CPU	STC89C52	1	
集成电路管座	40P	1	
数码管	03621B	1	
电阻	10kΩ	8	R1, R19, R20, R21, R22, R23, R24, R25
	1kΩ	3	R2, R17, R18
	510Ω	12	R3, R4, R5, R6, R7, R8, R9, R10, R11, R12, R13, R14
	2.4 kΩ	2	R15, R16
小按键	Header 4	1	
电容	33 PF	2	C1、C2
	10μF	1	C3
发光二极管 LED	红色	5	
	黄色	4	
	绿色	4	
三极管	PNP8550	2	
晶振	11.0592MHz	1	Y1

3）硬件电路装配与调试

（1）PCB 板。本系统采用单面覆铜板，经过设计生成 PCB 板如图 3-6 所示。

（2）焊接。对照单片机控制交通灯系统的材料清单，检测各元器件，确保在焊接之前，元器件没有损坏。根据原理图进行焊接。焊接成品如图 3-7 所示。

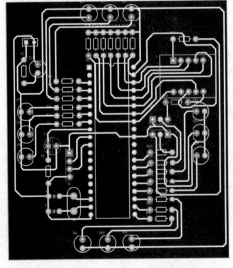

图 3-6　交通灯系统 PCB 板电路

图 3-7　单片机交通灯系统成品图

（3）调试。硬件电路的调试首先应确保复位电路和晶振电路的正确无误。检测方法是接通电源，按下复位按钮，测量 STC89C52 单片机复位端输出高电平情况。若按下输出高电平，松开输出低电平，说明复位电路正常。

检测 CPU 是否工作，在断开电源情况下，在 40 引脚管座上装上 CPU 芯片，（注意引脚顺序不要装反，同时确保 CPU 芯片与管座之间接触良好）。接通电源，下载项目三中任务一的测试程序 1，如果观察到所有交通灯闪烁，说明单片机系统正常，LED 部分正常。

检测数码显示部分是否正常，在单片机网络课程中心（http://www.mcudpj.com）下载项目三中任务一的测试程序 2，如果观察到数码管显示从 99，88…00 循环显示，说明数码管显示部分也正常。

4）程序设计

根据交通灯的控制要求，软件程序的流程图如图 3-8 所示。

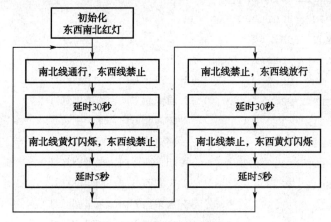

图 3-8　软件程序流程图

源程序如下：

```
        LJMP    MAIN
        MAIN:   MOV SP ,#60H
                CLR   P1.4              ;南北方向，北半副红灯
                CLR   P1.7              ;东西方向，东半副红灯
                CLR   P2.2              ;南北方向，南半副红灯
                CLR   P2.3              ;东西方向，西半副红灯
                MOV 30H,#05H
        LOOP:   LCALL DISPLY
                DJNZ  30H,LOOP
                MOV 30H,#00H
                LCALL DISPLY
        NS0:    SETB  P1.4              ;关闭南北方向，北半副红灯
                SETB  P2.2              ;关闭南北方向，南半副红灯
                CLR   P1.2              ;开启南北方向，北半副绿灯
```

```
            CLR   P2.0           ;开启南北方向，南半副绿灯
            MOV 30H,#14H
   LOP1:    LCALL DISPLY
            DJNZ 30H,LOP1
            MOV 30H,#00H
            LCALL DISPLY
   NS1:     SETB P1.2           ;关闭南北方向，北半副绿灯
            SETB P2.0           ;关闭南北方向，南半副绿灯
            CLR P1.3            ;开启南北方向，北半副黄灯
            CLR P2.1            ;开启南北方向，南半副黄灯
            MOV 30H, #05H
   LOP2:    LCALL DISPLY
            DJNZ 30H,LOP2
            MOV 30H, #00H
            LCALL DISPLY
   NS3:     CLR  P1.4           ;开启南北方向，北半副红灯
            CLR  P2.2           ;开启南北方向，南半副红灯
            SETB P1.3           ;关闭南北方向，北半副黄灯
            SETB P2.1           ;关闭南北方向，南半副黄灯
            SETB P1.7           ;关闭东西方向，东半副红灯
            SETB P2.3           ;关闭东西方向，西半副红灯
            CLR  P1.5           ;开启东西方向，东半副绿灯
            CLR  P2.5           ;开启东西方向，西半副绿灯
            MOV  30H,#14H
   LOP3:    LCALL DISPLY
            DJNZ 30H,LOP3
            MOV 30H, #00H
            LCALL DISPLY
   EW0:     CLR P1.6            ;开启东西方向，东半副黄灯
            CLR P2.4            ;开启东西方向，西半副黄灯
            SETB P1.5           ;关闭东西方向，东半副绿灯
            SETB P2.5           ;关闭东西方向，西半副绿灯
            MOV 30H, #05H
   LOP4:    LCALL DISPLY
            DJNZ 30H,LOP4
            MOV 30H,#00H
            LCALL DISPLY
            LJMP NS0
   DISPLY:  MOV A,30H           ;显示子程序将30H中的十六进制数转换成十进制
```

```
            MOV B ,#10              ;十进制/10=十进制
            DIV AB
            MOV  21H,A              ;十位在a
            MOV  20H,B              ;个位在b
            MOV  DPTR ,#0100H       ;指定查表起始地址
            MOV  R0, #16
    DPL1:   MOV  R1 ,#250           ;显示1000次
    DPLOP:  MOV  A, 20H             ;取个位数
            MOVC A, @A+DPTR         ;查个位数的7段代码
            MOV  P0, A              ;送出个位的7段代码
            CLR  P2.6               ;开个位显示
            ACALL D1MS              ;显示1ms
            SETB P2.6
            MOV  A, 21H             ;取十位数
            MOVC A,@A+DPTR          ;查十位数的7段代码
            MOV  P0, A              ;送出十位的7段代码
            CLR  P2.7               ;开十位显示
            ACALL D1MS              ;显示1ms
            SETB P2.7
            DJNZ R1, DPLOP          ;100次没完循环
            DJNZ R0,DPL1            ;4个100次没完循环
            RET
    D1MS:   MOV R7,#80              ;1ms延时
            DJNZ R7,$
            RET
            ORG  0100H
    MUMTAB: DB 0C0H,0F9H,0A4H,0B0H,99H,92H,82H,0F8H,80H,90H ;7段数码管0~
9数字的共阳显示代码
            END
```

5. 系统制作与反思

（1）通过了解项目 3 中的知识点 3.1、知识点 3.2 的相关知识，指出本任务数码管采用哪种显示形式，并从系统程序中单独列出数码管显示部分的程序。

_____

_____

_____

_____

_____

_____

（2）对比本模拟系统与现实交通灯系统，找出差异，如果想把本系统按实际实现，需要什么条件？怎么做？

_____

_____

_____

_____

_____

_____

知识点 3.1　数码管的结构与工作原理

1. 数码管结构

数码管由 8 个发光二极管（以下简称字段）构成，通过不同的组合可用来显示数字 0～9、字符 A～F、H、L、U、Y、符号 "–" 及小数点 "."。数码管的外形结构如图 3-9（a）所示。

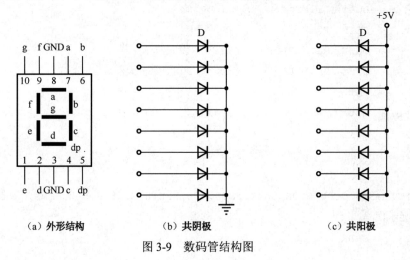

（a）外形结构　　　　　（b）共阴极　　　　　（c）共阳极

图 3-9　数码管结构图

2. 数码管工作原理

从内部电路来看，数码管可分为共阴极接法如图 3-9（b）数码管的 8 个发光二极管的阴极连接在一起，共阳极接法如图 3-9（c）数码管的 8 个发光二极管的阳极连接在一起。通过对公共段（GND）接地和接高电平的控制，可以使共阳极或共阴极数码管根据 a～g 引脚输入的代码来显示数字或符号。对数码管公共端的电位控制操作称为位选。

为了显示数字或其他字符，要为 LED 显示器提供代码，这些代码是为了显示字型的，所以称为字型码或段码。七段数码管由 8 个发光二极管的暗亮来构成字型，所以对应于 a～dp 的字型代码正好是一个字节，其对应关系如表 3-4 所示。

表 3-4　段码与七段的对应关系

代码位	D7	D6	D5	D4	D3	D2	D1	D0
显示段	dp	g	f	e	d	c	b	a

3. 数码管字型编码

要使数码管显示出相应的数字或字符，必须使段码输出相应的字形编码。共阳极和共阴极的段码互为反码。具体字型编码如表 3-5 所示。

表 3-5　数码管字型编码表

显示字符	字型	共 阳 极									共 阴 极								
		dp	g	f	e	d	c	b	a	字型码	dp	g	f	e	d	c	b	a	字型码
0	0	1	1	0	0	0	0	0	0	C0H	0	0	1	1	1	1	1	1	3FH
1	1	1	1	1	1	1	0	0	1	F9H	0	0	0	0	0	1	1	0	06H
2	2	1	0	1	0	0	1	0	0	A4H	0	1	0	1	1	0	1	1	5BH
3	3	1	0	1	1	0	0	0	0	B0H	0	1	0	0	1	1	1	1	4FH
4	4	1	0	0	1	1	0	0	1	99H	0	1	1	0	0	1	1	0	66H
5	5	1	0	0	1	0	0	1	0	92H	0	1	1	0	1	1	0	1	6DH
6	6	1	0	0	0	0	0	1	0	82H	0	1	1	1	1	1	0	1	7DH
7	7	1	1	1	1	1	0	0	0	F8H	0	0	0	0	0	1	1	1	07H
8	8	1	0	0	0	0	0	0	0	80H	0	1	1	1	1	1	1	1	7FH
9	9	1	0	0	1	0	0	0	0	90H	0	1	1	0	1	1	1	1	6FH

知识点 3.2　MCS-51 单片机与 LED 显示器接口电路

单片机与对 LED 显示器的控制，无非是按时向它们提供具有一定驱动能力的段选码和位选码信号，段选码可有硬件产生，也可以通过编程来实现。在实际使用过程中往往由多个数码管组成。点亮显示器有静态和动态两种方式。

1. LED 静态显示方式

LED 显示器工作于静态显示方式时，各位的共阴极（或共阳极）位选段连接在一起接地（或者接电源），每位的段选线（a～dp）分别接单片机的 I/O 端口。之所以称为静态显示是因为显示器的各位互相独立，各位输出的段码一旦确定，输出就会确定，显示直到下一个字符改变为止。静态显示的字型稳定，占用 CPU 时间少，但每一个显示器都需要占用单独具有锁存功能的 I/O 端口，使用硬件电路较多。

【例 3-1】　利用 AT89C51 编程实现数码管静态显示 0～F 数据。具体电路如图 3-10 所示。

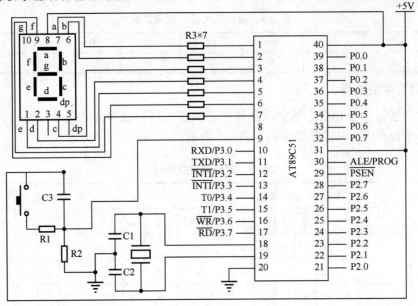

图 3-10 AT89C51 静态显示 0～F 数据电路

参考程序如下：

```
        LJMP  MAIN          ；转入主程序
        ORG  0000H
        MAIN:MOV SP, #60H    ；设定堆栈的初始值
        MOV R2, #00H
        MOV  DPTR, #005BH    ；设定 DPTR 初值
        MOV  P1,#0FFH        ；数码管初始状态为全灭
LOOP1:  MOV  R0,#00H
        MOV  A,R0
LOOP:   LCALL  COD1          ；调用显示程序
        MOV  P1, A           ；送 P1 口显示
        LCALL  YS            ；调用时间延时
        INC  R2
        CJNE  R2,#10H,LOOP    ；没有循环到 F 继续循环
        LJMP  LOOP1          ；显示到 F 重新开始
YS:     MOV  R5, #10
MP0:    MOV  R6, #200
MP1:    MOV  R7, #123
MP2:    DJNZ R7,MP2
        DJNZ R6,MP1
        DJNZ R5,MP0
        RET
COD1:   INC  A
        MOVC  A, @A+DPTR
        RET
        DB 0C0H,0F9H,0A4H,0B0H
```

```
DB 99H,92H,82H,83H
DB 80H,90H,88H,83H
DB 0C6H,0A1H,86H,8EH
END
```

2．LED 动态显示方式

LED 显示器动态显示接口是用其接口电路把每一位显示器的 8 个段选线（a～dp）的同名端连接在一起，接单片机的一个 I/O 端口上，而把每一位显示器的公共端（即位选段）各自受另一个 I/O 控制。当 CPU 向某一位显示器送段选码时，每一位显示器都会得到相同的段选码，但只有位选段被选中的那一位显示器得到显示。动态扫描用分时的方法轮流控制每一位显示器的公共端（即位选段），使各个显示器轮流显示。在轮流扫描的过程中，每一位显示器的显示时间极为短暂，但由于人的视觉暂停留效应以及发光二极管的余辉效应，在人的视觉印象中得到的是一组稳定的字型显示。动态显示需要 CPU 时刻对显示器进行刷新，显示的字型有闪烁感，占用 CPU 时间多，但使用器件较少，节省 I/O 等资源。

【例 3-2】 利用 AT89C51 动态显示两位数据。具体电路如图 3-11 所示。

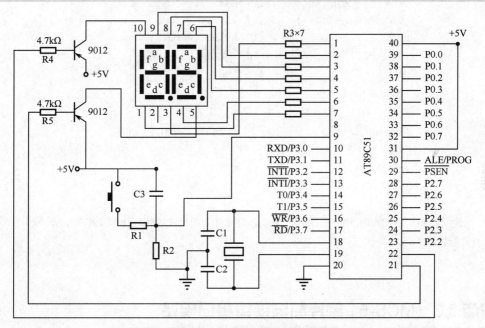

图 3-11 AT89C51 动态显示两位数据电路

附注：程序基本功能是动态显示 00、01、02、…、99 循环显示。

```
        ORG 0000H
LOOP1:  MOV 30H, #00H
        LCALL DISPLY
LOOP1:  INC 30H
        LCALL DISPLY
        MOV R6,30H
```

```
           CJNE   R6, #63H,LOOP1
           LJMP   LOOP1
ISPLAY:    MOV A,30H              ;显示子程序将 30H 中的十六进制数转换成十进制
           MOV B ,#10             ;十进制/10=十进制
           DIV AB
           MOV  20H ,A            ;十位在 a
           MOV  A 21H             ;个位在 b
           MOV  DPTR ,#NUMTAB     ;指定查表起始地址
           MOV  R0, #4
DPL1:      MOV  R1 ,#250          ;显示 1000 次
DPLOP:     MOV  A, 21H            ;取个位数
           MOVC A, @A+DPTR        ;查个位数的 7 段代码
           MOV P1, A              ;送出个位的 7 段代码
           CLR  P2.0              ;开个位显示
           ACALL  D1MS            ;显示 1ms
           SETB P2.0
           MOV A, 20H             ;取十位数
           MOVC A,@A+DPTR         ;查十位数的 7 段代码
           MOV  P1, A             ;送出十位的 7 段代码
           CLR  P2.1              ;开十位显示
           ACALL  D1MS            ;显示 1ms
           SETB P2.1
           DJNZ  R1, DPLOP        ;100 次没完循环
           DJNZ  R0,DPL1          ;4 个 100 次没完循环
           RET
D1MS:      MOV R7,#80             ;1ms 延时
           DJNZ R7,$
           RET
MUMTAB: DB 0C0H,0F9H,0A4H,0B0H,99H,92H,82H,0F8H,80H,90H ; 7 段数码管 0～
9 数字的共阳显示代码
           END
```

知识点 3.3 MCS-51 单片机与键盘接口电路

1. 键盘的基本知识

1）按键的分类

按键按照结构原理可分为两类，一类是触点式开关按键，如机械式开关、导电橡胶式开关等；另一类是无触点开关按键，如电气式按键、磁感应按键等。前者造价低，后者寿命长。目前，微机系统中最常见的是触点式开关按键。

按键按照接口原理可分为编码键盘与非编码键盘两类，这两类键盘的主要区别是识别键符及给出相应键码的方法。编码键盘主要是用硬件来实现对键的识别，非编码键盘主要

是由软件程序来实现键盘的定义与识别。

全编码键盘能够由硬件逻辑自动提供与键对应的编码，此外，一般还具有去抖动和多键、窜键保护电路，这种键盘使用方便，但需要较多的硬件，价格较贵，一般的单片机应用系统较少采用。非编码键盘只简单地提供行和列的矩阵，其他工作均由软件完成。由于其经济实用，较多地应用于单片机系统中。下面将重点介绍非编码键盘接口。

2）键输入原理

在单片机应用系统中，除了复位按键有专门的复位电路及专一的复位功能外，其他按键都是以开关状态来设置控制功能或输入数据。当所设置的功能键或数字键按下时，计算机应用系统应完成该按键所设定的功能，键信息输入是与软件结构密切相关的过程。

对于一组键或一个键盘，总有一个接口电路与 CPU 相连。CPU 可以采用查询或中断方式了解有无键输入并检查是哪一个键按下，将该键号送入累加器 ACC，然后通过跳转指令转入执行该键的功能程序，执行完后再返回主程序。

3）按键结构与特点

微机键盘通常使用机械触点式按键开关，其主要功能是把机械上的通断转换成为电气上的逻辑关系。也就是说，它能提供标准的 TTL 逻辑电平，以便与通用数字系统的逻辑电平相容。

机械式按键再按下或释放时，由于机械弹性作用的影响，通常伴随有一定时间的触点机械抖动，然后其触点才稳定下来。其抖动过程如图 3-12 所示，抖动时间的长短与开关的机械特性有关，一般为 5～10ms。

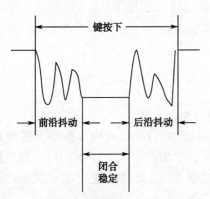

图 3-12 按键触点的机械抖动

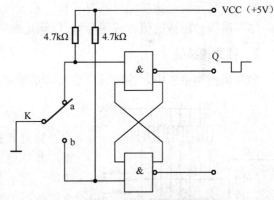

图 3-13 双稳态去抖电路

在触点抖动期间检测按键的通与断状态，可能导致判断出错。即按键一次按下或释放被错误地认为是多次操作，这种情况是不允许出现的。为了克服按键触点机械抖动所致的检测误判，必须采取去抖动措施，可从硬件、软件两方面予以考虑。在键数较少时，可采用硬件去抖，而当键数较多时，采用软件去抖。

在硬件上可采用在键输出端加 R-S 触发器（双稳态触发器）或单稳态触发器构成去抖动电路，图 3-13 是一种由 R-S 触发器构成的去抖动电路，当触发器一旦翻转，触点抖动不会对其产生任何影响。

电路工作过程如下：按键未按下时，a = 0、b = 1，输出 Q = 1，按键按下时，因按键的机械弹性作用的影响，使按键产生抖动，当开关没有稳定到达 b 端时，因与非门 2 输出为 0 反馈到与非门 1 的输入端，封锁了与非门 1，双稳态电路的状态不会改变，输出保持为 1，输出 Q 不会产生抖动的波形。当开关稳定到达 b 端时，因 a = 1、b = 0，使 Q = 0，双稳态电路状态发生翻转。当释放按键时，在开关未稳定到达 a 端时，因 Q = 0，封锁了与非门 2，双稳态电路的状态不变，输出 Q 保持不变，消除了后沿的抖动波形。当开关稳定到达 b 端时，因 a = 0、b = 0，使 Q = 1，双稳态电路状态发生翻转，输出 Q 重新返回原状态。由此可见，键盘输出经双稳态电路之后，输出已变为规范的矩形方波。

软件上采取的措施是：在检测到有按键按下时，执行一个 10ms 左右（具体时间应视所使用的按键进行调整）的延时程序后，再确认该键电平是否仍保持闭合状态电平，若仍保持闭合状态电平，则确认该键处于闭合状态；同理，在检测到该键释放后，也应采用相同的步骤进行确认，从而可消除抖动的影响。

4）按键编码

一组按键或键盘都要通过 I/O 口线查询按键的开关状态。根据键盘结构的不同，采用不同的编码。无论有无编码，以及采用什么编码，最后都要转换成为与累加器中数值相对应的键值，以实现按键功能程序的跳转。

5）编制键盘程序

一个完善的键盘控制程序应具备以下功能。

（1）检测有无按键按下，并采取硬件或软件措施，消除键盘按键机械触点抖动的影响。

（2）有可靠的逻辑处理办法。每次只处理一个按键，其间对任何按键的操作对系统不产生影响，且无论一次按键时间有多长，系统仅执行一次按键功能程序。

（3）准确输出按键值（或键号），以满足跳转指令要求。

2. 独立式按键

单片机控制系统中，往往只需要几个功能键，此时，可采用独立式按键结构。

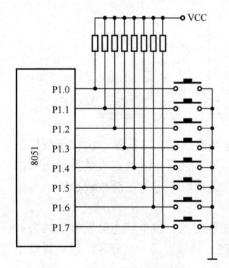

图 3-14   独立式按键电路

1）独立式按键结构

独立式按键是直接用 I/O 口线构成的单个按键电路，其特点是每个按键单独占用一根 I/O 口线，每个按键的工作不会影响其他 I/O 口线的状态。独立式按键的典型应用如图 3-14 所示。

独立式按键电路配置灵活，软件结构简单，但每个按键必须占用一根 I/O 口线，因此，在按键较多时，I/O 口线浪费较大，不宜采用。

图 3-14 中按键输入均采用低电平有效，此外，上拉电阻保证了按键断开时，I/O 口线有确定的高电平。当 I/O 口线内部有上拉电阻时，外电路可不接上拉电阻。

2）独立式按键的软件设计

独立式按键软件常采用查询式结构。先逐位查询每根 I/O 口线的输入状态，如某一根 I/O 口线输入为低电平，则可确认该 I/O 口线所对应的按键已按下，然后，再转向该键的功能处理程序。图 3-14 中的 I/O 口采用 P1 口，按上图的电路，键盘的软件程序如下，KEY1~KEY8 分别表示键 1 到键 8 的功能程序，按键的去抖动采用软件延时，按键的接口采用 P1 端口（其中每个按键的功能程序省略）。

键盘程序清单如下：

```
START:   MOV   A, P1                ; 读键盘状态
         MOV   R0, A                ; 保存键值
         LCALL YS10                 ; 延时 10ms 去抖动
         MOV   A, P1                ; 再读键盘状态
         CJNE  A, R0, DONE          ; 比较结果，说明是抖动，转向 DONE
         CJNE  A, #0FEH, KEY-2      ; 检测 K1 键未按下，转向 KEY-2
         LJMP  KEY1                 ; 转向 KEY1 处理程序
KEY-2:   CJNE  A, #0FDH, KEY-3      ; 检测 K2 键未按下，转向 KEY-3
         LJMP  KEY2                 ; 转向 KEY2 处理程序
KEY-3:   CJNE  A, #0FBH, KEY-4      ; 检测 K3 键未按下，转向 KEY-4
         LJMP  KEY3                 ; 转向 KEY3 处理程序
KEY-4:   CJNE  A, #0F7H, KEY-5      ; 检测 K4 键未按下，转向 KEY-5
         LJMP  KEY4                 ; 转向 KEY4 处理程序
KEY-5:   CJNE  A, #0EFH, KEY-6      ; 检测 K5 键未按下，转向 KEY-6
         LJMP  KEY5                 ; 转向 KEY5 处理程序
KEY-6:   CJNE  A, #0DFH, KEY-7      ; 检测 K6 键未按下，转向 KEY-7
         LJMP  KEY6                 ; 转向 KEY6 处理程序
KEY-7:   CJNE  A, #0BFH, KEY-8      ; 检测 K7 键未按下，转向 KEY-8
         LJMP  KEY7                 ; 转向 KEY7 处理程序
KEY-8:   CJNE  A, #7FH, DONE        ; 检测 K8 键未按下，转向 DONE
         LJMP  KEY8                 ; 转向 KEY8 处理程序
DONE:    RET                        ; 重复输入或者没有输入，不处理返回
YS10:    ...                        ; 延时程序省略
```

一般在键盘按键较少的情况下，使用独立式键盘和编程都是非常简单的。

3. 行列式键盘

当按键较多的情况下，再使用独立式键盘，I/O 的资源占用就非常严重，因此通常采用行列式键盘，这种键盘也称为矩阵式键盘。由于篇幅限制，在这里不做介绍。

值得注意的是单片机对键盘的管理有三种方式，分别是程序控制扫描方式、定时扫描方式和中断扫描方式。

1）编程扫描方式

编程扫描方式是利用 CPU 完成其他工作的空余时间，调用键盘扫描子程序来响应键盘输入的要求。在执行键功能程序时，CPU 不再响应键输入要求，直到 CPU 重新扫描键盘为止。

2）定时扫描方式

定时扫描方式就是每隔一段时间对键盘扫描一次，它利用单片机内部的定时器产生一定时间（如 10 ms）的定时，当定时时间到就产生定时器溢出中断。CPU 响应中断后对键盘进行扫描，并在有键按下时识别出该键，再执行该键的功能程序。

3）中断扫描方式

采用上述两种键盘扫描方式时，无论是否按键，CPU 都要定时扫描键盘，而单片机应用系统工作时，并非经常需要键盘输入，因此 CPU 经常处于空扫描状态。

为提高 CPU 工作效率，可采用中断扫描工作方式。其工作过程如下：当无键按下时，CPU 处理自己的工作。当有键按下时，产生中断请求，CPU 转去执行键盘扫描子程序，并识别键号。

任务 3.2 基于 STC89C52 单片机的数字电压表设计与实现

1. 任务要求

（1）本系统利用 STC89C52 单片机控制。

（2）本系统完成 0～5V 模拟信号输入，同时将结果显示并保留两位小数。

（3）本系统测量误差为±0.02V。

2. 相关理论

根据本任务要求，本系统数字电压表需要考虑两个方面的内容。一是数据采集的范围和精度；二是数据显示。

（1）数据采集的范围和精度。本系统要求测量电压范围是 0～5V，误差为±0.02V。鉴于以上因素考虑，主要是对数据采集和转换的基本要求，由测量范围和误差要求，满足这项要求的转换芯片很多，但考虑单片机采用的是 STC89C52，是 8 位的处理器，当输入电压为 5.00V 时，输出的数据值为 FFH（即 255），单片机最大的数值分辨率为 5/255=0.0196V，小于 0.02V 的测量误差，因此采用 8 位的 A/D 转换器即可满足要求。如果想获得更高的精度要求，可以采用 12 位及 12 位以上的 A/D 转换器。

（2）数据显示。本系统需要保留两位小数，测量范围是 0～5V，因此需要显示 4 位数据分别是：第 1 位数据显示采集路数即 1～2，第 2 位显示电压整数部分 0～5，第 3、4 位显示两位小数。

3. 方案论证

由以上分析可以得出，A/D 转换器需采用 8 位，显示需要 4 位，方案如下。

1）方案 1

方案 1 控制系统采用 STC89C52 单片机，A/D 转换器 ADC0809，显示采用数码管显示，数字电压表设计方案框图如图 3-15 所示。

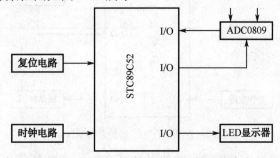

图 3-15 数字电压表设计方案框图

方案 1 采用 A/D 转换器 ADC0809 和 4 位数码管来完成。原理电路图如图 3-16 所示。

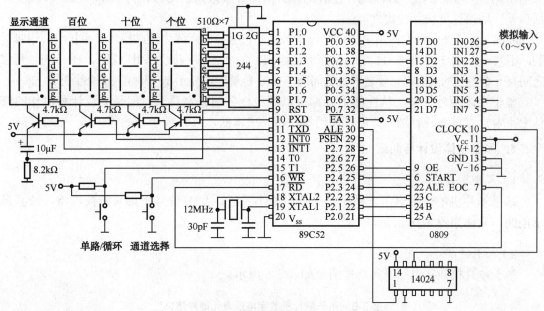

图 3-16 数字电压表原理图

A/D 转换由集成电路 0809 完成，ADC0809 芯片是 28 引脚双列直插式封装的 8 位 8 通道的 A/D 转换器，允许 8 路模拟量分时输入，共用一个 A/D 转换器进行转换。地址线（23～25 引脚）决定对哪一路模拟信号输入进行 A/D 转换，22 引脚为地址锁存器控制，当输入为高电平是对地址信号进行锁存，6 引脚为测试控制，7 引脚为 A/D 转化结束标志，10 引脚为 0809 时钟输入端。单片机 P1、P3.0～P3.3 作为 4 位 LED 数码管显示控制。P3.5 单片机单路显示/循环显示选择控制，P3.6 单路显示是选择通道控制，P0 是 A/D 转换数据读入用，P2 口是 ADC0809 的 A/D 转换控制。

2）方案 2

方案 2 控制系统采用 STC89C52 单片机，A/D 转换器 ADC0832，显示采用液晶屏

1602 显示，数字电压表设计方案框图如图 3-17 所示。

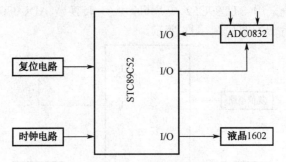

图 3-17　数字电压表原理框图

ADC0832 是 8 引脚双列直插式封装的 8 位分辨率 A/D 转换芯片，其最高分辨可达 256 级，可以适应一般的模拟量转换要求。其内部电源输入与参考电压的复用，使得芯片的模拟电压输入为 0～5V。芯片转换时间仅为 32μs，有双数据输出可作为数据校验，以减少数据误差，转换速度快且稳定性能强。

液晶 1602 是一种专门用来显示字母、数字、符号等的点阵型液晶模块，单排 16 引脚封装，由若干个 5×7 或者 5×11 等点阵字符位组成，每个点阵字符位都可以显示一个字符，每位之间有一个点距的间隔，每行之间也有间隔，1602 能够同时显示 16×2，即 32 个字符。

鉴于上述两种方案，从性能上讲都可以满足任务的基本要求，但是从设计和制作的整体上来看，方案 2 具有接口方便，使用器件少，成本低，PCB 便于布线等优势。

4．系统整体设计与调试

1）原理图设计

基于单片机的数字电压表系统由单片机最小系统、A/D 信号采集与转换电路、液晶显示电路，具体如图 3-18 所示。

2）材料清单

基于单片机数字电压表元器件清单如表 3-6 所示。

表 3-6　基于单片机数字电压表元器件清单

名　　称	规 格 型 号	数　量	备　注
CPU	STC89C82	1	
集成电路管座	40P	1	
显示屏	1602	1	
模数转换器	ADC0832	1	U2
电阻	10kΩ	10	R1, R2, R3, R4, R5, R6, R7, R8, R9, R20
插座	Header 4	1	
按键	S2	1	
电容	33 pF	2	C1、C2
	10μF	1	C3
晶振	11.0592MHz	1	Y1

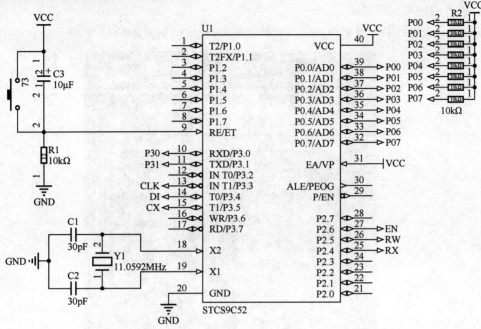

（a）最小系统部分

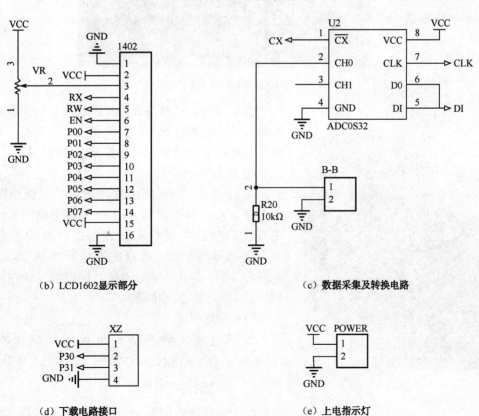

（b）LCD1602显示部分　　　　　　　　（c）数据采集及转换电路

（d）下载电路接口　　　　　　　　（e）上电指示灯

图 3-18　基于单片机的数字电压表系统

3）硬件电路装配与调试

（1）本系统采用单面覆铜板，经过设计生成 PCB 板，如图 3-19 所示。

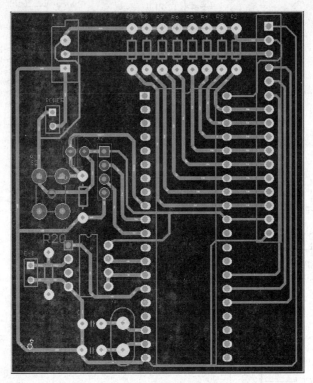

图 3-19　数字电压表 PCB 板

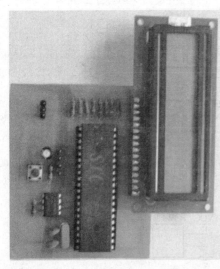

图 3-20

（2）焊接。对照基于单片机的数字电压表系统的材料清单，检测各元器件，确保在焊接之前，元器件没有损坏，根据原理图的连接关系进行焊接，焊接成品如图 3-20 所示。

（3）调试。本系统硬件测试包括复位电路、时钟电路、A/D 转换电路、LCD 显示电路四部分。其中复位和时钟电路的测试在前面任务中曾多次提及，此处不再赘述。难点在于对于 ADC0832 转换电路和 LCD 显示电路的调试。详细情况请在本任务"系统制作与反思"体现。

（4）程序设计

数字电压表程序请到单片机网络课程中心（http://www.mcudpj,com）"资源下载"栏目下载。

5. 系统制作与反思

（1）本任务中使用 ADC0832 转换芯片，通过学习项目 3 中的知识点 3.4、知识点 3.5 的相关知识，请在单片机网络课程中心（http://www.mcudpj.com）中查阅资料，并下载测试程序，完成 A/D 转化电路测试。并结合

测试情况，说明 A/D 转换电路使用的注意事项。

_____

_____

_____

_____

_____

_____

_____

_____

（2）通过项目 3 中的知识点 3.5 的相关知识，请在单片机网络课程中心（http://www.cudpj com）中查阅资料，并下载测试程序，完成 1602 显示电路测试。并结合测试情况，说明 LCD 显示器的使用注意事项。

_____

_____

_____

_____

_____

_____

_____

_____

_____

_____

知识点 3.4　MCS-51 单片机与 A/D 和 D/A 转换接口电路

在单片机控制过程、数据采集等应用领域中，常常要对生产过程中的参数进行测量和控制，那些被测量的量往往是连续的物理量，如温度、速度、电压、电流、压力等。这些连续变化的物理量必须转换成计算机能识别的用二进制数码表示的数字信号，才能送入计算机进行加工和处理。反之，计算机所加工处理的结果是数字量，一般也需要转换成模拟量才能用于被控的外部设备。我们把能将模拟量转换成数字量的器件称为模/数转换器（也称为 A/D 转换器），而把数字量转换成模拟量的器件称为数/模转换器（也称为 D/A 转换器）。

A/D 转换器用于实现模拟量—数字量的转换，按转换原理可分为四种，即计数式 A/D 转换器、双积分式 A/D 转换器、逐次逼近式 A/D 转换器和并行式 A/D 转换器。

目前最常用的是双积分式 A/D 转换器和逐次逼近式 A/D 转换器。双积分式 A/D 转换器的主要优点是转换精度高，抗干扰性能好，价格便宜，但转换速度较慢。因此这种转换器主要用于速度要求不高的场合。另一种常用的 A/D 转换器是逐次逼近式的，逐次逼近式 A/D 转换器是一种速度较快精度较高的转换器。

ADC0808 / 0809 是典型的逐次逼近式 8 位 MOS 型 A/D 转换器，可实现 8 路模拟信号的分时采集，内有 8 路模拟选通开关，以及相应的通道地址锁存用译码电路，其转换时间为 100μs 左右，实现模拟信号到数字信号的转换。

A/D 转换器的主要技术指标如下。

（1）分辨率。ADC 的分辨率是指输出数字量变化一个相邻数码所需输入模拟电压的变化量。分辨率也是用位数表示。例如，12 位 ADC 的分辨率就是 12 位，或者说分辨率为满刻度的 $1/12^{12}$。一个 10V 满刻度的 12 位 ADC 能分辨输入电压变化的最小值是 $10 \times 1/12^{12} = 2.4$mV

（2）量化误差。ADC 把模拟量变为数字量，用数字量近似表示模拟量，这个过程称为量化。量化误差是由于 ADC 的有限位数对模拟量进行量化而引起的误差。实际上，要准确表示模拟量，ADC 的位数需要很大甚至无穷大。一个分辨率有限的 ADC 的阶梯状转换曲线与具有无限分辨率的 ADC 转换特性曲线（直线）之间的最大偏差，称为量化误差。

（3）偏移误差。偏移误差是指输入信号为 0 时输出信号不为 0，有时也称为零值误差。

（4）满刻度误差。满刻度误差，又称为增益误差。ADC 的满刻度误差是指满刻度输出数码所对应的输出电压值与理想输入电压之差。

（5）线性度。有时该指标又称为非线性度，是指转换器实际的转换特性与理想直线的最大误差。

（6）转换速度。转换速度是指完成一次 A/D 转换所需要时间的倒数，是一个很重要的指标。ADC 型号不同，转换速度差别很大，通常 8 位逐次比较式 ADC 的转换时间为 100μs 左右。选用 ADC 型号应该与现场需要一致。在控制时间允许情况下，应尽量选用便宜的逐次比较式 A/D 转换器。

（7）转换精度。A/D 的转换精度由模拟误差和数字误差组成。模拟误差是比较器、解码网络中电阻值以及基准电压波动等引起的误差。数字误差主要包括丢失码误差和量化误差，前者属于非固定误差，由器件质量决定，后者和 ADC 输出数字量位数有关，位数越多，误差就越小。

3.4.1 MCS51 单片机与 ADC0809 接口电路

ADC0809 是典型的 8 位 8 通道逐次逼近式 A/D 转换器，采用 CMOS 工艺。

1. ADC0809 的内部逻辑结构

ADC0809 内部逻辑结构如图 3-21 所示。图中多路开关可选通 8 个模拟通道，允许 8 路模拟量分时输入，共用一个 A/D 转换器进行转换。地址锁存与译码电路完成对 A、B、C 三

个地址位进行锁存和译码，其译码输出用于通道选择，如表 3-7 所示。

表 3-7 通道选择

C B A	选择通道	C B A	选择通道
0 0 0	IN0	1 0 0	IN4
0 0 1	IN1	1 0 1	IN5
0 1 0	IN2	1 1 0	IN6
0 1 1	IN3	1 1 1	IN7

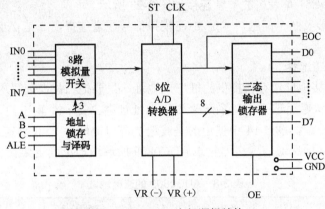

图 3-21 ADC0809 内部逻辑结构

2. 信号引脚

ADC0809 芯片为 28 引脚双列直插式封装，其引脚排列如图 3-22 所示。

（1）IN7～IN0：模拟量输入通道。ADC0809 对输入模拟量的要求主要有：信号单极性，电压范围 0～5V，若信号过小还需进行放大。另外，模拟量输入在 A/D 转换过程中其值不应变化太快，因此对变化速度快的模拟量，在输入前应增加采样保持电路。

（2）A、B、C：地址线。A 为低位地址，C 为高位地址，用于对模拟通道进行选择。

（3）ALE：地址锁存允许信号。对应 ALE 上跳沿，A、B、C 地址状态送入地址锁存器中。

（4）START：转换启动信号。START 上跳沿时，所有内部寄存器清 0；START 下跳沿时，开始进行 A/D 转换；在 A/D 转换期间，START 应保持低电平。

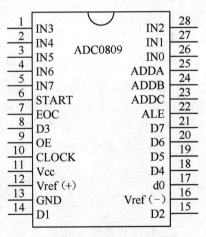

图 3-22 ADC0809 引脚图

（5）D7～D0：数据输出线。为三态缓冲输出形式，可以和单片机的数据线直接相连。

（6）OE：输出允许信号。用于控制三态输出锁存器向单片机输出转换得到的数据。OE=0，输出数据线呈高电阻；OE=1，输出转换得到的数据。

（7）CLOCK：时钟信号。ADC0809 的内部没有时钟电路，所需时钟信号由外界提供，因此有时钟信号引脚。通常使用频率为 500kHz 的时钟信号。

（8）EOC：转换结束状态信号。EOC=0，正在进行转换；EOC=1，转换结束。该状态信号既可作为查询的状态标志，又可以作为中断请求信号使用。

（9）Vcc：+5V 电源。

（10）Vref：参考电源。参考电压用来与输入的模拟信号进行比较，作为逐次逼近的基准。其典型值为+5V ［Vref(+) =+5V,Vref(−) =0V］

3．MCS-51 单片机与 ADC0809 接口

ADC0809 与 89C51 单片机的一种连接如图 3-23 所示。

电路连接主要涉及两个问题，一是 8 路模拟信号通道选择，二是 A/D 转换完成后转换数据的传送。

1）8 路模拟通道选择

A、B、C 分别接地址锁存器提供的低三位地址，只要把三位地址写入 0809 中的地址锁存器，就实现了模拟通道选择。对系统来说，地址锁存器是一个输出口，为了把三位地址写入，还要提供口地址。图 5-14 中使用的是线选法，口地址由 P2.0 确定，同时和 $\overline{WR}$ 相或取反后作为开始转换的选通信号。因此该 ADC0809 的通道地址确定如表 3-8 所示。

表 3-8　ADC0809 的通道地址

8051	A15	A14	A13	A12	A11	A10	A9	A8	A7	A6	A5	A4	A3	A2	A1	A0
0809	×	×	×	×	×	×	×	ST	×	×	×	×	×	C	B	A
	×	×	×	×	×	×	×	0	×	×	×	×	×	0	0	0
								············								
								············								
	×	×	×	×	×	×	×	0	×	×	×	×	×	1	1	1

若无关位都取 0，则 8 路通道 IN0～IN7 的地址分别为 0000H～0007H。

当然口地址也可以由单片机其他不用的口线或者由几根口线经过译码后来提供，这样 8 道的地址也就有所不同；从图中可以看到，把 ADC0809 的 ALE 信号与 START 信号连接在一起了，这样使得在 ALE 信号的前沿写入地址信号，紧接着在其后沿就启动转换。因此启动图 3-23 中的 ADC0809 进行转换只需要下面的指令（以通道 0 为例）：

```
MOV    DPTR, #0000H     ；选中通道 0
MOVX   @DPTR, A         ；WR 信号有效，启动转换
```

2）转换数据的传送

A/D 转换后得到的是数字量的数据，这些数据应传送给单片机进行处理。数据传送的关键问题是如何确认 A/D 转换完成，因为只有确认数据转换完成后，才能进行传送。为此可采用下述三种方式。

（1）定时传送方式。对于一种 A/D 转换器来说，转换时间作为一项技术指标是已知的和固定的。例如，ADC0809 转换时间为 128μs，相当于 6MHz 的 MCS-51 单片机共 64 个机器周期。可据此设计一个延时子程序，A/D 转换启动后即调用这个延时子程序，延迟时间

一到，转换已经完成了，接着就可进行数据传送。

（2）查询方式。A/D 转换芯片有表明转换完成的状态信号，如 ADC0809 的 EOC 端。因此可以用查询方式，软件测试 EOC 的状态，即可确知转换是否完成，然后进行数据传送。

（3）中断方式。把表明转换完成的状态信号（EOC）作为中断请求信号，以中断方式进行数据传送。

在图 3-23 中，EOC 信号经过反相器后送到单片机的 INT0，因此可以采用查询该引脚或中断的方式进行转换后数据的传送。

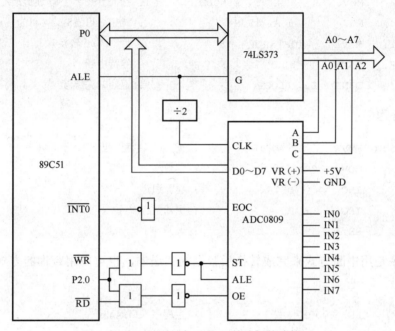

图 3-23 ADC0809 与 89C51 单片机的连接

不管使用上述哪种方式，只要一旦确认转换完成，即可通过指令进行数据传送。首先送出口地址并以 $\overline{RD}$ 作选通信号，当 $\overline{RD}$ 信号有效时，OE 信号即有效，把转换数据送上数据总线，供单片机接收，即：

```
MOV DPTR, #0000H    ；选中通道0
MOVX A, @DPTR,      ；RD 信号有效，输出转换后的数据到 A 累加器
```

3）应用举例

设计一个 8 路模拟量输入的巡回检测系统，采样数据依次存放在片内 RAM 78H～7FH 单元中，具体电路如图 3-23 所示，其数据采样的初始化程序和中断服务程序如下：

初始化程序：

```
ORG  0000H          ；主程序入口地址
AJMP MAIN           ；跳转主程序
ORG  0003H          ；INT0 中断入口地址
AJMP INT1           ；跳转中断服务程序
```

主程序：

```
MAIN:   MOV     R0, #78H            ; 数据暂存区首址
        MOV     R2, #08H            ; 8 路计数初值
        SETB    IT0                 ; INT0 边沿触发
        SETB    EA                  ; 开中断
        SETB    EX0                 ; 允许 INT0 中断
        MOV     DPTR, #6000H        ; 指向 0809 IN0 通道地址
        MOV     A, #00H             ; 此指令可省略，A 可为任意值
LOOP:   MOVX    @DPTR, A            ; 启动 A/D 转换
HERE:   SJMP    HERE               ; 等待中断
        DJNZ    R2, LOOP           ; 巡回未完继续
```

中断服务程序：

```
INT1:   MOVX    A, @DPTR           ; 读 A/D 转换结果
        MOV     @R0, A             ; 存数
        INC     DPTR               ; 更新通道
        INC     R0                 ; 更新暂存单元
        RETI                       ; 返回
```

上述程序是用中断方式来完成转换后数据的传送的，也可以用查询的方式实现，源程序如下：

```
        ORG  0000H                 ; 主程序入口地址
        AJMP MAIN                  ; 跳转主程序
        ORG  1000H
MAIN:   MOV R0, #78H
        MOV R2, #08H
        MOV DPTR, #6000H
        MOV A, #00H
L0:     MOVX @DPTR, A
L1:     JB P3.2, L1                ; 查询 INT0 是否为 0
        MOVX A, @DPTR              ; INT0 为 0，则转换结束，读出数据
        MOV @R0, A
        INC R0
        INC DPTR
        DJNZ R2, L0
$:      SJMP $
```

3.4.2 MCS51单片机与DAC0832接口电路

D/A 转换器芯片有许多种。转换精度有 8 位、10 位、12 位、14 位、16 位等，转换速度也有快有慢，应用时要根据设计要求选择性能合适的芯片。通过介绍一种典型的 D/A 转换器芯片 DAC0832，来说明 D/A 转换器与单片机的接口和编程技术。

1. DAC0832 的技术指标与结构

DAC0832 是美国国家半导体公司（NSC）的产品，是一种具有两个输入数据寄存器的 8 位 D/A 转换器，它能直接与 MCS-51 单片机相接口，不需要附加任何其他 I/O 接口芯片。其主要技术指标如下：

（1）分辨率 8 位；

（2）电流稳定时间为 1μs；

（3）可双缓冲，单缓冲或直接数字输入；

（4）只需在满量程下调整其线性度；

（5）单一电源供电（+5V～+15V）；

（6）低功耗，20mW。

DAC0832 是 DAC0830 系列产品的一种，其他产品有 DAC0830、DAC0831 等，它们都是 8 位 D/A 转换器，完全可以相互代换。DAC0832 采用 CMOS 工艺，具有 20 个引脚双列直插式单片 8 位 D/A 转换器，其结构如图 3-24 所示。

它由一个 8 位输入寄存器、一个 8 位 DAC 寄存器和一个 8 位 D/A 转换器三大部分组成。在 D/A 转换器中采用的是 T 型 R-2R 电阻网络。DAC0832 器件由于有两个可以分别控制的数据寄存器，使用时有较大的灵活性。可以根据需要接成多种工作方式。它的工作原理简述如下。

在图 3-24 中，$\overline{\text{LE}}$ 为寄存器命令。当 $\overline{\text{LE}}=1$ 时，寄存器的输出随输入变化；$\overline{\text{LE}}=0$ 时，数据锁存在寄存器中，而不随输入数据的变化而变化，其逻辑表达式为：

$$\overline{\text{LE}}_{(1)} = L_{\text{LE}} \cdot \overline{\overline{\text{CS}} \cdot \overline{\text{WR}}_1}$$

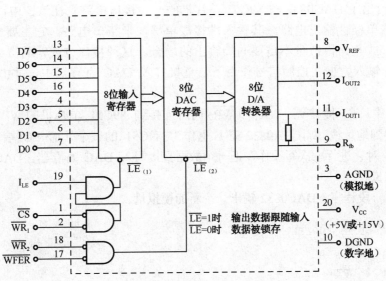

图 3-24 DAC0832 结构框图

由此可见，当 $I_{LE}=1, CS=\overline{WR}_1=0$ 时，$\overline{LE}_{(1)}=1$，允许数据输入。而当 $\overline{WR}_1=1$ 时，$\overline{LE}_{(1)}=0$，则数据被锁存。能否进行 D/A 转换，除了取决于 $\overline{LE}_{(1)}$ 以外，还要依赖于 $\overline{LE}_{(2)}$。由图 3-24 可知，当 $\overline{WR}_2$ 和 $\overline{XFER}$ 均为低电平时，$\overline{LE}_{(2)}=1$，此时允许 D/A 转换，否则 $\overline{LE}_{(2)}=0$，将停止 D/A 转换。在使用时可以采用双缓冲方式（两级输入锁存），也可以用单缓冲方式（只用一级输入锁存，另一级始终直通），或者接成完全直通的形式。因此，这种转换器用起来非常灵活方便。

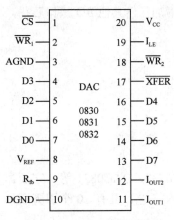

图 3-25　DAC0832 引脚图

DAC0832 的引脚排列，如图 3-25 所示。
各引脚的功能如下。

$\overline{CS}$：片选信号引脚（低电平有效）。

L_{LE}：输入锁存允许信号（高电平有效）。

$\overline{WR}_1$：写 1（低电平有效）。当 $\overline{WR}_1$ 为低电平时，用来将输入数据传送到输入锁存器；当 $\overline{WR}_1$ 为高电平时，输入锁存器中的数字被锁存；当 L_{LE} 为高电平，又必须是 $\overline{CS}$ 和 $\overline{WR}_1$ 同时为低电平时，才能将锁存器中的数据进行更新。

以上 3 个控制信号构成第一级输入锁存。

$\overline{WR}_2$：写 2（低电平有效）。该信号与 $\overline{XFER}$ 配合，可使锁存器中的数据传送到 DAC 寄存器中进行转换。

$\overline{XFER}$：传送控制信号（低电平有效）。$\overline{XFER}$ 将与 $\overline{WR}_2$ 配合使用，构成第二级锁存。

2．D/A 转换器的输出方式

D/A 转换器输出分为单极性和双极性两种输出形式。其转换器的输出方式只与模拟量输出端的连接方式有关，而与其位数无关。

1）单极性输出

图 3-26 给出了 DAC0832 与 89C51 单片机的一种接口电路。在该图中，DAC0832 的输出端连接成单极性输出电路。其输入端接成单缓冲型接口电路。它主要应用于只有一路模拟输出，或几路模拟量不需要同步输出的场合。这种接口方式，将二级寄存器的控制信号并接，输入数据在控制信号作用下，直接打入 DAC 寄存器中，并由 D/A 转换成输出电压。

图 3-26 中，I_{LE} 接+5V，$\overline{WR}_1$ 和 $\overline{WR}_2$ 同时连接到 89C51 单片机的 $\overline{WR}$ 端口，$\overline{CS}$ 和 $\overline{XFER}$ 相连接到地址线 A_0，DA0832 芯片也作为 89C51 的一个外部 I/O 端口，口地址为 00FEH，CPU 对它进行一次写操作，把一个数据直接写入 DAC 寄存器，DAC0832 便输出一个新的模拟量。

执行下面一段程序，DAC0832 输出一个新的模拟量。

```
MOV   DPTR, #00FEH
MOV   A, #data
MOVX  @ DPTR, A
```

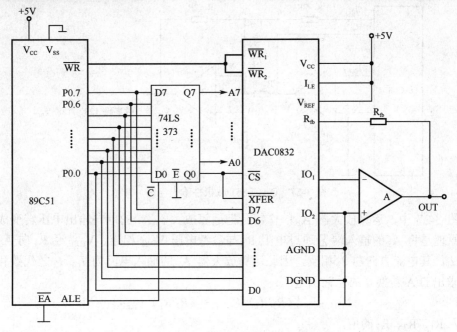

图 3-26　DAC0832 单极性输出接口电路

CPU 执行 MOVX @DPTR，A 指令时，便产生写操作，更新了 DAC 寄存器内容，输出一个新的模拟量。

在单极性输出方式下，当 V_{REF} 接+5V（或-5V）时，输出电压范围是 0～-5V（或 0～+5V）。若 V_{REF} 接+10V（或-10V）时，输出电压范围为 0～-10V（或 0～+10V）。

其中数字量与模拟量的转换关系，如表 3-9 所示。

表 3-9　单极性输出 D/A 关系

输入数字量								模拟量输出
MSB	·	·	·	·	·	·	LSB	
1	1	1	1	1	1	1	1	$\pm V_{REF}$（255/256）
1	0	0	0	0	0	1	0	$\pm V_{REF}$（130/256）
1	0	0	0	0	0	0	0	$\pm V_{REF}$（128/256）
0	1	1	1	1	1	1	1	$\pm V_{REF}$（127/256）
0	0	0	0	0	0	0	0	$\pm V_{REF}$（0/256）

2）双极性输出

在一般情况下把 D/A 转换器输出端接成单极性输出方式。但在随动系统中（如电机控制系统），由偏差产生的控制量不仅与其大小有关，而且与控制量的极性有关。这时，要求 D/A 转换器输出为双极性，此时，只需在图 3-26 的基础上增加一个运算放大器即可，其电路如图 3-27 所示。

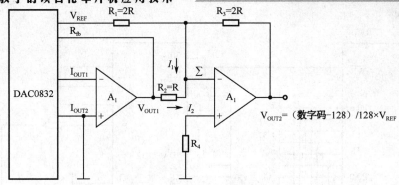

图 3-27 DAC0831 双极性输出电路

在图 3-27 中，运算放大器 A_2 的作用是把运算放大器 A_1 的单向输出电压转变成双向输出。其原理是将 A_2 的输入端 Σ 通过电阻 R_1 与参考电压 V_{REF} 相连，V_{REF} 经 R_1 向 A_2 提供一个偏流 I_1，其电流方向与 I_2 相反，因此运算放大器 A_2 的输入电流为 I_1、I_2 之代数和。由图 3-27 可求出 D/A 转换器的总输出电压：

$$V_{OUT2} = -\left[(R_3/R_2)\,V_{OUT1} + (R_3/R_1)\,V_{REF}\right]$$

代入 R_1、R_2、R_3 的值，可得：

$$V_{OUT2} = -(2V_{OUT2} + V_{REF})$$

设 $V_{REF}=+5V$，当 $V_{OUT1}=0V$ 时，$V_{OUT2}=-5V$；当 $V_{OUT1}=-2.5V$ 时，$V_{OUT2}=0V$；当 $V_{OUT1}=-5V$，$V_{OUT2}=+5V$。其 D/A 转换关系如表 3-10 所示。

表 3-10　双极性输出 D/A 关系

输入数字量								模拟量输出	
MSB---LSB								$+V_{REF}$	$-V_{REF}$
1	1	1	1	1	1	1	1	$V_{REF}-1LSB$	$-|V_{REF}|+1LSB$
1	1	0	0	0	0	0	0	$V_{REF}/2$	$-|V_{REF}|/2$
1	0	0	0	0	0	0	0	0	0
0	1	1	1	1	1	1	1	$-1LSB$	$=1LSB$
0	0	1	1	1	1	1	1	$|V_{REF}|/2-1LSB$	$|V_{REF}|/2+1LSB$
0	0	0	0	0	0	0	0	$-|V_{REF}|$	$+|V_{REF}|$

3）D/A 转换器接口技术应用举例

D/A 转换器在很多应用系统中用来作电压波形发生器。图 3-28 给出了一种双极性电压波形发生器的电路图，图中与 D/A 转换无关的部分未画。

D/A 转换器输入数据采用单缓冲方式，即 $\overline{WR_1}$ 和 $\overline{XFER}$ 控制线与 DGND 一起接地，使第二级输入 DAC 寄存器处于常通状态。$\overline{WR_1}$ 与 89C51 的 $\overline{WR}$ 连在一起，$\overline{CS}$ 接 P2.6。当 P2.6=0 时，选通输入寄存器，由于 DAC 寄存器始终处于常通状态，数字量可直接通过 DAC 寄存器，并由 D/A 转换成输出电压。

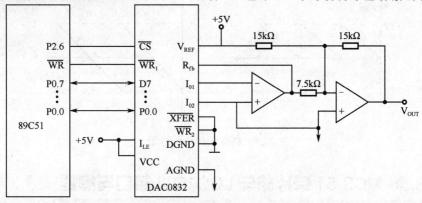

图 3-28　电压波形发生器硬件电路

D/A 转换器接口方式如下。

对于 D/A 转换器输出部分的接口电路，由于考虑到由软件产生电压波形有正、负极性输出，因此这部分电路设计成双极性电压输出。其方法是在单极性输出运算放大器 A_1 后面加一级运算放大器 A_2，形成比例求和电路，通过电平移动，使单极性输出变为双极性输出。其中 A_1、A_2 可选用 LF356、OP07 等集成电路，低噪声的运算放大器可选用 OP27 集成电路。软件编程如下。在图 3-28 同一硬件电路支持下，只要编写不同的程序即可产生不同波形的模拟电压。

（1）正向锯齿波程序清单：

```
PSW:    MOV DPTR, #0BFFFH        ；指向 D/A 输入寄存器
DAP0:   MOV R7, # 80H            ；置输出初值
DAP1:   MOV A, R7                ；数字量送 A
        MOVX @DPTR, A            ；送 D/A 转换
        INC    R7                ；修改数字量
        CJNE R7, #255, DAP1      ；数字量≠255，转 DAP1
        AJMP DAP0                ；重复下一个
```

其输出电压波形如图 3-29（a）所示。

（2）双向锯齿波程序清单：

```
DSW:    MOV DPTR, #0BFFFH
        MOV R7, #0
DAD0:   MOV A, R7
        MOVX    @ DPTR, A
        INC R7
        AJMP    DAD0
```

其输出电压波形如图 3-29（b）所示。

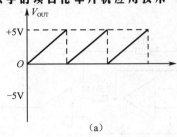
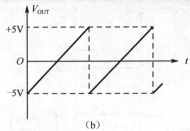

（a） （b）

图 3-29　D/A 输出电压波形

知识点 3.5　MCS-51 单片机与 LCD1602 接口与编程

液晶显示器是利用液晶的物理特性，利用液晶在电场的作用下，其光学性质发生变化以显示图形的显示器，具有显示质量高、体积小、重量轻、功耗低、接口方便等优点。既可以显示字符，也可以显示点阵图形，目前已经被广泛应用在便携式计算机、数字摄像机、PDA 移动通信工具等众多领域。

通常，液晶显示器是由液晶显示器件、连接件、集成电路、PCB、背光源、结构件组合在一起而构成一个整体，因此也称为液晶显示模块。液晶显示的分类方法有很多种，通常可按其显示方式分为段式、字符式、点阵式等。除了黑白显示外，液晶显示器还有多灰度有彩色显示等。如果根据驱动方式来分，可以分为静态驱动（Static）、单纯矩阵驱动（Simple Matrix）和主动矩阵驱动（Active Matrix）三种。下面以长沙太阳人电子有限公司的 1602 字符型液晶显示器为例，介绍其用法。

1. LCD 液晶显示模块

LCD1602 是一种 16×2 字符型液晶显示模块，其外形如图 3-30 所示。

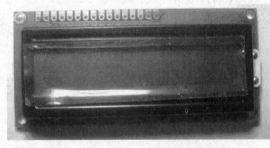

（a）LCD1602 字符型液晶显示器实物图正面　　　　（b）LCD1602 字符型液晶显示器实物图背面

图 3-30　LCD1602 字符型液晶显示器

2. LCD1602 的基本参数及引脚功能

LCD1602 分为带背光和不带背光两种，其控制器大部分为 HD44780，带背光的比不带背光的厚，是否带背光在应用中并无差别，两者尺寸差别如图 3-31 所示。

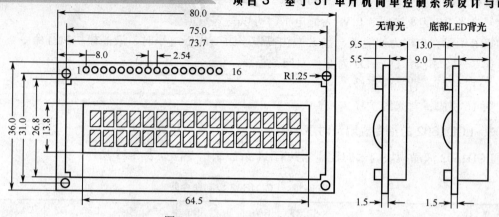

图 3-31 LCD1602 尺寸封装图

（1）LCD1602 主要技术参数如下。

显示容量：16×2 个字符。

芯片工作电压：4.5～5.5V。

工作电流：2.0mA（5.0V）。

模块最佳工作电压：5.0V。

字符尺寸：2.95mm×4.35mm（W×H）。

（2）引脚功能说明。

LCD1602 采用标准的 14 引脚（无背光）或 16 引脚（带背光）接口，各引脚接口说明如表 3-11 所示。

表 3-11　引脚接口说明表

编 号	符 号	引脚说明	编 号	符 号	引脚说明
1	VSS	电源地	9	D2	数据
2	VDD	电源正极	10	D3	数据
3	VL	液晶显示偏压	11	D4	数据
4	RS	数据/命令选择	12	D5	数据
5	R/W	读/写选择	13	D6	数据
6	E	使能信号	14	D7	数据
7	D0	数据	15	BLA	背光源正极
8	D1	数据	16	BLK	背光源负极

第 1 引脚：VSS 为地电源。

第 2 引脚：VDD 接 5V 正电源。

第 3 引脚：VL 为液晶显示器对比度调整端，接正电源时对比度最弱，接地时对比度最高，对比度过高时会产生"鬼影"，使用时可以通过一个 10KB 的电位器调整对比度。

第 4 引脚：RS 为寄存器选择，高电平时选择数据寄存器，低电平时选择指令寄存器。

第 5 引脚：R/W 为读/写信号线，高电平时进行读操作，低电平时进行写操作。当 RS 和 R/W 共同为低电平时可以写入指令或者显示地址，当 RS 为低电平、R/W 为高电平时可以读

忙信号，当 RS 为高电平、R/W 为低电平时可以写入数据。

第 6 引脚：E 端为使能端，当 E 端由高电平跳变成低电平时，液晶模块执行命令。

第 7～14 引脚：D0～D7 为 8 位双向数据线。

第 15 引脚：背光源正极。

第 16 引脚：背光源负极。

3. LCD1602 的指令说明及时序

LCD1602 液晶模块内部的控制器共有 11 条控制指令，如表 3-12 所示。

表 3-12　LCD1602 控制命令表

序　号	指　　令	RS	R/W	D7	D6	D5	D4	D3	D2	D1	D0
1	清显示	0	0	0	0	0	0	0	0	0	1
2	光标返回	0	0	0	0	0	0	0	0	1	*
3	置输入模式	0	0	0	0	0	0	0	1	I/D	S
4	显示开/关控制	0	0	0	0	0	0	1	D	C	B
5	光标或字符移位	0	0	0	0	0	1	S/C	R/L	*	*
6	置功能	0	0	0	0	1	DL	N	F	*	*
7	置字符发生存储器地址	0	0	0	1	字符发生存储器地址					
8	置数据存储器地址	0	0	1	显示数据存储器地址						
9	读忙标志或地址	0	1	BF	计数器地址						
10	写数到 CGRAM 或 DDRAM	1	0	要写的数据内容							
11	从 CGRAM 或 DDRAM 读数	1	1	读出的数据内容							

LCD1602 液晶模块的读写操作、屏幕和光标的操作都是通过指令编程来实现的（说明：1 为高电平，0 为低电平）。

指令 1：清显示，指令码 01H，光标复位到地址 00H 位置。

指令 2：光标复位，光标返回到地址 00H。

指令 3：光标和显示模式设置 I/D：光标移动方向，高电平右移，低电平左移 S；屏幕上所有文字是否左移或者右移。高电平表示有效，低电平则无效。

指令 4：显示开/关控制。D：控制整体显示的开与关，高电平表示开显示，低电平表示关显示 C：控制光标的开与关，高电平表示有光标，低电平表示无光标 B：控制光标是否闪烁，高电平闪烁，低电平不闪烁。

指令 5：光标或显示移位 S/C：高电平时移动显示的文字，低电平时移动光标。

指令 6：功能设置命令 DL：高电平时为 4 位总线，低电平时为 8 位总线 N：低电平时为单行显示，高电平时双行显示 F：低电平时显示 5×7 的点阵字符，高电平时显示 5×10 的点阵字符。

指令 7：字符发生器 RAM 地址设置。

指令 8：DDRAM 地址设置。

指令 9：读忙信号和光标地址 BF：为忙标志位，高电平表示忙，此时模块不能接收命令或者数据，如果为低电平表示不忙。

指令 10：写数据。

指令 11：读数据。

与 HD44780 相兼容的芯片时序表如表 3-13 所示。

表 3-13　基本操作时序表

读状态	输入	RS=L，R/W=H，E=H	输出	D0-D7=状态字
写指令	输入	RS=L，R/W=L，D0-D7=指令码，E=高脉冲	输出	无
读数据	输入	RS=H，R/W=H，E=H	输出	D0-D7=数据
写数据	输入	RS=H，R/W=L，D0-D7=数据，E=高脉冲	输出	无

读写操作时序如图 3-32 所示。

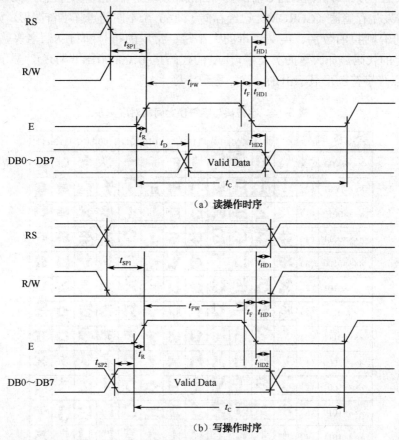

（a）读操作时序

（b）写操作时序

图 3-32　读写操作时序

4. LCD1602 的 RAM 地址映射及标准字库表

液晶显示模块是一个慢显示器件，所以在执行每条指令之前一定要确认模块的忙标志为低电平，表示不忙，否则此指令失效。要显示字符时要先输入显示字符地址，也就是告诉模块在哪里显示字符，图 3-33 是 1602 的内部显示地址。

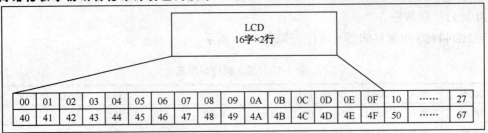

图 3-33　LCD1602 内部显示地址

在对液晶模块的初始化中要先设置其显示模式，在液晶模块显示字符时光标是自动右移的，无须人工干预。每次输入指令前都要判断液晶模块是否处于忙的状态。LCD1602 液晶模块内部的字符发生存储器（CGROM）已经存储了 160 个不同的点阵字符图形，如表 3-14 所示。这些字符有阿拉伯数字、英文字母的大小写、常用的符号和日文假名等，每一个字符都有一个固定的代码，如大写的英文字母"A"的代码是 01000001B（41H），显示时模块把地址 41H 中的点阵字符图形显示出来，就能看到字母"A"。

表 3-14　字符码与字符模之间的对应关系

低4位＼高4位	0000	0010	0011	0100	0101	0110	0111	1010	1011	1100	1101	1110	1111
××××0000	CGRAM(1)		0	@	P	`	p		—	タ	ミ	α	p
××××0001	(2)	!	1	A	Q	a	q	。	ア	チ	ム	ä	q
××××0010	(3)	"	2	B	R	b	r	「	イ	ツ	メ	β	θ
××××0011	(4)	#	3	C	S	c	s	」	ウ	テ	モ	ε	∞
××××0100	(5)	$	4	D	T	d	t	、	エ	ト	ヤ	μ	Ω
××××0101	(6)	%	5	E	U	e	u	・	オ	ナ	ユ	σ	ü
××××0110	(7)	&	6	F	V	f	v	ヲ	カ	ニ	ヨ	ρ	Σ
××××0111	(8)	'	7	G	W	g	w	ア	キ	ヌ	ラ	g	π
××××1000	(1)	(	8	H	X	h	x	イ	ク	ネ	リ	√	x̄
××××1001	(2)	)	9	I	Y	i	y	ゥ	ケ	ノ	ル		y
××××1010	(3)	*	:	J	Z	j	z	エ	コ	ハ	レ	j	千
××××1011	(4)	+	;	K	[	k	{	ォ	サ	ヒ	ロ	×	万
××××1100	(5)	,	<	L	¥	l	|	ャ	シ	フ	ワ	¢	円
××××1101	(6)	-	=	M	]	m	}	ュ	ス	ヘ	ン		÷
××××1110	(7)	.	>	N	^	n	→	ョ	セ	ホ	゛	ñ	
××××1111	(8)	/	?	O	_	o	←	ッ	ソ	マ	゜	ö	█

例如，第二行第一个字符的地址是 40H，那么是否直接写入 40H 就可以将光标定位在第二行第一个字符的位置呢？这样不行，因为写入显示地址时要求最高位 D7 恒定为高电平

1，所以实际写入的数据应该是 01000000B（40H）+10000000B(80H)=11000000B(C0H)。具体对应如表 3-15 所示。

表 3-15　DDRAM 地址与所对应的显示位置

列 行	1	2	3	4	5	6	7	8	9	10	11	12	13	14	15	16
第一行	80H	81H	82H	83H	84H	85H	86H	87H	88H	89H	8AH	8BH	8CH	8DH	8EH	8FH
第二行	C0H	C1H	C2H	C3H	C4H	C5H	C6H	C7H	C8H	C9H	CAH	CBH	CCH	CDH	CEH	CFH

5. LCD1602 接口电路及编程

1）MCS-51 与 LCD1602 接口电路

由于 LCD1602 是数字接口，因此很方便与单片机进行接口，下面是 LCD1602 与 MCS-51 单片机的接口，详细如图 3-34 所示。其中 VL 用于调整液晶显示器的对比度，接地时，对比度最高；接正电源时，对比度最低。

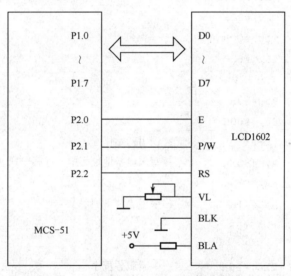

图 3-34　MCS-51 与 LCD1602 接口电路

2）LCD1602 初始化编程

LCD1602 的一般初始化（复位）过程如下。

延时 15ms

写指令 38H（不检测忙信号）

延时 5ms

写指令 38H（不检测忙信号）

延时 5ms

写指令 38H（不检测忙信号）

以后每次写指令、读/写数据操作均需要检测忙信号

写指令 38H：显示模式设置

写指令 08H：显示关闭

写指令 01H：显示清屏

写指令 06H：显示光标移动设置

写指令 0CH：显示开及光标设置

6. LCD1602 编程应用

编程实现将字符"A"显示在 LCD1602 屏幕的左上角。

参考程序清单如下：

```
ORG   0000H
      LJMP  MAIN
      ORG   000BH
      LJMP  INT0
      ORG   0030H
MAIN:MOV    TMOD,#00H
      MOV   TH0,#00H
      MOV   TL0,#00H
      MOV   IE, #82H
      SETB  TR0
      MOV   R5,#50H
      MOV   SP, #60H
      LCALL CSH          ; 调用初始化程序
      MOV   A, #80H      ; 写入显示地址为第一行第一列
      LCALL WAIT
      MOV   A, #41H      ; 字母"A"的代码
      LCALL WAITDR
      SJMP  $
INT0: MOV TH0,#00H       ; 中断服务程序
      MOV  TL0,#00H
      DJNZ R5,N1
      MOV  R5,#50H
 N1: RETI
CSH: MOV A, #38H         ; 初始化设定，显示方式为 16×2、字符型点阵 5×7
      LCALL WAIT
      MOV A, #0EH        ; 显示器开、光标开、光标不闪烁
      LCALL WAIT
      MOV A, #06H        ; 字符不动，光标自动右移一格
      LCALL WAIT
      RET
```

```
    WAIT:LCALL  CBUSY      ；写入指令寄存器子程序
        CLR   P2.0         ；提供 E 端上升脉冲
        CLR   P2.2         ；使 RS=0，选通命令寄存器
        CLR   P2.1         ；使 R/W=0，发出写信号
        SETB  P2.0
        MOV   P1, A
        CLR   P2.0
        RET
    WAITDR:LCALL CBUSY     ；写入数据寄存器子程序
        CLR   P2.0
        CLR   P2.2
        CLR   P2.1
        SETB  P2.0
        MOV   P1, A
        CLR   P2.0
    CBUSY:PUSH  ACC        ；检查忙碌子程序
    CLOOP:CLR   P2.2
        SETB  P2.1
        CLR   P2.0
        SETB  P2.0
        MOV   A, P1
        CLR   P2.0
        JB    ACC.7,CLOOP  ；若最高位=1，表示忙，等待
        POP   ACC
        LCALL DELAY        ；调用延时子程序，后省略
        RET
        END
```

任务 3.3　基于 STC89C52 单片机的双机通信系统

1. 任务要求

甲机（A 板）将数据 1、2、3、…、8 这 8 个数据发送给乙机（B 机），并在乙机（B 板）的 P1 口上显示出来。

2. 相关理论和技能

（1）串行通信是指数据一位一位按顺序传送的通信方式，是两个系统之间进行数据交换的一种形式。有发送端和接收端之分，至于谁承担发送，谁承担接收，由系统的通信方式确定。

（2）P3.0 是单片机 RXD 串行输入端；P3.1 是单片机 RXD 串行输出端。系统是双机通信，故有甲机和乙机之分。甲机发送，乙机接收。图 3-35 是甲机系统发送电路。图 3-36 是乙机系统接收电路。

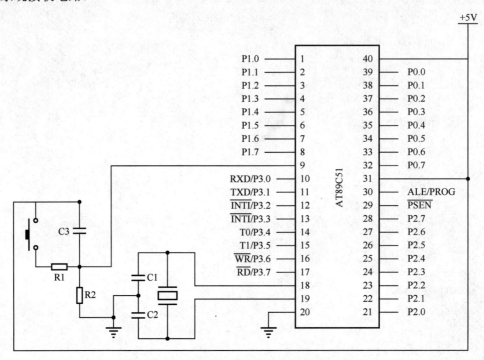

图 3-35　甲机（A 板）系统发送电路

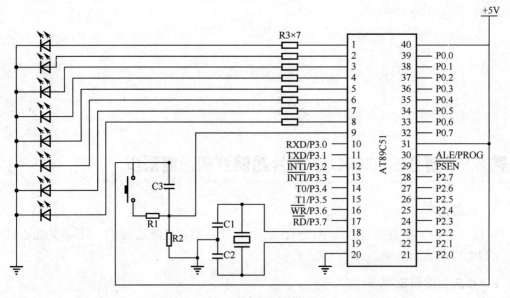

图 3-36　乙机（B 板）系统接收电路

3. 硬件电路系统连接

针对上述电路，将本课程任务的两块实验板进行连接。详细如图 3-37 所示。设定 A 板

和 B 板。使用杜邦线将甲机（A 板）系统电路中的 TXD 端（即 P3.1 端）连接乙机（B 板）系统电路中的 RXD 端（即 P3.0 端）；其次将乙机（B 板）系统电路中的 TXD 端（即 P3.1 端）连接甲机（A 板）系统电路中的 RXD 端（即 P3.0 端）完成系统连接。详情如下：

附注：图中没有加载电源，正常使用过程中，必须加载+5V 电源。

图 3-37　基于 STC89C52 单片机的双机通信系统连接图

4. 软件程序

甲机发送程序参考如下：

```
        ORG  0000H
        LJMP  MAIN
        ORG  0030H
MAIN:  MOV TMOD, #20H
        MOV TL1, #0F4H
        MOV TH1, #0F4H
        SETB TR1
        MOV SCON, #40H
        MOV R4, #08H
        MOV A, #01H
START: MOV SBUF, A
WAIT:  JBC TI,CONT
        AJMP WAIT
CONT:  INC  A
        DJNZ R4,START
        SJMP $
        END
```

乙机接收及显示程序参考如下：

```
        ORG  0000H
        LJMP  MAIN
        ORG  0030H
MAIN:  MOV TMOD, #20H
```

```
          MOV TL1, #0F4H
          MOV TH1, #0F4H
          SETB TR1
          MOV SCON, #40H
          MOV R0, #20H
          MOV R4, #08H
          SETB REN
    WAIT: JBC RI, READ
          SJMP WAIT
    READ: MOV A,SBUF
          MOV @R0,A
          INC  R0
          DJNZ R4,WAIT
          MOV R4, #08H
          MOV R0, #20H
    DISP: MOV  A, @R0
          MOV P1, A
          LCALL  YANSHI
          DJMZ R4, MP3
          SJMP  $
    MP3:  INC   R0
          SJMP DISP
  YANSHI: YANSHI:MOV R5, #10
    MP0: MOV R6, #200
    MP1: MOV R7, #123
    MP2: DJNZ R7,MP2
          DJNZ R6,MP1
          DJNZ R5,MP0
          RET
          END
```

5. 软件汇编及下载

利用单片机的仿真软件分别完成发送和接收程序的汇编，并同时检验程序的正确与否，最后保存产生的十六进制文件。并将发送程序和接收程序分别下载到 A 和 B 板的单片机芯片中。

6. 运行程序

将下载好的 CPU 插入实践电路板集成电路管座上（注意，别装错了，一定记住发送程序的芯片装在发送端的系统内，接收程序应该在接收系统中），再接上电源启动运行，观察接收端 8 个发光二极管的状态。

7. 系统制作与反思

（1）通过项目 3 中的知识点 3.6、知识点 3.7 的相关知识，说明本系统的双机通信采用什么方式？波特率是多少？

_____

_____

_____

_____

_____

_____

_____

（2）通过项目 3 中的知识点 3.7 的相关实例，说明单片机在进行双机通信中应注意哪些事项？

_____

_____

_____

_____

_____

_____

_____

知识点 3.6 串行通信的基本知识

计算机与外界的信息交换称为通信。通信的基本方式可分为两种，即并行通信和串行通信。

1. 并行通信

并行通信是指数据的各位同时进行传送（发送或者接受）的通信方式。其优点是数据的传送速度快；缺点是传输线多，数据有多少位，就需要多少传送线。一般使用于高速短距离的应用场合。

2. 串行通信

串行通信是指数据一位一位按顺序传送的通信方式。其突出特点是只需要几条线就可以在系统之间进行信息交换。传送线路少，成本低，尤其使用于远距离通信。但串行通信的速度相对比较低。串行通信按照数据传送的方向可分为单工、半双工和全双工三种形式。如图 3-38 所示。

（1）单工方式。单工方式是指只允许数据向一个方向传送，即要么只能传送，要么只能接收，如图 3-38（a）所示。

（2）半双工方式。半双工方式是指允许数据在一条传输线上往两个相反的方向传送，但不能同时传送，只能交替进行，如图 3-38（b）所示。

（3）全双工方式。全双工方式是指数据可以同时往两个相反的方向传送，需要两个独立的数据线分别传送两个相反方向的数据，如图 3-38（c）所示。

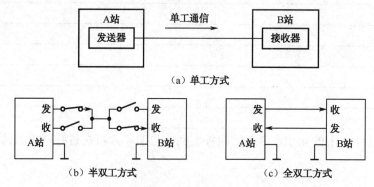

图 3-38　串行通信

按照串行数据的时钟控制方式，串行通信可分为同步通信和异步通信两类。

（1）异步通信（Asynchronous Communication）。在异步通信中，数据通常是以字符为单位组成字符帧传送的。字符帧由发送端一帧一帧地发送，每一帧数据是低位在前、高位在后，通过传输线被接收端一帧一帧地接收。发送端和接收端可以由各自独立的时钟来控制数据的发送和接收，这两个时钟彼此独立，互不同步。

在异步通信中，接收端是依靠字符帧格式来判断发送端是何时开始发送、何时结束发送的。字符帧格式是异步通信的一个重要指标。

① 字符帧（Character Frame）。字符帧也称为数据帧，由起始位、数据位、奇偶校验位和停止位四部分组成，如图 3-39 所示。

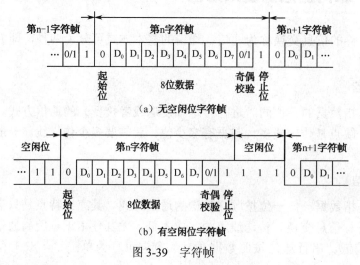

图 3-39　字符帧

● 起始位：位于字符帧开头，只占一位，为逻辑 0 低电平，用于向接收设备表示发送端开始发送一帧信息。

● 数据位：紧跟起始位之后，用户根据情况可取 5 位、6 位、7 位或 8 位，低位在前高位在后。

● 奇偶校验位：位于数据位之后，仅占一位，用来表征串行通信中采用奇校验还是偶校验，由用户决定。

● 停止位：位于字符帧最后，为逻辑 1 高电平。通常可取 1 位、1.5 位或 2 位，用于向接收端表示一帧字符信息已经发送完，也为发送下一帧做准备。

在串行通信中，两相邻字符帧之间可以没有空闲位，也可以有若干空闲位，这由用户来决定。图 3-39（b）表示有 3 个空闲位的字符帧格式。

② 波特率（Baud Rate）。异步通信的另一个重要指标为波特率。

波特率为每秒钟传送二进制数码的位数，也称为比特数，单位为 b/s，即位/秒。波特率用于表征数据传输的速度，波特率越高，数据传输速度越快。但波特率和字符的实际传输速率不同，字符的实际传输速率是每秒内所传字符帧的帧数，和字符帧格式有关。

通常，异步通信的波特率为 50～9600b/s。

异步通信的优点是不需要传送同步时钟，字符帧长度不受限制，故设备简单；缺点是字符帧中因包含起始位和停止位而降低了有效数据的传输速率。

（2）同步通信（Synchronous Communication）。同步通信是一种连续串行传送数据的通信方式，一次通信只传输一帧信息。这里的信息帧和异步通信的字符帧不同，通常有若干个数据字符，如图 3-40 所示。图 3-40（a）为单同步字符帧结构，图 3-40（b）为双同步字符帧结构，但它们均由同步字符、数据字符和校验字符 CRC 三部分组成。在同步通信中，同步字符可以采用统一的标准格式，也可以由用户约定。

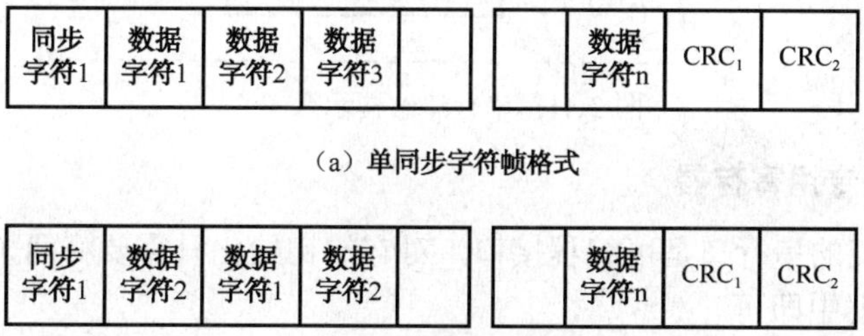

同步字符1	数据字符1	数据字符2	数据字符3			数据字符n	CRC1	CRC2

（a）单同步字符帧格式

同步字符1	数据字符2	数据字符1	数据字符2			数据字符n	CRC1	CRC2

（b）双同步字符帧格式

图 3-40　同步字符帧格式

同步通信的数据传输速率较高，通常可达 56000b/s 或更高，其缺点是要求发送时钟和接收时钟必须保持严格同步。

（3）通信协议。通信协议也称为通信规程，是通信双方为了有效地进行交换信息而建立起来的一些约定，在协议中对数据的编码同步方式，传输速度、传输控制步骤、校验方式、报文方式等问题给予统一的规定。

知识点 3.7　MCS-51 单片机串行口的结构与专用寄存器

MCS-51 内部有一个可编程全双工串行通信接口，它具有 UART 的全部功能，该接口不仅可以同时进行数据的接收和发送，也可作同步移位寄存器使用。发送时数据由 TXD（P3.1）端送出，接收时数据由 RXD（P3.0）端输入。串行口又有两个物理上独立的缓冲器 SBUF，一个作为发送端缓冲器，一个作为接收端缓冲器，二者共用一个 SFR 地址 99H,发送端缓冲器只能写入，不能读出；接收端缓冲器只能读出，不能写入，其帧格式有 8 位、10 位和 11 位，并能设置各种波特率。给实际应用带来很大的灵活性。

1. MCS-51 串行口结构

MCS-51 内部有两个独立的接收、发送缓冲器 SBUF，SBUF 属于特殊功能寄存器。其基本结构如图 3-41 所示。

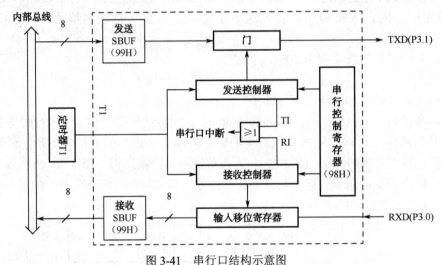

图 3-41　串行口结构示意图

2. 串行口相关专用寄存器

MCS-51 单片机的串行口是可编程接口，对它的初始化只需要将两个控制字分别写入相应的特殊功能寄存器中即可。

1）串行口控制寄存器 SCON

SCON 用来控制串行口的工作方式和状态，可以位寻址，字节地址为 98H。单片机复位时，所有位全为 0。其格式如表 3-16 所示。

表 3-16　SCON 的各位定义

9FH	9EH	9DH	9CH	9BH	9AH	99H	98H
SM0	SM1	SM2	REN	TR8	RB8	TI	RI

对各位的说明如下。

（1）SM0、SM1：串行方式选择位。定义如表 3-17 所示。

表 3-17　串行方式选择位的定义

SM0　SM1	工 作 方 式	功　能	波 特 率
0　　0	方式 0	8 位同步移位寄存器	$f_{osc}/12$
0　　1	方式 1	10 位 UART	可变
1　　0	方式 2	11 位 UART	$f_{osc}/64$ 或 $f_{osc}/32$
1　　1	方式 3	11 位 UART	可变

（2）SM2：多机通信控制位，用于方式 2 和方式 3 中。在方式 2 和方式 3 处于接收时，若 SM2=1，且接收到第 9 位数据 RB8 为 0 时，不激活 RI；若 SM2=1，且 RB8=1 时，则置 RI=1。在方式 2、3 处于接收或发送方式，若 SM2=0，不论接收到第 9 位 RB8 为 0 还是为 1，TI，RI 都以正常方式被激活。在方式 1 处于接收时，若 SM2=1，则只有收到有效的停止位后，RI 置 1。在方式 0 中，SM2 应为 0。

（3）REN：允许串行接收位。由软件置位或清零。REN=1 时，允许接收；REN=0 时，禁止接收。

（4）TB8：发送数据的第 9 位。在方式 2 和方式 3 中，由软件置位或复位，可作奇偶校验位。在多机通信中，可作为区别地址帧或数据帧的标识位，一般约定地址帧时 TB8 为 1，数据帧时 TB8 为 0。

（5）RB8：接收数据的第 9 位。功能同 TB8。

（6）TI：发送中断标志位。在方式 0 中，发送完 8 位数据后，由硬件置位；在其他方式中，在发送停止位之初由硬件置位。因此 TI 是发送完一帧数据的标志，可以用指令 JBC TI，rel 来查询是否发送结束。TI=1 时，也可向 CPU 申请中断，响应中断后都必须由软件清除 TI。

（7）RI：接收中断标志位。在方式 0 中，接收完 8 位数据后，由硬件置位；在其他方式中，在接收停止位的中间由硬件置位。同 TI 一样，也可以通过 JBC RI，rel 来查询是否接收完一帧数据。RI=1 时，也可申请中断，响应中断后都必须由软件清除 RI。

串行口发送中断标志位 TI 和接收中断请求标志位 RI 共用一个中断源，CPU 并不知道是 TI 还是 RI 产生的中断请求，因此在全双工通信时，必须由软件来判别。系统复位后 SCON 各位都清零。

2）电源及波特率选择寄存器 PCON

PCON 主要是为 CHMOS 型单片机的电源控制而设置的专用寄存器，不可以位寻址，字节地址为 87H。在 HMOS 的 8051 单片机中，PCON 除了最高位以外其他位都是虚设的。其格式如表 3-18 所示。

表 3-18　PCON 的各位定义

SMOD	×	×	×	GF1	GF0	PD	IDL

（1）IDL：待机方式控制位。（IDL）=1，进入待机方式。

（2）PD：掉电方式控制位。（PD）=1，进入掉电方式。

（3）GF0、GF1 是通用标志位。

（4）SMOD：是波特率倍增位，与串行通信有关。在方式 1、2 和 3 时，串行通信的波特率与 SMOD 有关。当 SMOD=1 时，通信波特率乘 2，当 SMOD=0 时，波特率不变。

知识点 3.8   串行通信总线标准及其接口转换

在单片机应用系统中，数据通信主要采用异步串行通信。在设计通信接口时，必须根据需要选择标准接口，并考虑传输介质、电平转换等问题。采用标准接口后，能够方便地把单片机和外设、测量仪器等有机地连接起来，从而构成一个测控系统。

异步串行通信接口主要有三类：RS-232 接口；RS-449、RS-422 和 RS-485 接口以及 20mA 电流环。下面介绍前两种接口标准。

1. RS-232C 接口

RS-232C 是使用最早、应用最多的一种异步串行通信总线标准。它是美国电子工业协会（EIA）1962 年公布、1969 年最后修订而成的。其中 RS 表示 Recommended Standard，232 是该标准的标识号，C 表示最后一次修订。

RS-232C 主要用来定义计算机系统的一些数据终端设备（DTE）和数据电路终接设备（DCE）之间的电气性能。例如，CRT、打印机与 CPU 的通信大都采用 RS-232C 接口，MCS-51 单片机与 PC 的通信也是采用该种类型的接口。由于 MCS-51 系列单片机本身有一个全双工的串行接口，因此该系列单片机用 RS-232C 串行接口总线非常方便。

RS-232C 串行接口总线适用于：设备之间的通信距离不大于 15m，传输速率最大为 20kb/s。

（1）RS-232C 信息格式标准。RS-232C 采用串行格式，如图 3-42 所示。该标准规定：信息的开始为起始位,信息的结束为停止位;信息本身可以是 5、6、7、8 位再加一位奇偶位。如果两个信息之间无信息，则写"1"，表示空。

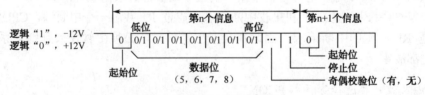

图 3-42   RS-232C 信息格式

（2）RS-232C 电平转换器。RS-232C 规定了自己的电气标准，由于它是在 TTL 电路之前研制的，因此它的电平不是+5V 和地，而是采用负逻辑，即：

逻辑"0"：+5V～+15V;

逻辑"1"：−5V～−15V。

因此，RS-232C 不能和 TTL 电平直接相连，使用时必须进行电平转换，否则将使 TTL 电路烧坏，实际应用时必须注意！常用的电平转换集成电路是传输线驱动器 MC1488 和传输线接收器 MC1489。

MC1488 内部有 3 个与非门和一个反相器，供电电压为±12V，输入为 TTL 电平，输出为 RS-232C 电平，MC1489 内部有 4 个反相器，供电电压为±5V，输入为 RS-232C 电平，输出为 TTL 电平。

另一种常用的电平转换电路是 MAX232，图 3-43 为 MAX232 的引脚图。

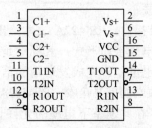

图 3-43　MAX232 引脚图

（3）RS-232C 总线规定。RS-232C 标准总线为 25 根，采用标准的 D 型 25 芯插头座。各引脚的排列如图 3-44 所示。

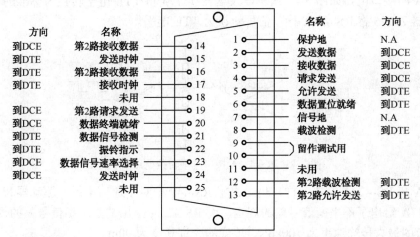

图 3-44　RS-232C 引脚图

在最简单的全双工系统中，仅用发送数据、接收数据和信号地三根线即可，对于 MCS-51 单片机，利用其 RXD（串行数据接收端）线、TXD（串行数据发送端）线和一根地线，就可以构成符合 RS-232C 接口标准的全双工通信口。

2．RS-449、RS-422A、RS-423A 标准接口

RS-232C 虽然应用广泛，但因为推出较早，在现代通信系统中存在以下缺点：数据传输速率慢、传输距离短、未规定标准的连接器、接口处各信号间易产生串扰。鉴于此，EIA 制定了新的标准 RS-449，该标准除了与 RS-232C 兼容外，在提高传输速率、增加传输距离、改善电气性能方面有了很大改进。

（1）RS-449 标准接口。RS-449 是 1977 年公布的标准接口，在很多方面可以代替 RS-232C 使用，两者的主要差别在于信号在导线上的传输方法不同。RS-232C 是利用传输信号与公共地的电压差，RS-449 是利用信号导线之间的信号电压差，可在 1219.2m 的 24-

AWG 双铰线上进行数字通信。RS-449 规定了两种接口标准连接器，一种为 37 引脚，一种为 9 引脚。

RS-449 可以不使用调制解调器，它比 RS-232C 传输速率高，通信距离长，且由于 RS-449 系统用平衡信号差传输高速信号，因此噪声低，又可以多点或者使用公共线通信，故 RS-449 通信电缆可与多个设备并联。

（2）RS-422A、RS-423A 标准接口。RS-422A 文本给出了 RS-449 中对于通信电缆、驱动器和接收器的要求，规定双端电气接口形式，其标准是双端线传送信号。它具体通过传输线驱动器，将逻辑电平变换成电位差，完成发送端的信息传递；通过传输线接收器，把电位差变换成逻辑电平，完成接收端的信息接收。RS-422A 比 RS-232C 传输距离长、速度快，传输速率最大可达 10Mb/s，在此速率下电缆的允许长度为 12m，如果采用低速率传输，最大距离可达 1200m。

RS-422A 和 TTL 进行电平转换最常用的芯片是传输线驱动器 SN75174 和传输线接收器 SN75175，这两种芯片的设计都符合 EIA 标准 RS-422A，采用+5V 电源供电。

RS-422A 的接口电路如图 3-45 所示，发送器 75174 将 TTL 电平转换为标准的 RS-422A 电平；接收器 75175 将 RS-422A 接口信号转换为 TTL 电平。

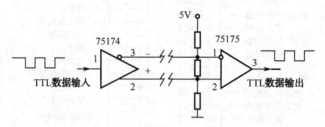

图 3-45　RS-422A 接口电平转换电路

RS-423A 和 RS-422A 文本一样，也给出了 RS-449 中对于通信电缆、驱动器和接收器的要求。RS-423A 给出了不平衡信号差的规定，而 RS-422A 给出的是平衡信号差的规定。RS-422 标准接口的最大传输速率为 100kb/s，电缆的允许长度为 90m。

RS-423A 也需要进行电平转换，常用的驱动器和接收器为 3691 和 26L32。其接口电路如图 3-46 所示。

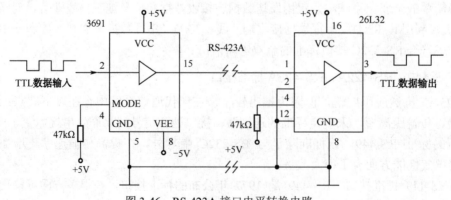

图 3-46　RS-423A 接口电平转换电路

知识点 3.9　MCS-51 单片机串行接口的工作方式

MCS-51 的串行口有 4 种工作方式：方式 0、方式 1、方式 2、方式 3，是通过对 SCON 中的 SM1、SM0 位来决定的，如表 3-18 所示。

1. 方式 0

在方式 0 下，串行口作同步移位寄存器用，其波特率固定为 $f_{OSC}/12$。串行数据从 RXD （P3.0）端输入或输出,同步移位脉冲由 TXD(P3.1)送出。这种方式常用于扩展 I/O 口。

1）发送

当一个数据写入串行口发送缓冲器 SBUF 时，串行口将 8 位数据以 $f_{OSC}/12$ 的波特率从 RXD 引脚输出（低位在前），发送完置中断标志 TI 为 1，请求中断。在再次发送数据之前，必须由软件清 TI 为 0。具体接线图如图 3-47 所示。其中 74LS161 为串入并出移位寄存器。

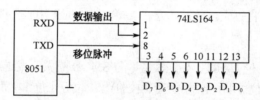

图 3-47　方式 0 用于扩展 I/O 口输出

2）接收

在满足 REN=1 和 RI=0 的条件下，串行口即开始从 RXD 端以 $f_{OSC}/12$ 的波特率输入数据（低位在前），当接收完 8 位数据后，置中断标志 RI 为 1，请求中断。在再次接收数据之前，必须由软件清 RI 为 0。具体接线图如图 3-48 所示。其中 74LS165 为并入串出移位寄存器。

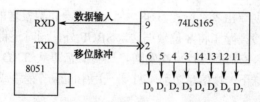

图 3-48　方式 0 用于扩展 I/O 口输入

串行控制寄存器 SCON 中的 TB8 和 RB8 在方式 0 中未用。值得注意的是，每当发送或接收完 8 位数据后，硬件会自动置 TI 或 RI 为 1，CPU 响应 TI 或 RI 中断后，必须由用户用软件清 0。方式 0 时，SM2 必须为 0。

2. 方式 1

方式 1 为波特率可调的 10 位通用异步接口 UART，发送或接收一帧信息，包括 1 位起始位 0，8 位数据位和 1 位停止位 1。其帧格式如图 3-49 所示：

图 3-49　10 位的帧格式

1）发送

发送时，数据从 TXD 输出，当数据写入发送缓冲器 SBUF 后，启动发送器发送。当发送完一帧数据后，置中断标志 TI 为 1。方式 1 所传送的波特率取决于定时器 T1 的溢出率和 PCON 中的 SMOD 位。

2）接收

接收时，由 REN 置 1 允许接收，串行口采样 RXD，当采样 1 到 0 的跳变时，确认是起始位 "0"，就开始接收一帧数据。当 RI=0 且停止位为 1 或 SM2=0 时，停止位进入 RB8 位，同时置中断标志 RI；否则信息将丢失。所以，方式 1 接收时，应先用软件清除 RI 或 SM2 标志。

3. 方式 2

方式 2 是串行口为 11 位 UART，传送波特率与 SMOD 有关。发送或接收一帧数据包括 1 位起始位 0，8 位数据位，1 位可编程位(用于奇偶校验)和 1 位停止位 1。其帧格式如图 3-50 所示。

图 3-50　11 位的帧格式

1）发送

发送时，先根据通信协议由软件设置 TB8，然后用指令将要发送的数据写入 SBUF，则启动发送器。写 SBUF 的指令，除了将 8 位数据送入 SBUF 外，同时还将 TB8 装入发送移位寄存器的第 9 位，并通知发送控制器进行一次发送。一帧信息即从 TXD 发送，在送完一帧信息后，TI 被自动置 1，在发送下一帧信息之前，TI 必须由中断服务程序或查询程序清 0。

2）接收

当 REN=1 时，允许串行口接收数据。数据由 RXD 端输入，接收 11 位的信息。当接收器采样到 RXD 端的负跳变，并判断起始位有效后，开始接收一帧信息。当接收器接收到第 9 位数据后，若同时满足以下两个条件：RI=0；SM2=0 或接收到的第 9 位数据为 1，则接收数据有效，8 位数据送入 SBUF，第 9 位送入 RB8，并置 RI=1。若不满足上述两个条件，则信息丢失。

4. 方式 3

方式 3 为波特率可变的 11 位 UART 通信方式，除了波特率以外，方式 3 和方式 2 完全相同。

5. 波特率问题

在串行通信中，收发双方对传送的数据速率即波特率必须有一定的约定。MCS-51 单片机的串行口通过编程可以有 4 种工作方式。其中方式 0 和方式 2 的波特率是固定的，方式 1 和方式 3 的波特率可变，具体是由定时器 T1 的溢出率决定的。

1）固定的波特率

在方式 0 中，波特率为时钟频率的 1/12，即 $f_{OSC}/12$，固定不变。

在方式 2 中，波特率取决于 PCON 中的 SMOD 值，当 SMOD=0 时，波特率为 $f_{OSC}/64$；当 SMOD=1 时，波特率为 $f_{OSC}/32$，即波特率 $=\dfrac{2^{SMOD}}{64}\cdot f_{OSC}$。

2）可变的波特率

在方式 1 和方式 3 下，波特率由定时器 T1 的溢出率和 SMOD 共同决定，即：

$$\text{方式 1 和方式 3 的波特率}=\frac{2^{SMOD}}{32}\cdot\text{T1 溢出率}$$

其中，T1 的溢出率取决于单片机定时器 T1 的计数速率和定时器的预置值。计数速率与 TMOD 寄存器中的 $C/\overline{T}$ 位有关，当 $C/\overline{T}=0$ 时，计数速率为 $f_{OSC}/12$；当 $C/\overline{T}=1$ 时，计数速率为外部输入时钟频率。

实际上，如果定时器 T1 作波特率发生器使用时，通常是工作在模式 2，即自动重装载的 8 位定时器，此时 TL1 作计数用，自动重装载的值在 TH1 内。设计数的预置值（初始值）为 X，那么每过 $256-X$ 个机器周期，定时器溢出一次。为了避免溢出而产生不必要的中断，此时应禁止 T1 中断。溢出周期为：

$$\frac{12}{f_{OSC}}\cdot(256-X)$$

溢出率为溢出周期的倒数，方式 1 和方式 3 的波特率就为：

$$\text{波特率}=\frac{2^{SMOD}}{32}\cdot\frac{f_{OSC}}{12(256-X)}$$

表 3-19 列出了方式 0、方式 1、方式 2 和方式 3 常用的波特率及定时器 T1 的初装值。

表 3-19　常用波特率及定时器 T1 的初装值

波特率（b/s）	f_{OSC}	SMOD	定时器 T1		
			$C/\overline{T}$	模式	初始值
方式 0：1M	12 MHz	×	×	×	×
方式 2：375K	12 MHz	1	×	×	×
方式 1、3：62.5K	12 MHz	1	0	2	FFH
19.2K	11.059MHz	1	0	2	FDH
9.6K	11.059MHz	0	0	2	FDH

波特率（b/s）	f_{osc}	SMOD	定时器 T1		
			$C/\overline{T}$	模式	初始值
4.8K	11.059MHz	0	0	2	FAH
2.4K	11.059MHz	0	0	2	F4H
1.2K	11.059MHz	0	0	2	E8H
137.5K	11.986MHz	0	0	2	1DH
110	6MHz	0	0	2	72H
110	12MHz	0	0	1	FEEBH

知识点 3.10　MCS-51 单片机之间的通信及应用举例

MCS-51 单片机之间的串行通信主要可分为双机通信和多机通信两种形式。双机通信也称为点对点的异步通信，是利用单片机的串行口，实现单片机与单片机、单片机与通用微机之间点对点的串行通信。多机通信是多台单片机之间或者微机与多台单片机之间的通信模式。通常也是通过串行口并按实际需要将它们组成一定形式的网络，使它们之间相互通信，完成各种功能。目前主要的多机通信网络形式有星形结构、串行总线形结构、环形结构和串行总线形的主从式结构网络等。下面就简单介绍一下双机通信接口及其应用。

3.10.1　双机通信的硬件组成电路

双机通信也称为点对点的异步通信，在实际应用中要根据两台单片机之间的具体要求不同而组成不同的硬件电路形式。

（1）两个 51 单片机系统距离较近，就可以将它们的串行口直接相连，实现双机通信，如图 3-51 所示。

（2）两个 51 单片机系统距离较远，可采用 RS-422 标准进行双机通信，实用的接口电路如图 3-52 所示。

（3）两个 51 单片机系统之间采用无线传输通信，其基本原理是在各个系统的发射和接收端加载无线发射和接收模块即可实现。

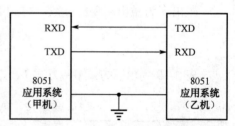

图 3-51　双机异步通信接口电路

3.10.2　串行通信编程的流程

串行通信的编程有两种方式：一种是通过指令查询一帧数据是否发送完的标志位 TI（T1=1，一帧发送完毕；TI=0，没有发送完毕）和通过指令查询一帧数据是否送到的标志位 RI（RI=1，一帧数据已送到；RI=0，没有送到）。这种方式称为查询方式；另一种是设置中断允许，以 TI 和 RI 作为中断请求标志位，TI=1 或者 RI=1 均可以引发中断，这种方式称为中

断方式。在编程中要特别注意的是 TI 和 RI 两个标志位是以硬件自动置 1，而以软件清除。

（1）以查询方式发送/接收程序流程图如图 3-53 所示。

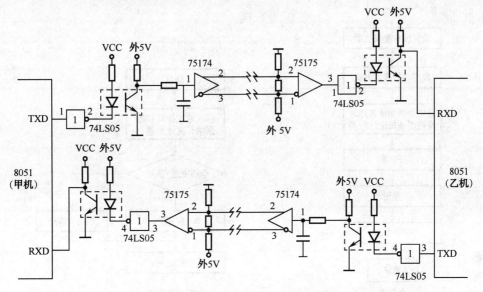

图 3-52 RS-422 双机异步通信接口电路

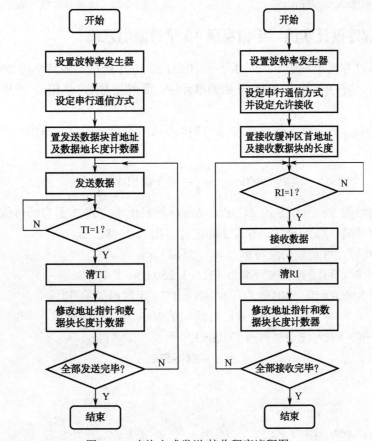

图 3-53 查询方式发送/接收程序流程图

（2）以中断方式发送和接收的程序流程如图 3-54 和图 3-55 所示。

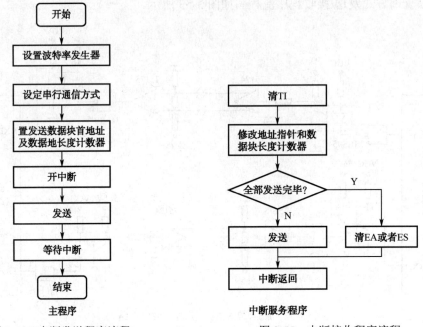

图 3-54　中断发送程序流程　　　　　图 3-55　中断接收程序流程

3.10.3　程序设计实例：甲机发送 10 个数据给乙机

甲机的串口以方式 1 发送 1、2、3、…、0AH 共 10 个数据，波特率为 2400b/s，乙机接收甲机发送数据，并存入片内 30H 开始的单元中。系统主频为 6MHz，采用中断方式编制程序如下。

分析：甲机、乙机波特率都设置为 2400b/s,方式的波特率为 T1 溢出率的 16 或 32 分频，即：

$$2400b/s = \frac{2^{SMOD}}{32} \cdot T1\ 溢出率$$

一般选择定时器 T1 工作方式 2、定时功能。这是由于方式 2 是自动转载时间常数，设计的波特率比较精确。f_{OSC}=6MHz 方式 2 的定时范围为 2～512μs。

当 SMOD=0 时，可设置的波特率为 61～15625 b/s

当 SMOD=1 时，可设置的波特率为 122～31250 b/s

因此，设定 SMOD=0，定时值为：2400b/s=1/T1 定时时间×1/32

$$T1\ 定时时间=1/(2400×32)$$

则：$(2^8-初值)×12/(6×10^6)=1/(2400×32)$

$$初值≈249=F9H$$

甲机发送源程序：

```
        ORG    0000H
        LJMP   MAIN
```

```
        ORG    0023H
        AJMP   LOOP              ; 串口中断服务程序入口
        ORG    0030H
MAIN:   MOV    TMOD, #20H        ; T1 为方式 2 定时
        MOV    TH1, #0F9H        ; 装入初值
        MOV    TL1, #0F9H
        SETB   TR1               ; 启动 T1
        MOV    SCON, #20H        ; 设定为方式 1 发送
        ANL    PCON, #7FH        ; SMOD=0
        MOV    IE, #90H          ; 允许串口中断
        MOV    R5, #0AH          ; 定义数据长度
        MOV    A, #01H           ; 第一个数据装入 A
        MOV    SBUF, #A          ; 发送第一个数据
        INC    A
        SJMP   $                 ; 等待中断
        ORG    0200H
LOOP:   TI                       ; 软件清除中断请求标志位
        DJNZ   R5, NEXT          ; 数据发送结束了吗？
        CLR    TR1               ; 数据发送结束，停止 T1 工作
        CLR    ES                ; 关中断
        RETI
NEXT:   MOV    SBUF, A
        INC    A
        RETI
        END
```

乙机接收源程序：

```
        ORG    0000H
        LJMP   MAIN
        ORG    0023H
        AJMP   LOOP              ; 串口中断服务程序入口
        ORG    0030H
MAIN:   MOV    TMOD, #20H        ; T1 为方式 2 定时
        MOV    TH1, #0F9H        ; 装入初值
        MOV    TL1, #0F9H
        SETB   TR1               ; 启动 T1
        MOV    SCON, #20H
        ANL    PCON, #7FH
```

```
        MOV    R0, #30H            ; 设定接收存储首地址
        MOV    IE, #90H            ; 允许串口中断
        MOV    R5, #0AH
        SETB   REN                 ; 启动接收
        SJMP   $                   ; 等待接收
        ORG    0200H
LOOP:   CLR TI
        MOV    A , SBUF            ; 从串口接收数据
        MOV    @R0, A              ; 转入内部数据器
        INC    R0
        DJNZ   R5, NEXT
        CLR    TR1
        CLR    ES
        RETI
NEXT:   RETI
        END
```

项目小结 3

本项目重点介绍了 MCS-51 单片机的外围电路和通信，主要包括单片机与 LED 显示器及键盘接口电路、A/D 和 D/A 转换、LCD1602、串行通信以及串口的工作方式。学习者通过实例制作进一步掌握单片机应用，以及单片机与外围电路的接口技术。通过完成本项目的 3 个任务，增强了学习者对知识的吸收与转化，巩固了前面的学习成果，为进入实际从事单片机开发工作奠定了坚实的基础，同时积累了经验。

项目考核 3

项目 3 考核包括理论测试和实践操作两部分，所占比例各占 50%。

第一部分　理论测试部分

（总分 100 分，占项目 3 考核的 50%）

一、选择题（每题 2 分，共 50 分）

1. MCS-51 单片机的片内 A/D 转换器是（　　）的转换器件。
   A. 4 通道 8 位　　　　　　　　　　　　B. 8 通道 8 位
   C. 8 通道 10 位　　　　　　　　　　　　D. 8 通道 16 位
2. 共阳极 LED 数码管加反相器驱动时显示字符 "6" 的段码是（　　）。
   A. 06H　　　　　　B. 7DH　　　　　　C. 82H　　　　　　D. FAH

3. ADC 0809 芯片是 m 路模拟输入的 n 位 A/D 转换器，m、n 是（　　　）。

   A. 8、8　　　　　　　B. 8、9　　　　　　C. 8、16　　　　　　D. 1、8

4. 当 DAC 0832 D/A 转换器的 $\overline{CS}$ 接 8031 的 P2.0 时，程序中 0832 的地址指针 DPDR 寄存器应置为（　　　）。

   A. 0832H　　　　　　　　　　　　　　B. FE00H

   C. FEF8H　　　　　　　　　　　　　　D. 以上三种都可以

5. 共阴极 LED 数码管显示字符"2"的段码是（　　　）。

   A. 02H　　　　　　　　B. FEH　　　　　　　C. 5BH　　　　　　D. A4H

6. 8031 的 P2.0 口通过一个 8 个输入端与非门接 8155 的 CE,8155 控制口地址是（　　　）。

   A. 0000H　　　　　　B. FFFFH　　　　　　C. FF00H　　　　　D. FF08H

7. LED 数码管显示若用动态显示，须（　　　）。

   A. 将各位数码管的位选线并联

   B. 将各位数码管的段选线并联

   C. 将位选线用一个 8 位输出口控制

   D. 将段选线用一个 8 位输出口控制

   E. 输出口加驱动电路

8. 一个 8031 单片机应用系统用 LED 数码管显示字符"8"的段码是 80H，可以断定该显示系统用的是（　　　）。

   A. 不加反相驱动的共阴极数码管　　　　B. 加反相驱动的共阴极数码管

   C. 不加反相驱动的共阳极数码管　　　　D. 加反相驱动的共阳极数码管

   E. 阴、阳极均加反相驱动的共阳极数码管

9. DAC 0832 利用（　　　）控制信号可以构成的三种不同的工作方式。

   A. $\overline{WR1}$　　　　　　　　　　　　　　B. $\overline{WR2}$

   C. ILE　　　　　　　　　　　　　　　D. XFER

   E. $\overline{XFER}$

10. 下列是把 DAC0832 连接成双缓冲方式进行正确数据转换的措施，其中错误的（　　　）。

   A. 给两个寄存器各分配一个地址

   B. 把两个地址译码信号分别接 CS 和 XFER 引脚

   C. 在程序中使用一条 MOVX 指令输出数据

   D. 在程序中使用一条 MOVX 指令输入数据

11. 为给扫描工作的键盘提供接口电路，在接口电路中只需要（　　　）。

   A. 一个输入口　　　　　　　　　　　B. 一个输出口和一个输入口

   C. 一个输出口　　　　　　　　　　　D. 一个输出口和两个输入口

12. 三态缓冲器的输出应具有三种状态，其中不包括（　　　）。

   A. 高阻抗状态　　　　　　　　　　　B. 低阻抗状态

   C. 高电平状态　　　　　　　　　　　D. 低电平状态

13. N 位 LED 显示器采用静态显示方式时，需要提供的 I/O 线总数是（　　　）。

    A. 8+N   B. 8×N   C. N

14. MCS-51 单片机的 4 个并行 I/O 中，其驱动能力最强的是（　　　）。

    A. P0 口   B. P1 口   C. P2 口   D. P3 口

15. 在用接口传送信息时，如果用一帧来表示一个字符，且每一帧中有一个起始位、一个结束位和若干个数据位，该传送属于（　　　）。

    A. 串行传送   B. 并行传送

    C. 同步传送   D. 异步传送

16. 通过串行口发送或接收数据时，在程序中应使用（　　　）。

    A. MOVC 指令   B. MOVX 指令   C. MOV 指令   D. XCHD 指令

17. 串行口的控制寄存器 SCON 中，REN 的作用是（　　　）。

    A. 接收中断请求标志位   B. 发送中断请求标志位

    C. 串行口允许接收位   D. 地址/数据位

18. 以下所列的特点中，不属于串行工作方式 2 的是（　　　）。

    A. 11 位帧格式   B. 有第 9 数据位

    C. 使用一种固定的波特率   D. 使用两种固定的波特率

19. 某异步通信接口的波特率为 4800b/s，则该接口每秒钟传送（　　　）。

    A. 4800 位   B. 4800 字节   C. 9600 位   D. 9600 字节

20. 串行通信的传送速率单位是波特，而波特的单位是（　　　）。

    A. 字符/秒   B. 位/秒   C. 帧/秒   D. 帧/分

21. 以下所列的特点中，不属于串行工作方式 2 的是（　　　）。

    A. 11 位帧格式   B. 有第 9 数据位

    C. 使用一种固定的波特率   D. 使用两种固定的波特率

22. 80C51 有一个全双工的串行口，下列功能中该串行口不能完成的是（　　　）。

    A. 网络通信   B. 异步串行通信

    C. 作为同步移位寄存器   D. 位地址寄存器

23. 调制解调器（MODEM）的功能是（　　　）。

    A. 数字信号与模拟信号的转换

    B. 电平信号与频率信号的转换

    C. 串行数据与并行数据的转换

    D. 基带传送方式与频带传送方式的转换

24. 在下列寄存器中，与定时/计数控制无关的是（　　　）。

    A. TCON（定时控制寄存器）   B. TMOD（工作方式控制寄存器）

    C. SCON（串行控制寄存器）   D. IE（中断允许控制寄存器）

25. LCD1602 不能显示（　　　）。

    A. 字符   B. 汉字   C. 点阵图形   D. 数字

二、填空题。（每空 2 分，共 50 分）

1. A/D 转换器的主要技术指标有_____、_____、_____和_____。

2. 数码管要显示字形 "5"，则_____、c、d、f、g 段亮，_____、e 段灭。

3. 在动态显示中，要想每位显示不同的字符，必须采用_____扫描显示方式。

4. 键盘工作方式有三种：分别是_____，_____和中断扫描方式。

5. A / D 转换的基本功能是把_____变成数字量。

6. "半双工" 串口通信需要_____根传输线，"全双工" 串行通信需要_____根传输线。

7. MCS-51 单片机串行通信端子为_____和_____。

8. 在串行通信中，收发双方对波特率的设定应该是_____。

9. 串行口工作方式 1 的波特是_____，可以通过_____来设定。

10. 某单片机的串行口按方式 3 传送数据，已知其每分钟传送 3600 个字符，则其传送的波特率是_____。

11. 已知定时/计数器 1 设置为方式 2，用做波特率发生器，系统的时钟频率为 6MHz，则可产生的最高波特率为_____，最低波特率为_____。

12. 串行口工作方式中，方式_____和方式_____的波特率是固定的；方式_____和方式_____的波特率是可变的。

13. 波特率的基本单位是_____。

第二部分　实践操作部分

（总分 100 分，占项目 3 考核的 50%）

一、根据下面的要求完成任务（分值 40 分，时间 40 分钟）

1. 根据项目 3 中的任务 3.1"交通灯控制系统"请按照任务中方案一的要求，在现有程序的基础上修改成程序，将调试通过的程序记录下来。

_____

_____

_____

_____

_____

_____

2. 程序分析（分值 20 分，时间 20 分钟）

已知 8051 单片机系统晶振频率是 11.059MHz,(PCON)=00H,现在对其串行口编制程序如下：

```
MOV   TMOD, #20H
MOV   TH1,  #0E8H
MOV   TL1,  #0E8H
SETB  TR1
MOV   SCON, #40H
MOV   SBUF,  A
JNB   TI,  $
```

```
CLR    TI
SJMP   $
```

请分析上面程序段后，回答下面问题：

（1）串行口设置的波特率是多少？

（2）串行口采用的是哪种工作方式？

（3）这段程序完成的是发送还是接收？

（4）该程序段发送或者接收的是什么数据？

3. 本项目中的任务 3.3 是通过查询方式来实现两块板子之间的数据通信，请根据知识点 3.10，使用中断方式改写程序，使其完成相同的功能。

_____

_____

_____

_____

_____

_____

项目 4 基于 STC89C52 单片机的复杂控制系统设计

能力目标

☐ 掌握单片机课程设计的步骤的基本能力
☐ 初步具有单片机开发的一般过程的基本能力
☐ 初步具有单片机应用系统防干扰的基本能力

知识目标

☐ 掌握单片机应用系统的基本组成
☐ 了解单片机的开发的一般步骤
☐ 了解单片机的一般抗干扰技术
☐ 掌握单片机隔离驱动技术

　　单片机造价低、功能强、简单易学、使用方便，可用来组成各种不同规模的应用系统。要想使用单片机，就必须进行单片机应用系统的设计，经过开发设计的单片机系统才能实现一定的控制功能。学习单片机的最终目的就是自己设计制作单片机应用系统。因此，单片机的学习重在应用。通过前面的实践和学习，对单片机的设计、制作已经具备一种能力，为了加深印象，巩固成果，现在以课程设计的形式让学习者对单片机学习有一个全面的了解和认识，同时这也是检验单片机应用技术课程的评估和考核的一种方法。

项目背景

　　经过系统学习单片机，对单片机有一定的了解和认识。为了全面地、系统地掌握单片机应用技术，还需要不断的提高，那么如何提高单片机应用技术的能力呢？就是不断地实践，在实践中学习和积累经验，这是一个长期的过程。本项目就是在学习单片机应用技术之后，通过课程设计这种方式来检验学习者掌握单片机技术的一种方法。

任务 4.1　基于 STC89C52 单片机的太阳能热水器水温、水位控制系统设计

1. 任务要求

（1）本系统利用 STC89C52 单片机作为控制器；

（2）本系统能完成太阳能热水器内水温测量和显示；

（3）本系统可以进行太阳能水温温度设定，有辅助加热装置及温度报警电路；

（4）本系统可以完成太阳能热水器内水位检测和显示。

2. 系统总体设计

1）系统方框图

　　基于 STC89C52 单片机的太阳能热水器水温、水位控制系统大体上由水温检测电路、水位检测电路、加热控制电路、数码显示电路等部分组成，如图 4-1 所示。

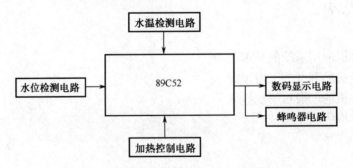

图 4-1　太阳能热水器水温、水位控制系统

2）系统单元电路设计

根据本任务要求，本系统太阳能热水器水温水位控制系统主要考虑三方面的内容：一是温度检测与显示；二是加热装置与过温报警；三是水位检测及显示。

（1）温度检测与显示

对于太阳能热水器水温检测的范围：0～99℃，因此两位数码管即可显示。鉴于上述任务要求，测温采用 DS18B20 数字温度计实现。DS18B20 数字温度计是 DALLAS 公司生产的 1-Wire，即单总线器件，其线路简单，体积小，在一根通信线上，可以挂很多这样的数字温度计，十分方便。因此用它来组成一个测温系统。

图 4-2 DS18B20 的
引脚排列

① DS18B20 产品的特点：只要求一个端口即可实现通信；在 DS18B20 中的每个器件上都有独一无二的序列号；实际应用中不需要任何外部元器件即可实现测温；测量温度范围在−55℃到+125℃之间；数字温度计的分辨率用户可以从 9 位到 12 位选择；内部有温度上、下限告警设置。

② DS18B20 的引脚介绍。TO-92 封装的 DS18B20 的引脚排列如图 4-2 所示，其引脚功能描述如表 4-1 所示。

表 4-1 DS18B20 详细引脚功能描述

序　号	名　称	引脚功能描述
1	GND	地信号
2	DQ	数据输入/输出引脚。开漏单总线接口引脚。当被用在寄生电源下，也可以向器件提供电源
3	VDD	可选择的 VDD 引脚。当工作于寄生电源时，此引脚必须接地

③ DS18B20 的使用方法。由于 DS18B20 采用的是 1-Wire 总线协议方式，即用一根数据线实现数据的双向传输，而对 STC89C2 单片机来说，硬件上并不支持单总线协议，因此，必须采用软件的方法来模拟单总线的协议时序来完成对 DS18B20 芯片的访问。

由于 DS18B20 是在一根 I/O 线上读写数据，因此对读写的数据位有着严格的时序要求。DS18B20 有严格的通信协议来保证各位数据传输的正确性和完整性。该协议定义了几种信号的时序：初始化时序、读时序、写时序。所有时序都是将主机作为主设备，单总线器件作为从设备。而每一次命令和数据的传输都是从主机主动启动写时序开始，如果要求单总线器件回送数据，在进行写命令后，主机需启动读时序完成数据接收。数据和命令的传输都是低位在先。图 4-3 为 DS18B20 的复位时序图。

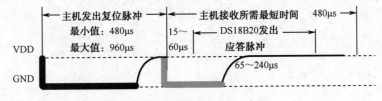

图 4-3 DS18B20 的复位时序图

④ DS18B20 的读时序。对于 DS18B20 的读时序分为读 0 时序和读 1 时序两个过程。

对于 DS18B20 的读时序是从主机把单总线拉低之后，在 15μs 之内就得释放单总线，以让 DS18B20 把数据传输到单总线上。DS18B20 在完成一个读时序过程，至少需要 60μs 才能完成。图 4-4 为 DS18B20 的读时序图

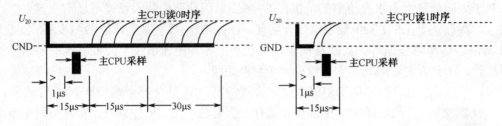

图 4-4　DS18B20 的读时序图

⑤ DS18B20 的写时序。对于 DS18B20 的写时序仍然分为写 0 时序和写 1 时序两个过程。

对于 DS18B20 写 0 时序和写 1 时序的要求不同，当要写 0 时序时，单总线要被拉低至少 60μs，保证 DS18B20 能够在 15μs 到 45μs 之间正确地采样 I/O 总线上的"0"电平，当要写 1 时序时，单总线被拉低之后，在 15μs 之内就得释放单总线。图 4-5 为 DS18B20 的写时序图。

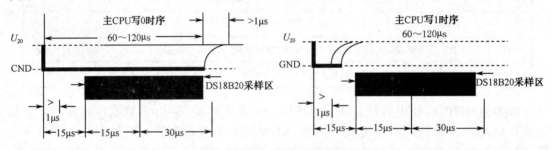

图 4-5　DS18B20 的写时序图

⑥ DS18B20 的编程。设定 DS18B20 接单片机的 P2.7 引脚，参考程序如下：

```
TEMPER_L EQU 29H              ;用于保存读出温度的低 8 位
TEMPER_H EQU 28H              ;用于保存读出温度的高 8 位
FLAG1    EQU 38H              ;是否检测到 DS18B20 标志位
         ORG  0000H
         LJMP  MAIN
MAIN:    LCALL GET_TEMPER     ;调用读温度子程序
         MOV A,29H
         MOV C,40H            ;将 28H 中的最低位移入 C
         RRC A
         MOV C,41H
         RRC A
```

```
                MOV C,42H
                RRC A
                MOV C,43H
                RRC A
                MOV 29H,A
                LCALL DISPLAY          ;调用数码管显示子程序
                JNB FLAG1,MM1
                CLR P1.0
                SJMP MAIN
MM1:            SETB P1.0
                SJMP MAIN
INIT_1820:  SETB P2.7                  ;这是DS18B20复位初始化子程序
                NOP
                CLR P2.7
                MOV R1,#3              ;主机发出延时537微秒的复位低脉冲
TSR1:           MOV R0,#107
                DJNZ R0,$
                DJNZ R1,TSR1
                SETB P2.7              ;然后拉高数据线
                NOP
                NOP
                NOP
                MOV R0,#25H
TSR2:           JNB P2.7,TSR3         ;等待DS18B20回应
                DJNZ R0,TSR2
                LJMP TSR4 ; 延时
TSR3:           SETB FLAG1            ;置标志位,表示DS1820存在
                LJMP TSR5
TSR4:           CLR FLAG1            ;清标志位,表示DS1820不存在
                LJMP TSR7
TSR5:           MOV R0,#117
TSR6:           DJNZ R0,TSR6         ;时序要求延时一段时间
TSR7:           SETB P2.7
                RET
GET_TEMPER: SETB P2.7               ;读出转换后的温度值
                LCALL INIT_1820      ;先复位DS18B20
                JB FLAG1,TSS2
                RET                  ;判断DS1820是否存在? 若DS18B20不存在则返回
TSS2:           MOV A,#0CCH          ;跳过ROM匹配
```

```
            LCALL WRITE_1820
            MOV A,#44H                    ;发出温度转换命令
            LCALL WRITE_1820
            LCALL DISPLAY                 ;这里通过调用显示子程序实现延时一段时间，等待 A/D
转换结束,12 位的话 750 微秒
            LCALL INIT_1820              ;准备读温度前先复位
            MOV A,#0CCH                   ;跳过 ROM 匹配
            LCALL WRITE_1820
            MOV A,#0BEH                   ;发出读温度命令
            LCALL WRITE_1820
            LCALL READ_18200             ;将读出的温度数据保存到 35H/36H
            RET
WRITE_1820: MOV R2,#8                     ;写 DS18B20 的子程序(有具体的时序要求)，一共 8 位数据
            CLR C
WR1:        CLR P2.7
            MOV R3,#5
            DJNZ R3,$
            RRC A
            MOV P2.7,C
            MOV R3,#21
            DJNZ R3,$
            SETB P2.7
            NOP
            DJNZ R2,WR1
            SETB P2.7
            RET
READ_18200: MOV R4,#2                     ;读 DS18B20 的程序，从 DS18B20 中读出两个字节的温度数
据，将温度高位和低位从 DS18B20 中读出
            MOV R1,#29H                   ;低位存入 29H(TEMPER_L)，高位存入 28H(TEMPER_H)
RE00:       MOV R2,#8                     ;数据一共有 8 位
RE01:       CLR C
            SETB P2.7
            NOP
            NOP
            CLR P2.7
            NOP
            NOP
            NOP
            SETB P2.7
```

```
              MOV R3,#8
RE10:         DJNZ R3,RE10
              MOV C,P2.2
              MOV R3,#21
RE20:         DJNZ R3,RE20
              RRC A
              DJNZ R2,RE01
              MOV @R1,A
              DEC R1
              DJNZ R4,RE00
              RET
DISPLAY:  由于显示电路没有确定连接单片机I/O,故此显示程序此处暂时省略。
```

（2）加热与过温报警

太阳能的温度受天气影响比较大，为了提高利用率，本系统采取了电加热装置，保证太阳能水温度控制在一定范围内，同时简化系统，采用继电器控制电加热装置的启动与停止。由于 DS18B20 内部有温度上、下限告警设置，因此系统只需要添加一蜂鸣器即可。详细如图 4-6 所示。为了增加显示效果，继电器输出端 1 和 3 引脚之间使用一发光二极管表示继电器的动作情况，实际使用中可以直接通断加热装置。

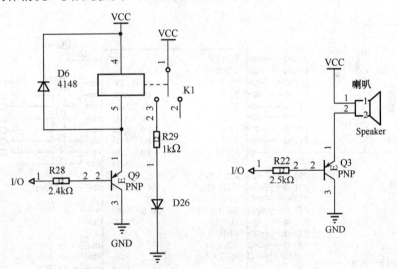

图 4-6　太阳能热水器加热与温度报警电路

（3）水位检测及显示

本系统可以显示太阳能热水器内部实际水量，水位从高到低，共分 5 档，分别是 100、80、60、40、20，数字显示的是内部实际水量的百分比。当水位达到 20 时，蜂鸣器报警并启动给水装置；当水位达到 100 时，鸣器报警并停止给水装置。详见电路如图 4-7 所示。

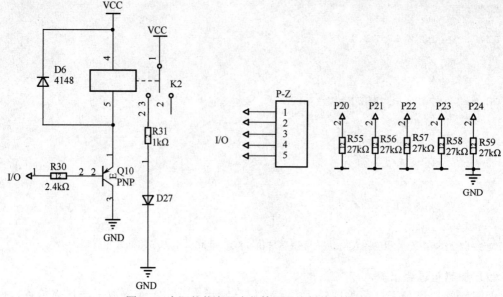

图 4-7　太阳能热水器水位检测及水阀控制电路

3）系统总体原理图设计

基于单片机的太阳能热水器水温水位控制系统，如图 4-8 所示。整个电路文档，可以登录单片机网络课程中心（http://www.mcudpj.com）下载。

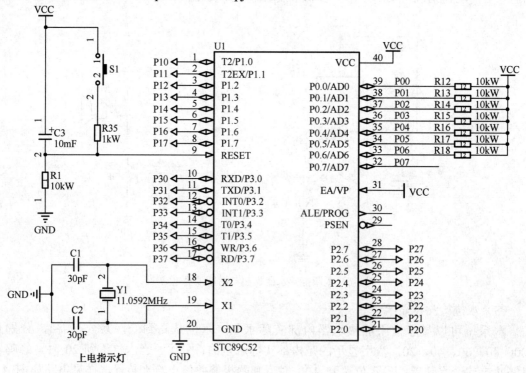

（a）最小系统电路

图 4-8　基于单片机的太阳能热水器水温、水位控制系统

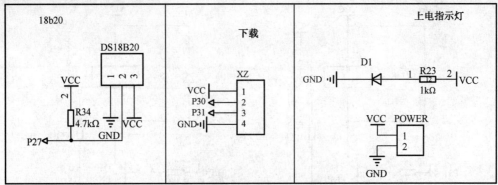

（b）温度检测、下载、上电显示电路

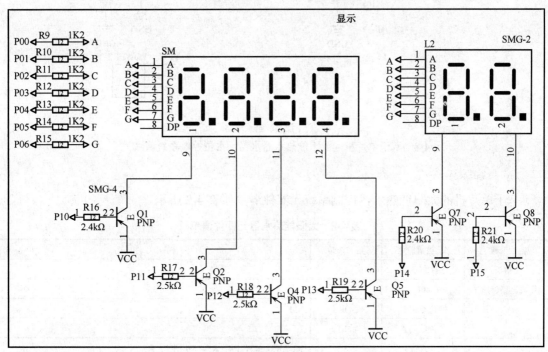

（c）水位、温度显示电路

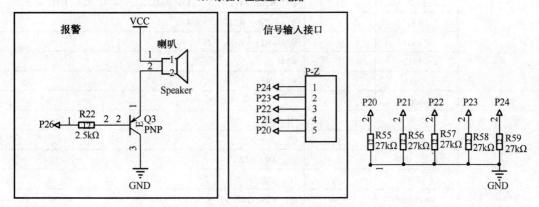

（d）水位检测及报警电路

图 4-8　基于单片机的太阳能热水器水温、水位控制系统（续）

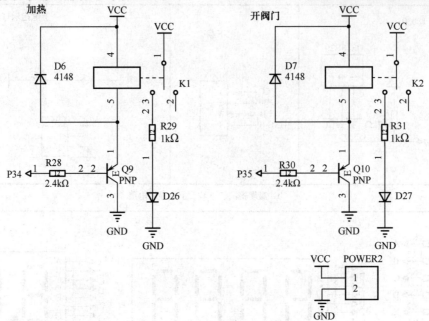

（e）加热、给水电路

图 4-8　基于单片机的太阳能热水器水温、水位控制系统（续）

4）材料清单

基于单片机的太阳能热水器控制系统元器件清单如表 4-2 所示。

表 4-2　太阳能热水器元器件清单

名　　称	规 格 型 号	数　量	备　　注
CPU	STC89C82	1	
集成电路管座	40P	1	
数码管	四位数码管	1	SM
	二位数码管	1	L2
电阻	10kΩ	8	R1，R2，R3，R4，R5，R6，R7，R8
	1 kΩ	11	R9，R10，R11，R12，R13，R14，R15，R23，R29，R31，R35
	2.4 kΩ	5	R16，R20，R21，R28，R30
	2.5 kΩ	4	R17，R18，R19，R22
	4.7 kΩ	1	R34
	27 kΩ	5	R15，R16
小按键	Header 4	1	
电容	33 Pf	2	C1、C2
	10μF	1	C3
二极管	发光二极管	3	D1，D26，D27
	4148	2	D6，D7
三极管	PNP8550	9	Q1，Q2，Q3，Q4，Q5，Q7，Q8，Q9，Q10
晶振	11.0592M	1	Y1
喇叭		1	

5）硬件电路装配与调试

（1）PCB 板。经过电路设计，生成 PCB 如图 4-9 所示。

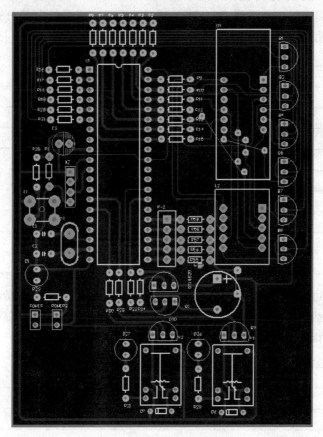

图 4-9　太阳能热水器 PCB 图

图 4-10　太阳能热水器焊接成品图

（2）焊接。对照基于单片机的太阳能热水器水温水位系统的材料清单，检测各元器件，确保在焊接之前，元器件没有损坏，根据原理图的连接关系进行焊接，焊接成品如图 4-10 所示。

（3）调试。本系统硬件测试主要包括最小系统、DS18B20、数码管、继电器电路四部分。其中最小系统、数码管测试在前面任务中曾多次提及，此处不再赘述。本系统测试主要 DS18B20、继电器电路的调试。详细情况请在本任务"系统制作与反思"体现。

6）程序设计

本程序已经调试完毕，由于篇幅限制，请登录单片机网络课程中心（http://www.mcudpj.com）"资源下载"栏目下载程序，如有问题请到课程项目反馈区反馈情况。

3. 系统制作与反思

（1）本任务中温度检测使用 DS18B20，请在单片机网络课程中心（http://www.mcudpj.com）中查阅资料，并下载 DS18B20 测试程序，完成系统中 DS18B20 电路测试。并结合测试情况，说明 DS18B20 使用的注意事项？

_____

_____

_____

_____

_____

_____

_____

_____

_____

_____

（2）通过项目知识点的相关知识，请在单片机网络课程中心（http://www.mcudpj.com）中查阅资料，并下载继电器测试程序，完成继电器电路测试。结合测试情况，说明单片机 I/O 在控制外围大功率设备时应怎么处理。

_____

_____

_____

_____

_____

_____

_____

_____

_____

知识点 4.1   课程设计的目标与基本步骤

课程设计是根据课程教学的要求，结合工作和生活实际情况而进行的综合性训练，它是在学生完成了本门课程之后，结合所学专业内容进行的一项实践性教学活动，学生进行课程设计是实现学生培养目标的重要教学环节，它既能检验学生所学的基本知识，又能增强学生分析问题、解决问题的实际能力。

1．课程设计的目标和意义

课程设计旨在通过对实际部门的相关业务岗位工作内容、流程的了解，增强学生的感性认识，巩固学生所学知识，加强和提高学生运用所学知识与技能分析问题和解决问题的能力，并为毕业设计（论文）及今后从事专业工作打下基础。

2．通过课程设计培养学生的能力

（1）综合运用所学知识、技能，独立处理专业技术工作的能力。

（2）与工作人员沟通，了解问题、解决问题的实际能力。

（3）调查研究、搜集、分析、处理信息和文献资料的能力。

（4）系统总结、文字表达的能力。

（5）团队协作精神、严肃认真的治学态度和严谨求实的工作作风。

3．课程设计的基本步骤

（1）下发任务书，明确设计课题。

布置课程设计题目，提出设计的任务、要求、注意事项、实际步骤和方法。

（2）讲述课程设计的要求以及一般课程设计的方法。

讲解必要的应用系统原理与设计方法，元器件以及参数的选取知识，让学生掌握单片机应用系统设计的基本方法。

（3）查找资料、选取设计方案、制定控制流程。

① 提供参考资料的查找方法和途径，如相关参考文献和技术网站等。

② 学生通过资料查询，选择确定控制方案。

③ 确定硬件系统并制定控制流程。

（4）设计硬件电路原理图以及印刷板电路图。

① 使用自己熟悉的计算机软件设计出硬件电路的原理图以及印刷板电路图。

② 按照工艺要求完成印刷电路板的腐蚀、钻孔等工作。

（5）购置元器件、检测元器件并进行硬件安装。

① 选择、购买、检测元器件。

② 对设计电路中买不到的元器件，应根据设计要求选择替换，并修改电路图。

③ 按照工艺要求将元件安装、焊接、连线。经检查无误后，对电路进行测量和调试，对出现的问题进行分析并排除故障。

（6）编制系统应用程序并进行仿真。

根据系统控制流程，转换流程图为程序，并且使用单片机开发软件工具进行仿真实验，直至程序符合控制要求。

（7）软件、硬件调试。

① 使用开发工具对单片机的硬件、软件系统进行统一的调试和修改。

② 调试完成后利用编程器将程序固化。

（8）撰写课程设计报告。

课程设计报告撰写的内容：设计任务和要求；应用系统工作原理图；硬件电路的设计；硬件电路原理图；印刷板电路图；系统程序流程图；程序清单；调试过程及分析；设

计体会；元件清单；集成电路芯片资料等。

4. 课程设计参考题目

详细请登录单片机网络课程中心"设计制作"栏目下"毕业设计"。

知识点 4.2　MCS-51 单片机隔离与驱动接口电路技术

在 MCS-51 单片机应用系统中，有时需要用单片机控制各种各样的高电压、大电流负载设备，这些大功率的负载，如电动机、电磁铁、继电器、灯泡等，显然不能用单片机的 I/O 口线来直接驱动，而必须经过接口转换才能应用与外部设备的驱动和控制。此外由于多数外部设备功率比较大，在开关过程中会产生强大的电磁干扰信号，如果不加以隔离，干扰信号极易通过输入线路窜入控制系统中，造成系统失控或者损坏元器件。因此开关量的输出接口中也要研究和应用接口隔离技术。

4.2.1　了解开关量输出通道的结构

开关量输出是通过控制设备处于"开"或"关"状态的时间来达到运行控制目的的。开关量输出通道主要由输出锁存器、输出驱动器、输出口地址译码器等组成，如图 4-11 所示。

当对生产过程进行控制时，一般控制状态需进行保持，直到下次给出新的值为止。因此通常采用 74LS273 等锁存器对开关量输出信号进行锁存（74LS273 有 8 个通道，可输出锁存 8 个开关状态）。

由于驱动被控制的执行装置不但需要一定的电压，而且需要一定的电流，而主机的 I/O 口或图 4-11 中的锁存器驱动能力很有限，因此，开关量输出通道末端必须配接能提供足够驱动功率的输出驱动电路。

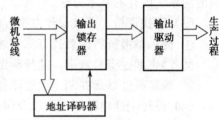

图 4-11　开关量输出通道结构

4.2.2　常用的功率接口驱动电路

在单片机的功率接口中，应用较多的是半导体开关器件和线性功率器件。半导体开关器件一般是晶闸管；而线性功率器件通常是功率晶体管、功率场效应管和功率模块。另外，固态继电器作为一种新型的电子器件，已被广泛地作为单片机和大功率负载之间连接的功率器件。下面就介绍几种常用的功率接口驱动电路。

1. 晶闸管输出型光电耦合器驱动电路

晶闸管有单向晶闸管（也称为单向可控硅）和双向晶闸管（也称为双向可控硅）两种类型。

晶闸管只工作在导通或截止两种状态下，使晶闸管导通只需要极小的驱动电流，一般输出负载电流与输入驱动电流之比大于 1000，是较为理想的大功率开关器件，通常用来控制交流大电压开关负载。由于交流电属强电，为了防止交流电干扰，晶闸管驱动电路不宜直接与数字逻辑电路相连，通常采用光电耦合器进行隔离。晶闸管输出型光电耦合器就是这种电路结构。通常用于交流负载的功率驱动电路。

晶闸管输出型光电耦合器的输出端是光敏晶闸管或者是光敏双向晶闸管。当光电耦合器的输入端有一定的电流输入时，晶闸管即导通。有时光电耦合电器的输入端还配有过零检测电路，用于控制晶闸管过零触发，减少用电器在接通电源时对电网的影响。

4N40 是常用的单向晶闸管输出型光电耦合器。当输入端有 15～30mA 电流时，输出端的晶闸管就导通。输出端的额定电压为 400V，额定电流有效值为 300mA。输入输出端隔离电压为 1500～7500V。4N40 的 6 引脚是输出晶闸管的控制端，不使用此端时，此端可以对阴极接一个电阻。

MOC3041 是常用的双向晶闸管输出的光电耦合器，带过零触发电路，输入端的控制电流 15mA，输出端额定电压为 400V，最大重复浪涌电流为 1A，输入输出端隔离电压为 7500V。MOC3041 的第 5 引脚是器件的衬底引出端，使用时不需要接线。图 4-12 是 4N40 和 MOC3041 的接口隔离驱动电路。

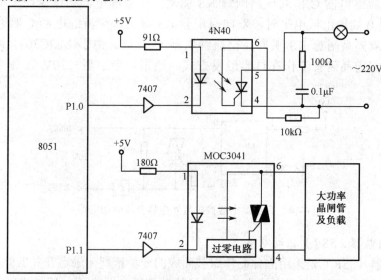

图 4-12　晶闸管输出型光电隔离驱动电路接口

2. 继电器输出型光电耦合器驱动电路

开关量输出电路常常控制着动力设备的启停。如果设备的启停负荷不太大，而且启停操作的响应速度也要求不高，则适合于采用继电器隔离的开关量输出电路。由于继电器线圈需要一定的电流才能动作，因此必须在单片机的输出 I/O 口（或外接输出锁存器 74LS273）与继电器线圈之间接 7406 或 75452P 等驱动器。继电器线圈是电感性负载。当电路开断时，会出现电感性浪涌电压。所以，在继电器两端要并联一个泄流二极管以保护驱动器不被浪涌电压所损坏。由于目前通常使用三种继电器，即直流继电器、交流继电器和固态继电器（SSR）下面是这三种继电器输出型光电耦合器驱动电路。

1）直流继电器输出型光电耦合器驱动电路

如图 4-13 所示，直流继电器动作受控于单片机的 P1.0 端控制，当 P1.0 端输出低电平时，继电器 J 吸合；P1.0 端输出高电平时，继电器 J 释放。由于继电器由晶体管 9013 驱动，适用于工作电流小于 300mA 的场合。Vc 的电压范围是 6～30V，光电耦合器使用 TIL117。

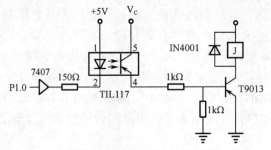

图 4-13　直流继电器输出型光电耦合器驱动电路

2）交流继电器输出型光电耦合器驱动电路

交流电磁式继电器由于线圈工作电压是交流，因此通常采用双向晶闸管驱动。如图 4-14 所示，交流继电器 C 由双向晶闸管 KS 驱动。交流继电器动作受控于单片机的 P1.0 端控制，当 P1.0 端输出低电平时，双向晶闸管 KS 导通，交流继电器 C 吸合；P1.0 端输出高电平时，双向晶闸管 KS 关断，交流继电器 C 释放。由于 MOC3041 内部带过零控制电路，因此双向晶闸管工作在过零触发方式。适用与中小型 220V 工作电压的交流继电器。

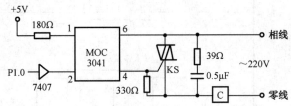

图 4-14　直流继电器输出型光电耦合器驱动电路

3）固态继电器（SSR）驱动电路

固态继电器（SSR）是采用固体元件组装而成的一种新型无触点开关器件，它有两个输入端用以引入控制电流，有两个输出端用以接通或切断负载电流。器件内部有一个光电耦合器将输入与输出隔离。输入端（1、2 引脚）与光电耦合器的发光二极管相连，因此需要的控制电流很小，用 TTL、HTL、CMOS 等集成电路或晶体管就可直接驱动。输出端用功率晶体管做开关元件的固态继电器称为直流固态继电器（DC-SSR）。如图 4-15（a）所示，主要用于直流大功率控制场合。输出端用双向可控硅做开关元件的固态继电器称为交流固态继电器（AC-SSR）。如图 4-15（b）所示，主要用于交流大功率驱动场合。

如图 4-16 所示，因为 SSR 的输入电压为 4～32V，DC-SSR 的输入电流小于 15mA，AC-SSR 的输入电流小于 500mA。因此，要选用适当的电压 V_{CC} 和限流电阻 R。DC-SSR 可用 OC 门或晶体管直接驱动，AC-SSR 可加接一晶体管驱动。DC-SSR 的输出断态电流一般小于 5mA，输出工作电压 30～180V。图 4-16（a）为感性负载，对一般电阻性负载可直接加负载设备。AC-SSR 可用于 220V、380V 等常用市电场合，输出断态电流一般小于 10mA，一般应让 AC-SSR 的开关电流至少为断态电流的 10 倍，负载电流若低于该值，则应并联电阻 R_P，以提高开关电流，如图 4-16（b）所示。

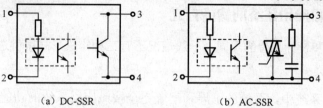

（a）DC-SSR　　　　　　　　（b）AC-SSR

图 4-15　直流 SSR 与交流 SSR 基本的 SSR 驱动电路

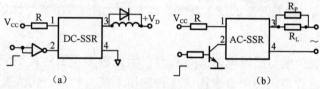

（a）　　　　　　　　　　　（b）

图 4-16　基本的 SSR 驱动电路

知识点 4.3　单片机应用系统的组成

4.3.1　典型应用系统

按照单片机应用系统扩展和配置的情况，单片机应用系统可以分最小系统、最小功耗系统、典型系统等。最小系统是能维持单片机运行的最简单的配置。例如，由单片机（芯片内含 ROM）、晶振电路、复位电路和电源构成的单片机系统就是最小系统。最小功耗系统是指系统在保证正常运行下，系统的功率消耗最小。设计最小功耗系统时，必须使系统内的所有器件和外部设备都有最小的功耗。典型应用系统是指单片机要完成测控功能所必须具备的硬件结构系统。如图 4-17 所示。一般一个单片机的典型应用系统通常由单片机、片外 ROM 与 RAM、扩展 I/O 端口以及对系统工作过程进行人工干预和输出结果的人机对话通道等。单片机常用的输入、输出设备有键盘、LED 和 LCD 显示器、打印机等。用于对检测信号进行采集的输入通道，通常由传感器、信号处理电路和相应的接口电路组成；输出通道用于对操作对象发出各种控制信号，它通常还包括输出信号电参量的变换、通道隔离和驱动电路等；通信接口用来与其他计算机系统或者智能设备实现信息交换。

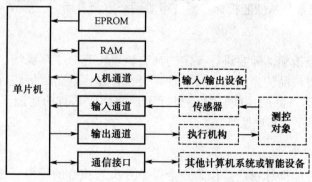

图 4-17　单片机典型应用系统的组成

4.3.2 单片机应用系统的构成方式

根据使用场合和设计思想的不同，一般情况下有三种构成形式可供选择。

1. 专用系统

在该种类型的系统中，系统的扩展和配置完全按照应用系统的功能设计。系统中只给出应用软件。因此该种类型的系统具有最佳配置，系统软、硬件资源能获得充分利用。这是最常用的构成方式，但是开发的技术难度系数大，要求硬件的水平比较高。

2. 模块化系统

由于单片机系统扩展与配置电路具有典型，因此很多厂家将典型配置做成模块，用户只要根据实际需要进行模块的组合来构成各种应用系统。特点：大大减少用户在硬件上的开发投入，使其专注于软件程序。但开发成本较高，不利用深刻理解和理会单片机的硬件电路部分。

3. 单机与多机应用系统

单机应用就是在一个应用系统中只有一个 CPU 工作。多机应用是在单机应用的基础上，利用单片机的串行通信接口，通过标准总线和其他单片机或者通用计算机相连，实现联机应用。在多机应用中，通常计算机作主机承担人机对话、计算、记录、打印、图像显示等任务；而单片机作为下位机位应用系统完成某种特定功能。

知识点 4.4 单片机应用系统开发的一般过程

在单片机应用系统开发时，虽然实际问题的领域很宽，但要求也会不相同，组成方案也会千差万别，很难有一个固定的模式来解决一切问题。但考虑问题的基本出发点是大体相同的。它们基本包括总体论证、系统设计、系统调试及产品化等几个步骤。

1. 总体论证

任何一个产品或者应用系统在动手设计之前，一般都要对该项目的总体方案进行一定的选择和论证，其通常是从性能指标和系统组成两个方面着手。

1）性能指标

确定产品是性能指标，需要进行一定的社会调研，充分了解现场，明确要求以及任务的关键技术参数，对产品的先进性、可靠性、可维护性、性价比等进行综合考虑，同时还可以参考国内外同类产品的性能，提出自行设计产品应具有的功能、合理科学的技术指标、工作环境、外形尺寸和质量等。

2）系统组成

在确定产品的性能指标以后，作为一个以单片机为核心的应用系统或者产品，在系统的组成上应首先考虑单片机芯片的选择。目前国内外市场的单片机的种类很多，性能、价格差别也很大，在选择芯片时应从下面几个方面考虑。

（1）该芯片的开发工具性能良好，易于开发。

（2）该芯片最适合系统的技术指标。

（3）该芯片市面货源充足，具有一定的先进性。

2. 系统设计

系统设计包括对硬件设计和软件设计两部分，即对硬件和软件功能划分。软件和硬件之间有密切的相互制约的联系，在应用系统或者单片机产品中，有的地方要从硬件设计角度对软件提出特定要求，而在另外一些地方则可能要从软件考虑出发向硬件结构提出要求或者某些限制。硬件和软件在一定程度上具有互换性，多用硬件设计周期短，工作速度快。但成本增加；多用软件则成本可降低，但增加了软件的复杂性和设计的工作量。具体情况应根据项目的产量综合考虑。

1）应用系统硬件电路设计

一个单片机应用系统的硬件电路设计包含两部分内容：一是系统扩展，即单片机内部的功能单元，如 ROM、RAM、I/O、定时器/计数器、中断系统等不能满足应用系统的要求时，必须在片外进行扩展，选择适当的芯片，设计相应的电路；二是系统的配置，即按照系统功能要求配置外围设备，如键盘、显示器、打印机、A/D、D/A 转换器等，要设计合适的接口电路。系统的扩展和配置应遵循以下原则。

（1）尽可能选择典型电路，并符合单片机常规用法。为硬件系统的标准化、模块化打下良好的基础。

（2）系统扩展与外围设备的配置水平应充分满足应用系统的功能要求，并留有适当余地，以便进行二次开发。

（3）硬件结构应结合应用软件方案一并考虑。硬件结构与软件方案会产生相互影响，考虑的原则是：软件能实现的功能尽可能由软件实现，以简化硬件结构。但必须注意，由软件实现的硬件功能，一般响应时间比硬件时间长，且占用 CPU 时间。

（4）系统中的相关器件要尽可能做到性能匹配。如选用 CMOS 芯片单片机构成低功耗系统时，系统中所有芯片都应尽可能选择低功耗产品。

（5）可靠性及抗干扰设计是硬件设计必不可少的一部分，它包括芯片、器件选择、去耦滤波、印刷电路板布线、通道隔离等。

（6）单片机外围电路较多时，必须考虑其驱动能力。驱动能力不足时，系统工作不可靠，可通过增设线驱动器增强驱动能力或减少芯片功耗来降低总线负载。

（7）尽量朝"单片"方向设计硬件系统。系统器件越多，器件之间相互干扰也越强，功耗也增大，也不可避免地降低了系统的稳定性。

2）应用系统软件程序设计

单片机软件程序设计是应用系统设计中工作量最大最重要也是最困难的任务，它可以分为两部分：一部分是用于管理单片机系统工作的监控管理程序；另一部分是执行完成实际具体任务的功能程序。

功能程序通常包括数据采集和数据处理程序、控制算法实现程序、人机联系和数据管理程序。

监控程序是控制单片机系统按预定操作方式运行的程序，它的任务如下。

（1）对系统进行自检和初始化操作；

（2）完成处理键盘任务；

（3）对于通信接口，完成处理接口控制命令。

单片机软件程序设计应注意的以下几点：

① 根据软件功能设计要求，采用模块化设计思想；

② 建立结构化程序设计风格，各功能程序实行模块化，子程序化；

③ 建立正确的数字模型；

④ 绘制软件程序流程图，提高软件设计的总体效率；

⑤ 合理分配资源，包括 ROM、RAM、定时/计数器、中断以及 I/O 资源等；

⑥ 程序关键位置写上注释，提高程序的可读性；

⑦ 加强软件的抗干扰设计。

3. 系统调试

当应用系统样机的组装和软件设计完成以后，就进入应用系统的调试阶段。应用系统的调试步骤和方法是相同的，但具体细节与采用的开发系统（仿真器）以及选用的单片机型号有关。调试的过程是软件、硬件的差错过程，分为硬件和软件调试两个方面。

1）硬件调试

单片机应用系统的软、硬件调试是分不开的，通常先排除明显的硬件故障后再和软件组合起来进行调试。常见的硬件故障有逻辑错误、元器件失效、可靠性差和电源故障等。在进行硬件调试时先进行静态调试，用万用表等工具在系统加电前根据原理图和装配图仔细检查线路，核对元器件的型号、规格和安装是否正确。然后加电检查各点电位是否正常。其次再借助仿真器进行联机调试，分别测试外部扩展设备以及晶振和复位电路是否正确。

2）软件调试

软件调试是检查系统软件中的错误。常见的软件错误有程序失控、中断错误（不响应）、输入/输出错误和处理结果错误等类型。在调试中，通常把各个程序模块分别进行调试，调试通过后再组合到一起进行综合调试，最终达到预定的功能技术指标。软件调试通常是在仿真器上进行，在仿真器仿真通过的程序，必须在硬件系统上完成调试，当在硬件系统上达到技术指标后，才算完成软件的最终调试。

4. 产品化

当软件完成调试，最终将程序固化到单片机应用系统的 ROM 中，并脱机单独运行。此时单片机应用系统设计也基本结束。之后进行的产品的包装、上市、售后等其他一些产品化的工作。

知识点 4.5　单片机应用系统的抗干扰技术

影响单片机系统可靠安全运行的主要因素主要来自系统内部和外部的各种电气干扰，并受系统结构设计、元器件选择、安装、制造工艺影响。这些都构成单片机系统的干扰因

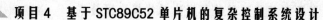

素，常会导致单片机系统运行失常，轻则影响产品质量和产量，重则会导致事故，造成重大经济损失。形成干扰的基本要素有以下三个。

（1）干扰源。指产生干扰的元件、设备或信号，用数学语言描述如下：du/dt，di/dt 大的地方就是干扰源，如雷电、继电器、可控硅、电机、高频时钟等都可能成为干扰源。

（2）传播路径。指干扰从干扰源传播到敏感器件的通路或媒介。典型的干扰传播路径是通过导线的传导和空间的辐射。

（3）敏感器件。指容易被干扰的对象，如 A/D、D/A 变换器、单片机、数字 IC、弱信号放大器等。

1. 干扰的基本知识

1）干扰的分类

干扰的分类有好多种，通常可以按照噪声产生的原因、传导方式、波形特性等进行不同的分类。

按产生的原因分：可分为放电噪声音、高频振荡噪声、浪涌噪声。

按传导方式分：可分为共模噪声和串模噪声。

按波形分：可分为持续正弦波、脉冲电压、脉冲序列等。

2）干扰的耦合方式

干扰源产生的干扰信号是通过一定的耦合通道才对测控系统产生作用的。因此，有必要看看干扰源和被干扰对象之间的传递方式。干扰的耦合方式，无非是通过导线、空间、公共线等，细分下来，主要有以下几种。

（1）直接耦合。这是最直接的方式，也是系统中存在最普遍的一种方式。例如，干扰信号通过电源线侵入系统。对于这种形式，最有效的方法就是加入去耦电路。

（2）公共阻抗耦合。这也是常见的耦合方式，这种形式常常发生在两个电路电流有共同通路的情况。为了防止这种耦合，通常在电路设计上就要考虑。使干扰源和被干扰对象间没有公共阻抗。

（3）电容耦合。又称电场耦合或静电耦合。是由于分布电容的存在而产生的耦合。

（4）电磁感应耦合。又称磁场耦合。是由于分布电磁感应而产生的耦合。

（5）漏电耦合。这种耦合是纯电阻性的，在绝缘不好时就会发生。

2. 系统硬件抗干扰技术

针对形成干扰的三要素，采取的抗干扰主要有以下手段。

1）抑制干扰源

抑制干扰源就是尽可能地减小干扰源的 du/dt 和 di/dt。这是抗干扰设计中最优先考虑和最重要的原则，常常会起到事半功倍的效果。减小干扰源的 du/dt 主要是通过在干扰源两端并联电容来实现。减小干扰源的 di/dt 则是在干扰源回路串联电感或电阻以及增加续流二极管来实现。抑制干扰源的常用措施如下。

（1）继电器线圈增加续流二极管，消除断开线圈时产生的反电动势干扰。仅加续流二极管会使继电器的断开时间滞后，增加稳压二极管后继电器在单位时间内可动作更多的次数。

（2）在继电器接点两端并接火花抑制电路（一般是 RC 串联电路，电阻一般选几千欧到几十千欧，电容选 0.01μF），减小电火花影响。

（3）给电机加滤波电路，注意电容、电感引线要尽量短。

（4）电路板上每个 IC 要并接一个 0.01～0.1μF 高频电容，以减小 IC 对电源的影响。注意高频电容的布线，连线应靠近电源端并尽量粗短，否则，等于增大了电容的等效串联电阻，会影响滤波效果。

（5）布线时避免 90°折线，减少高频噪声发射。

（6）可控硅两端并接 RC 抑制电路，减小可控硅产生的噪声（这个噪声严重时可能会把可控硅击穿的）。

2）切断干扰传播路径

按干扰的传播路径可分为传导干扰和辐射干扰两类。

所谓传导干扰，是指通过导线传播到敏感器件的干扰。高频干扰噪声和有用信号的频带不同，可以通过在导线上增加滤波器的方法切断高频干扰噪声的传播，有时也可加隔离光耦来解决。电源噪声的危害最大，要特别注意处理。

所谓辐射干扰，是指通过空间辐射传播到敏感器件的干扰。一般的解决方法是增加干扰源与敏感器件的距离，用地线把它们隔离和在敏感器件上加屏蔽罩。

切断干扰传播路径的常用措施如下。

（1）充分考虑电源对单片机的影响。电源做得好，整个电路的抗干扰就解决了一大半。许多单片机对电源噪声很敏感，要给单片机电源加滤波电路或稳压器，以减小电源噪声对单片机的干扰。例如，可以利用磁珠和电容组成 π 形滤波电路，当然条件要求不高时也可用 100Ω 电阻代替磁珠。

（2）如果单片机的 I/O 口用来控制电机等噪声器件，在 I/O 口与噪声源之间应加隔离（增加 π 形滤波电路）。

（3）注意晶振布线。晶振与单片机引脚尽量靠近，用地线把时钟区隔离起来，晶振外壳接地并固定。

（4）电路板合理分区，如强、弱信号，数字、模拟信号。尽可能把干扰源（如电机、继电器）与敏感元件（如单片机）远离。

（5）用地线把数字区与模拟区隔离。数字地与模拟地要分离，最后在一点接于电源地。A/D、D/A 芯片布线也以此为原则。

（6）单片机和大功率器件的地线要单独接地，以减小相互干扰。大功率器件尽可能放在电路板边缘。

（7）在单片机 I/O 口、电源线、电路板连接线等关键地方使用抗干扰元件如磁珠、磁环、电源滤波器、屏蔽罩，可显著提高电路的抗干扰性能。

3）提高敏感器件的抗干扰性能

提高敏感器件的抗干扰性能是指从敏感器件这边考虑尽量减少对干扰噪声的拾取，以及从不正常状态尽快恢复的方法。

提高敏感器件抗干扰性能的常用措施如下。

（1）布线时尽量减少回路环的面积，以降低感应噪声。

（2）布线时，电源线和地线要尽量粗。除减小压降外，更重要的是降低耦合噪声。

（3）对于单片机闲置的 I/O 口，不要悬空，要接地或接电源。其他 IC 的闲置端在不改变系统逻辑的情况下接地或接电源。

（4）对单片机使用电源监控及看门狗电路，如 MP809、IMP706、IMP813、X5043、X5045 等，可大幅度提高整个电路的抗干扰性能。

（5）在速度能满足要求的前提下，尽量降低单片机的晶振和选用低速数字电路。

（6）IC 器件尽量直接焊在电路板上，少用 IC 座。

4）其他常用抗干扰措施

（1）交流端用电感电容滤波：去掉高频低频干扰脉冲。

（2）变压器双隔离措施：变压器初级输入端串接电容，初、次级线圈间屏蔽层与初级间电容中心接点接大地，次级外屏蔽层接印制板地，这是硬件抗干扰的关键手段。次级加低通滤波器，吸收变压器产生的浪涌电压。

（3）采用集成式直流稳压电源：有过流、过压、过热等保护作用。

（4）I/O 口采用光电、磁电、继电器隔离，同时去掉公共地。

（5）通信线用双绞线：排除平行互感。

（6）防雷电用光纤隔离最为有效。

（7）A/D 转换用隔离放大器或采用现场转换：减少误差。

（8）外壳接大地：解决人身安全及防外界电磁场干扰。

（9）加复位电压检测电路。防止复位不充分，CPU 就工作，尤其有 EEPROM 的器件，复位不充分会改变 EEPROM 的内容。

5）印制板工艺抗干扰

（1）电源线加粗，合理走线、接地，三总线分开以减少互感振荡。

（2）CPU、RAM、ROM 等主芯片，VCC 和 GND 之间接电解电容及瓷片电容，去掉高、低频干扰信号。

（3）独立系统结构，减少接插件与连线，提高可靠性，减少故障率。

（4）集成块与插座接触可靠，用双簧插座，最好集成块直接焊在印制板上，防止器件接触不良故障。

（5）有条件的采用四层以上印制板，中间两层为电源及地。

3. 系统软件抗干扰方法

在提高硬件系统抗干扰能力的同时，软件抗干扰以其设计灵活、节省硬件资源、可靠性好越来越受到重视。在软件程序设计中，可以采用适当的处理来提高系统的可靠性，当系统受到干扰时，仍能正常工作，通常采用下列措施。

1）指令冗余

CPU 取指令过程是先取操作码，再取操作数。当 PC 受干扰出现错误，程序便脱离正常轨道"乱飞"，当乱飞到某双字节指令，若取指令时落在操作数上，误将操作数当做操作码，程序将出错。若"飞"到了三字节指令，出错概率更大。在关键地方人为插入一些单字节指令，或将有效单字节指令重写称为指令冗余。通常是在双字节指令和三字节指令后插入两个字节以上的 NOP。这样即使乱飞程序飞到操作数上，由于空操作指令 NOP 的存在，避免了后面的指令被当做操作数执行，程序自动纳入正轨。

此外，对系统流向起重要作用的指令如 RET、 RETI、LCALL、LJMP、JC 等指令之前插入两条 NOP，也可将乱飞程序纳入正轨，确保这些重要指令的执行。

2）拦截技术

所谓拦截，是指将乱飞的程序引向指定位置，再进行出错处理。通常用软件陷阱来拦截乱飞的程序。因此先要合理设计陷阱，其次要将陷阱安排在适当的位置。

（1）软件陷阱的设计

当乱飞程序进入非程序区，冗余指令便无法起作用。通过软件陷阱，拦截乱飞程序，将其引向指定位置，再进行出错处理。软件陷阱是指用来将捕获的乱飞程序引向复位入口地址 0000H 的指令。通常在 EPROM 中非程序区填入以下指令作为软件陷阱：

```
NOP
NOP
LJMP 0000H
```

其机器码为 0000020000。

（2）陷阱的安排

通常在程序中未使用的 EPROM 空间填 0000020000。最后一条应填入 020000，当乱飞程序落到此区，即可自动入轨。在用户程序区各模块之间的空余单元也可填入陷阱指令。当使用的中断因干扰而开放时，在对应的中断服务程序中设置软件陷阱，能及时捕获错误的中断。如某应用系统虽未用到外部中断 1，外部中断 1 的中断服务程序可为如下形式：

```
NOP
NOP
RETI
```

返回指令可用"RETI"，也可用"LJMP 0000H"。如果故障诊断程序与系统自动恢复程序的设计可靠、 完善，用"LJMP 0000H"作返回指令可直接进入故障诊断程序，尽早地处理故障并恢复程序的运行。考虑到程序存储器的容量，软件陷阱一般 1KB 空间有 2～3 个就可以进行有效拦截。

3）软件"看门狗"技术

若失控的程序进入"死循环"，通常采用"看门狗"技术使程序脱离"死循环"。通过不断检测程序循环运行时间，若发现程序循环时间超过最大循环运行时间，则认为系统陷入"死循环"，需进行出错处理。"看门狗"技术可由硬件实现，也可由软件实现。 在工业应用中，严重的干扰有时会破坏中断方式控制字，关闭中断。则系统无法定时"喂狗"，硬件看门狗电路失效。而软件看门狗可有效地解决这类问题。

在实际应用中，采用环形中断监视系统。用定时器 T0 监视定时器 T1，用定时器 T1 监视主程序，主程序监视定时器 T0。采用这种环形结构的软件"看门狗"具有良好的抗干扰

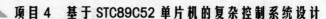

性能，大大提高了系统可靠性。对于需经常使用 T1 定时器进行串口通信的测控系统，则定时器 T1 不能进行中断，可改由串口中断进行监控（如果用的是 MCS-52 系列单片机，也可用 T2 代替 T1 进行监视）。这种软件"看门狗"监视原理是：在主程序、T0 中断服务程序、T1 中断服务程序中各设一运行观测变量，假设为 MWatch、T0Watch、T1Watch，主程序每循环一次，MWatch 加 1，同样 T0、T1 中断服务程序执行一次，T0Watch、T1Watch 加 1。在 T0 中断服务程序中通过检测 T1Watch 的变化情况判定 T1 运行是否正常，在 T1 中断服务程序中检测 MWatch 的变化情况判定主程序是否正常运行，在主程序中通过检测 T0Watch 的变化情况判别 T0 是否正常工作。若检测到某观测变量变化不正常，如应当加 1 而未加 1，则转到出错处理程序做排除故障处理。

项目小结 4

　　本项目主要通过基于单片机的太阳能热水器水温、水位控制系统，让学习者对单片机应用系统和课程设计有进一步的了解，并掌握课程设计的一般步骤、单片机隔离、驱动以及单片机系统抗干扰技术。

附录A 综合模拟测试试卷（一）

本试题是从单片机网络课程中心（http://www.mcudpj.com）试题库中随机抽取形成的，更多详细内容可以登录单片机网络课程中心考试系统学习。

第一部分 理论测试部分

（总分 100 分，占考核的 50%）

一、填空题（每空 1 分，共 10 分）

1. 单片机就是将_____、_____、_____以及定时器/计数器和多种接口电路集成到一块集成电路芯片上构成的微型计算机。

2. MCS-51 型单片机在复位以后，SP 的初始值自动设为_____。

3. 堆栈是为程序调用和中断操作而设立的，其具体的功能是_____和_____。

4. 中断系统的功能是指能够实现中断功能的_____和_____的总和。

5. 计算机的系统有地址总线、控制总线和_____总线。

6. 8751 芯片是 EPROM 型，含_____KBEPROM。

二、判断题（每题 1 分，共 10 分）

（　　）1. 我们所说的计算机实质上是计算机的硬件系统和软件系统的总称。

（　　）2. MCS-51 的程序存储器只能用来存放程序。

（　　）3. TMOD 中 GATE=1 时，表示由两个信号控制定时器的启停。

（　　）4. 当 MCS-51 上电复位时，堆栈指针 SP=00H。

（　　）5. MCS-51 的串口是全双工的。

（　　）6. MCS-51 的特殊功能寄存器分布在 60H～80H 地址范围内。

（　　）7. 相对寻址方式中，"相对"两字是相对于当前指令的首地址而言。

（　　）8. 各中断源发出的中断请求信号，都会标记在 MCS-51 系统中的 TCON 中。

（　　）9. 必须进行十进制调整的十进制运算只有加法和减法。

（　　）10. 执行返回指令时，返回的断点是调用指令的首地址。

三、选择题（每题 1 分，共 25 分）

1. 在中断服务程序中至少应有一条（　　）。

    A. 传送指令　　　　B. 转移指令　　　　　　C. 加法指令　　　　　　D. 中断返回指令

2. 当 MCS-51 复位时，下面说法准确的是（　　）。

    A. PC=0000H　　　B. SP=00H　　　　　　C. SBUF=00H　　　　　D.（30H）=00H

3. 要用传送指令访问 MCS-51 片外 RAM，它的指令操作码助记符是（　　）。

    A. MOV　　　　　　B. MOVX　　　　　　　C. MOVC　　　　　　　D. 以上都行

4. 下面程序执行完 RET 指令后，PC=（　　）。

```
    ORG    2000H
    LACLL  3000H
    ORG    3000H
    RET
```

  A. 2000H   B. 3000H   C. 2003H   D. 3003H

5. 要使 MCS-51 能响应定时器 T1 中断，串行接口中断，它的中断允许寄存器 IE 的内容应是（　　）。

  A. 98H   B. 84H   C. 42H   D. 22H

6. JNZ REL 指令的寻址方式是（　　）。

  A. 立即寻址   B. 寄存器寻址   C. 相对寻址   D. 位寻址

7. MCS-51 单片机 CPU 开中断的指令是（　　）。

  A. SETB EA   B. SETB ES   C. CLR EA   D. SETB EX0

8. 下面哪条指令产生 $\overline{WR}$ 信号（　　）。

  A. MOVX A，@DPTR   B. MOVC A，@A+PC

  C. MOV C A，@A+DPTR   D. MOVX，@DPTR，A

9. 若某存储器芯片地址线为 12 根，那么它的存储容量为（　　）。

  A. 1KB   B. 2KB   C. 4KB   D. 8KB

10. 下列指令判断若 P1 口最低位为高电平就转 LP，否则就执行下一条指令的是（　　）。

  A. JNB P1.0，LP   B. JB P1.0，LP

  C. JC P1.0，LP   D. JNZ P1.0，LP

11. PSW=18H 时，则当前工作寄存器是（　　）。

  A. 0 组   B. 1 组   C. 2 组   D. 3 组

12. MOVX A，@DPTR 指令中源操作数的寻址方式是（　　）。

  A. 寄存器寻址   B. 寄存器间接寻址   C. 直接寻址   D. 立即寻址

13. MCS-51 有中断源（　　）。

  A. 5   B. 2   C. 3   D. 6

14. MCS-51 上电复位后，SP 的内容应为（　　）。

  A. 00H   B. 07H   C. 60H   D. 70H

15. 源程序如下：

```
    ORG   0003H
    LJMP  2000H
    ORG   000BH
    LJMP  3000H
```

当 CPU 响应外部中断 0 后，PC 的值是（　　）。

  A. 0003H   B. 2000H   C. 000BH   D. 3000H

16. 控制串行口工作方式的寄存器是（　　）。

  A. TCON   B. PCON   C. SCON   D. TMOD

17. 执行 PUSH ACC 指令，MCS-51 完成的操作是（　　　）。

    A. SP+1→SP，ACC→SP   B. ACC→SP，SP-1→SP

    C. SP-1→SP，ACC→SP   D. ACC→SP，SP+1→SP

18. P1 口的每一位能驱动（　　　）。

    A. 2 个 TTL 低电平负载   B. 4 个 TTL 低电平负载

    C. 8 个 TTL 低电平负载   D. 10 个 TTL 低电平负载

19. PC 中存放的是（　　　）。

    A. 下一条指令的地址   B. 当前正在执行的指令

    C. 当前正在执行指令的地址   D. 下一条要执行的指令

20. 8031 是（　　　）。

    A. CPU   B. 微处理器   C. 单片微机   D. 控制器

21. 要把 P0 口高 4 位变 0，低 4 位不变，应使用指令（　　　）。

    A. ORL P0，#0FH   B. ORL P0，#0F0H

    C. ANL P0，#0F0H   D. ANL P0，#0FH

22. 下面哪种外设是输出设备（　　　）。

    A. 打印机   B. 纸带读出机   C. 键盘   D. A/D 转换器

23. 所谓 CPU 是指（　　　）。

    A. 运算器和控制器   B. 运算器和存储器

    C. 输入输出设备   D. 控制器和存储器

24. 将内部数据存储器 53H 单元的内容传送至累加器，其指令是（　　　）。

    A. MOV A，53H   B. MOV A，#53H

    C. MOVC A，53H   D. MOVX A，#53H

25. 指令 JB OEOH，LP 中的 OEOH 是指（　　　）。

    A. 累加器 A   B. 累加器 A 的最高位

    C. 累加器 A 的最低位   D. 一个单元的地址

四、根据已知条件写出程序执行后的结果（每空 1 分，共 10 分）

1. 已知（SP）=60H，（60H）=30H，（5FH）=70H，执行下列指令：

POP   DPH

POP   DPL

此时，（DPTR）=_____，（SP）=_____。

2. 已知（A）=86H，（20H）=EFH，（CY）=1，执行指令 ADDC，A，20H 后，

（A）=_____，（CY）=_____，（AC）=_____，（OV）=_____。

3. addr11=00101101011，标号 QAZ 的地址为 582EH，执行指令：

QAZ：AJMP   addr11 后，（PC）=_____。

4. 已知（A）=80H，（R0）=32H，（32H）=FFH；执行指令：

XCHD A，@R0 后，（A）=_____，（R0）=_____，（32H）=_____。

五、根据已知条件补充程序（共 10 分）

1. 已知（A）=73H ，试分析下面指令执行结果。（共 4 分，每空 1 分）

（1）XRL A，#0FFH   (A) =_____

（2）ANL A，#0F0H   (A) =_____

（3）ORL A，#1AH   (A) =_____

（4）XRL A，#1AH   (A) =_____

2. RAM 中 40H 单元内存有一个十六进制数，把这个数转换为 BCD 码的十进制数，BCD 码的十位和个位放在累加器 A 中，百位放在 R2 中。（共 6 分，每空 2 分）

```
ORG   2200H
MOV A,_____
MOV B,#64H
DIV AB
MOV R2,A
MOV B,#0AH
DIV   AB
SWAP   A
_____   A,B
SJMP $
END
```

六、编程题（本题共 10 分）

设 U、V、W 分别定义 P1.0 、P1.1、 P1.2; X、 Y 、Z 分别定义 P1.3、 P1.4 、P1.5; F 代表 P1.7。试编程实现下面逻辑运算。

逻辑表达式： $F=(X+Y+Z)*(\overline{U}\times\overline{W})$

七、试分析以下程序，并回答所提出的问题（25 分）

1. 程序编制如下：

```
        PWSC      EQU      6000H
        ORG   0000H
        LJMP   0030H
        ORG   0030H
MAIN: MOV   DPTR,#PWSC
        MOV   R0,#00H
        CLR   A
LOOP: MOVX   @DPTR,A
        INC    DPTR
        DJNZ   R0,LOOP
        SJMP    $
        END
```

（1）程序中第一条指令是什么指令？起何作用？（2分）

（2）主程序的起始地址在何处？（2分）

（3）本程序循环指令执行了多少次？（2分）

（4）本程序完成了一个什么功能？（2分）

（5）如果要将循环次数减少30次，应如何修改程序？（2分）

2. 设系统时钟频率为6MHz，程序编制如下：

```
        ORG    0030H
        MOV    TMOD, #15H
LOOP:   MOV    TH0, #255
        MOV    TL0, #156
        MOV    TH1, #255
        MOV    TL1, #6
        CLR    EA
        SETB   TR0
        JNB    TF0, $
        CLR    TR0
        SETB   TR1
        JNB    TF1, $
        CLR    TR1
        LJMP   LOOP
        END
```

（1）该程序中，定时器/计数器0用于定时还是计数功能？采用哪种工作方式？运行控制位是什么？计数值或者定时值是多少？（5分）

（2）该程序中，定时器/计数器1用于定时还是计数功能？采用哪种工作方式？运行控制位是什么？计数值或者定时值是多少？（5分）

（3）该程序采用中断方式还是查询方式？（1分）

（4）该程序完成一个什么任务？（4分）

第二部分　实践操作部分

（总分100分，占考核的50%）

一、根据下面的要求完成任务（分值100分，时间90分钟）

选择MCS-51系列单片机中任一款单片机，构成一单片机系统，实现下列功能：

1. 系统实现两位数码管从99倒计时到00；

2. 系统初始化（或者系统复位）都显示99；

3. 系统设一启动按键，当按下启动按键后，系统开始倒记时，99、98、97…当系统显示到05时，启动一蜂鸣器报警，直到显示为00为止。

（1）根据控制任务设计系统的原理图。（20分）

（2）根据你选择的单片机型号，写出该芯片的系统资源情况。（10分）

（3）根据控制要求和原理图，设计出程序流程图。（10分）

（4）根据流程图和原理图，编写并仿真出该系统的汇编程序，将实现功能的程序记录下来。（60分）

附录B 综合模拟测试试卷（二）

本试题是从单片机网络课程中心（http://www.mcudpj.com）试题库中随机抽取形成的，更多详细内容可以登录单片机网络课程中心考试系统学习。

第一部分 理论测试部分

（总分100分，占考核的50%）

一、填空题（每空1分，共10分）

1. 8051型单片机内的低128B的数据存储器RAM，按其功能可以划分为3个区域，其分别是_____、_____、_____。

2. MCS-51型单片机在复位以后,SP的初始值自动设为_____。

3. 在变址寻址方式中，以_____作为变址寄存器，以_____作基本地址。

4. MCS-51型单片机串行口输入端信号由引脚_____输入，定时器T0的中断请求信号由引脚_____输入。

5. 读/写外数据存储器时，采用的是_____寻址方式；读程序存储器时，采用的是_____寻址方式。

二、判断题（每题1分，共10分）

（　　）1. 微型计算机中存储器的组织结构有两种类型，分别是普林斯顿结构和哈佛结构，而MCS-51型单片机所采用的是普林斯顿结构。

（　　）2. 堆栈是一种数据结构，它的操作原则总是先进后出。

（　　）3. 单片机系统在可靠复位以后，P0～P3口的引脚均输出高电平，而片内RAM低128单元中的内容却保持不变。

（　　）4. 欲使单片机系统可靠复位，则必须要求RST/VPD复位端保持≥2个机机器周期的高电平。

（　　）5. 数据存储器的扩展和程序存储器的扩展一样，由P2口提供高8位的地址，P0为分时提供低8位地址和8位双向数据总线。

（　　）6. TMOD中的GATE=1，表示由两个信号控制定时器的启停。

（　　）7. MCS-51系统可以没有复位系统。

（　　）8. DAC 0832的片选信号输入线CS，低电平有效。

（　　）9. MCS-51的程序存储器只是用来存放程序的。

（　　）10. 片内RAM与外部设备统一编址时，需要专门的输入/输出指令。

三、选择题（每题1分，共25分）

1. 下列指令能能使P1口的最低位置1的是（　　　）。

　　A. ANL P1，#80H
　　B. SETB 90H
　　C. ORL P1，#0FEH
　　D. ORL P1，#80H

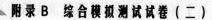

2. 6264 芯片是（ ）。

    A. EPROM   B. Flash ROM   C. RAM   D. E²PROM

3. MCS-51 执行完 MOV A,#08H 后，PSW 的哪一位被置位（ ）。

    A. C   B. F0   C. OV   D. P

4. 计算机在使用中断方式与外界交换信息时，保护现场的工作应该是（ ）。

    A. 由 CPU 自动完成   B. 在中断响应中完成

    C. 应由中断服务程序完成   D. 在主程序中完成

5. 关于 MCS-51 的堆栈操作，说法正确的是（ ）。

    A. 先入栈，再修堆栈指针   B. 先修堆栈指针，再出栈

    C. 先修堆栈指针，再入栈   D. 以上都不对

6. 某种存储器芯片是 8KB×4/片，那么它的地址线根数是（ ）。

    A. 12 根   B. 13 根   C. 14 根   D. 15 根

7. 若 MCS-51 中断源都编程为同级，当它们同时申请中断时 CPU 首先响应（ ）。

    A. $\overline{\text{INT1}}$ B. $\overline{\text{INT0}}$ C. T1   D. T0

8. 当 8031 扩展程序存储器 8KB 时，需要使用 EPROM2716（ ）。

    A. 2 片   B. 3 片   C. 4 片   D. 5 片

9. MCS-51 型单片机中的 T0 在工作方式 0 作为计数器使用时，它的初始值应赋为（ ）。

    A. 2^{13}-T0 的初值   B. 2^{16}-T0 的初值   C. 2^{8}-T0 的初值

10. 在寄存器寻址方式中，指定寄存器中存放的是（ ）。

    A. 操作数   B. 操作数的单元地址

    C. 转移地址   D. 地址偏移量

11. 程序设计一般方法有（ ）。

    A. 1 种   B. 2 种   C. 3 种   D. 4 种

12. 74LS138 芯片是（ ）。

    A. 驱动器   B. 译码器   C. 锁存器   D. 编码器

13. 使用 8751，而且 $\overline{\text{EA}}$ =1 时，则可以扩展外部 ROM（ ）。

    A. 64KB   B. 60KB   C. 58KB   D. 56KB

14. 当定时器 T0 发出中断请求后，中断响应的条件是（ ）。

    A. SETB ET0   B. SETB EX0

    C. MOV IE, #82H   D. MOV IE, #61H

15. 用 8031 的定时器 T0 作计数方式，用模式 1（16 位），则工作方式控制字为（ ）。

    A. 01H   B. 02H   C. 04H   D. 05H

16. 假定设置堆栈指针 SP 的值为 37H，在进行子程序调用时把断点地址进栈保护后，SP 的值为（ ）。

    A. 36H   B. 37H   C. 38H   D. 39H

17. 对定时器控制寄存器 TCON 中的 IT1 和 IT0 位清 0 后，则外部中断请求信号方式

为（　　　）。

    A. 低电平有效　　　　　　　　　　　　B. 高电平有效

    C. 脉冲上跳沿有效　　　　　　　　　　D. 脉冲后沿负跳有效

18. MCS-51 单片机串行口发送/接收中断源的工作过程是：当串行口接收或发送完一帧数据时，将 SCON 中的（　　　），向 CPU 申请中断。

    A. RI 或 TI 置 1　　　　　　　　　　　B. RI 或 TI 置 0

    C. RI 置 1 或 TI 置 0　　　　　　　　　D. RI 置 0 或 TI 置 1

19. MOV C，#00H 的寻址方式是（　　　）。

    A. 位寻址　　　　　B. 直接寻址　　　　C. 立即寻址　　　D. 寄存器寻址

20. 执行 MOV IE，#03H 后，MCS-51 将响应的中断是（　　　）。

    A. 1 个　　　　　　B. 2 个　　　　　　C. 3 个　　　　　D. 0 个

21. 片内 RAM 主要运用存放随机存取的数据及运算结果的地址单元是（　　　）。

    A. 片内 256 个单元　　B. 高 128 个单元　　C. 低 128 个单元

22. MCS-51 型单片机的串行口输出端是（　　　）。

    A. P3.0　　　　　　　B. P3.1　　　　　　C. P3.2

23. 各中断源发出的中断申请请求信号，都会标记在 MCS-51 系统的（　　　）。

    A. TMOD　　　　　B. TCON/SCON　　　C. IE　　　　D. IP

24. 对于程序存储器的读操作，只能使用（　　　）。

    A. MOV 指令　　　　B. PUSH 指令　　　C. MOVX 指令　D. MOVC 指令

25. 定时器控制寄存器（TCON）在系统复位以后处于（　　　）状态。

    A. 高电平　　　　　　B. 低电平

四、根据已知条件写出程序执行后的结果（每空 1 分，共 10 分）

1.（A）=3BH，执行 ANL A，#9EH 指令后，（A）=_____，（CY）=_____。

2. 若（SP）=60H，（A)=30H，(B)=70H，执行指令"PUSH ACC"和 PUSH B"后，（61H）=_____，（62H）=_____，（SP）=_____，((SP))=_____。

3. 若（65H）=C6H，执行指令"XRL 65H，#0F5H"后，（65H）=_____。

4. 在片内数据存储器中，（20H）=10101101B。执行指令 MOV C，05H 后，C=_____。

5. 已知（A）=80H，（R0）=32H，（32H）=FFH；执行指令：

XCH A，@R0 后，（A）=____，（32H）=____

五、根据已知条件补充程序（共 10 分）

1. 编程序将片内 40H～46H 单元内容的高 4 位清零，保持低 4 位不变。（共 5 分）

```
        ORG 1000H
        MOV R7,_____        （1 分）
        MOV  R0,_____       （2 分）
LOOP:   MOV   A,@R0
        ANL  A,_____        （2 分）
        MOV   @R0,A
```

```
      INC   R0
      DJNZ R7,LOOP
      SJMP $
      END
```

2. 若 PSW=00，执行下列程序后，PSW 的各位状态如何？（共 5 分，每空 1 分）

```
MOV   A,#0FBH
MOV   PSW,#10H
ADD   A,#7FH
```

CY	AC	OV	P	A

六、编程题（本题共 10 分）

试编程实现数据存储器片内 20H～2FH 与外 20H～2FH 单元中的数据交换。

七、试分析以下程序，并回答所提出的问题（25 分）

1. 已知 80C51 单片机的晶振频率为 6MHz，现应用定时器/计数器 0 在 P1.2 引脚输出脉冲，时钟频率为 6MHz，程序编制如下：

```
          ORG   0030H
          MOV   TMOD, #02H
LOOP:     MOV   TH0, #231
          MOV   TL0, #231
          CLR   EA
          SETB  TR0
MP3:      SETB  P1.2
          MOV   R0, #7
LOOP:     JBC   TF0, MP4
          AJMP  LOOP
MP4:      CLR   P1.2
          DJNZ  R0, LOOP
          LJMP  MP3
          END
```

（1）程序中，定时器/计数器 0 采用定时功能还是外部计数功能？采用哪种功能方式？（2 分）

（2）该程序采用中断方式还查询方式？（1 分）

（3）定时器/计数器 0 一次溢出的定时时间是多少？（要求给出计算式）（3 分）

（4）画出 P1.2 引脚输出的脉冲波形（要求标出脉冲的脉冲宽度以及脉冲周期）。（4 分）

2. 已知 80C51 单片机的晶振频率为 11.059MHz，现利用其串行口编程如下：

```
ORG   0030H
          MOV   TMOD, #20H
```

```
         MOV    TH1, #0FAH
         MOV    TL1, #0FAH
         CLR    EA
         SETB   TR1
         MOV    DPTR, #3400H
         MOV    R6, #64H
LOOP:    MOVX   A, @DPTR
         MOV    SBUF, A
         JNB    TI    $
         CLR    TI
         DJNZ   R6, LOOP
         SJMP   $
         END
```

（1）这段程序是发送程序还是接收程序？哪条指令是启动指令？

（2）该程序发送或接收数据取自什么地方？有多少个？

（3）串行口采用的是哪种工作方式？

（4）这段程序中哪几条指令是循环指令？循环执行了几次？

第二部分　实践操作部分

（总分 100 分，占考核的 50%）

一、根据下面的要求完成任务（分值 100 分，时间 90 分钟）

利用本课程的试验板，按要求实现彩灯的流水灯控制，具体要求如下：

1. P0 口接 LED8 个 LED 发光二极管，P1 口接拨码开关

2. P1 口拨码开关具体要求，其中高 4 位为间隔时间,8~5 分别对应时间为 1.5 秒、2.5 秒、3.5 秒、4.5 秒，低 4 位为显示方案，1~2 向右，3~4 向左。

3. 要求使用定时器 T1 中断方式。

（1）根据控制任务设计系统的原理图。（20分）

_____
_____
_____
_____
_____
_____
_____

（2）根据你选择的单片机型号，写出该芯片的系统资源情况。（10分）

_____
_____

（3）根据控制要求和原理图，设计出程序流程图。（10分）

（4）根据流程图和原理图，编写并仿真出该系统的汇编程序，将实现功能的程序记录下来。（60分）

附录C MCS-51型单片机指令汇总表

分类	十六进制代码	助 记 符	功 能	对标志位的影响				字节数	周期数
				P	OV	AC	CY		
算术运算指令	28~2F	ADD A, Rn	$(A)+(Rn)\rightarrow A$	√	√	√	√	1	1
	25	ADD A,direct	$(A)+(direct)\rightarrow A$	√	√	√	√	2	1
	26,27	ADD A,@Ri	$(A)+((Ri))\rightarrow A$	√	√	√	√	1	1
	24	ADD A,#data	$(A)+data\rightarrow A$	√	√	√	√	2	1
	38~3F	ADDC A,Rn	$(A)+(Rn)+(CY)\rightarrow A$	√	√	√	√	1	1
	35	ADDC A,direct	$(A)+(direct)+(CY)\rightarrow A$	√	√	√	√	2	1
	36,37	ADDC A,@Ri	$(A)+((Ri))+(CY)\rightarrow A$	√	√	√	√	1	1
	34	ADDC A,#data	$(A)+data+(CY)\rightarrow A$	√	√	√	√	2	1
	98~9F	SUBB A, Rn	$(A)-(Rn)-(CY)\rightarrow A$	√	√	√	√	1	1
	95	SUBB A,direct	$(A)-(direct)-(CY)\rightarrow A$	√	√	√	√	2	1
	96,97	SUBB A,@Ri	$(A)-((Ri))-(CY)\rightarrow A$	√	√	√	√	1	1
	94	SUBB A,#data	$(A)-data-(CY)\rightarrow A$	√	√	√	√	2	1
	04	INC A	$(A)+1\rightarrow A$	√	×	×	×	1	1
	08~0F	INC Rn	$(Rn)+1\rightarrow Rn$	×	×	×	×	1	1
	05	INC direct	$(direct)+1\rightarrow direct$	×	×	×	×	2	1
	06,07	INC @Ri	$((Ri))+1\rightarrow (Ri)$	×	×	×	×	1	1
	A3	INC DPTR	$(DPTR)+1\rightarrow DPTR$	×	×	×	×	1	2
	14	DEC A	$(A)-1\rightarrow A$	√	×	×	×	1	1
	18~1F	DEC Rn	$(Rn)-1\rightarrow Rn$	×	×	×	×	1	1
	15	DEC direct	$(direct)-1\rightarrow direct$	×	×	×	×	2	1
	16,17	DEC @Ri	$((Ri))-1\rightarrow (Ri)$	×	×	×	×	1	1
	A4	MUL AB	$(A)\times(B)\rightarrow BA$	√	√	×	√	1	4
	84	DIV AB	$(A)/(B)\rightarrow A\cdots B$	√	√	×	√	1	4
	D4	DA A	对A进行十进制调整	√	×	√	×	1	1
逻辑运算指令	58~5F	ANL A,Rn	$(A)\wedge(Rn)\rightarrow A$	√	×	×	×	1	1
	55	ANL A,direct	$(A)\wedge(direct)\rightarrow A$	√	×	×	×	2	1
	56,57	ANL A,@Ri	$(A)\wedge((Ri))\rightarrow A$	√	×	×	×	1	1
	54	ANL A,#data	$(A)\wedge data\rightarrow A$	√	×	×	×	2	1
	52	ANL direct,A	$(direct)\wedge(A)\rightarrow direct$	×	×	×	×	2	1
	53	ANL direct,#data	$(direct)\wedge data\rightarrow direct$	×	×	×	×	3	2
	48~4F	ORL A,Rn	$(A)\vee(Rn)\rightarrow A$	√	×	×	×	1	1
	45	ORL A,direct	$(A)\vee(direct)\rightarrow A$	√	×	×	×	2	1
	46,47	ORL A,@Ri	$(A)\vee((Ri))\rightarrow A$	√	×	×	×	1	1
	44	ORL A,#data	$(A)\vee data\rightarrow A$	√	×	×	×	2	1
	42	ORL direct,A	$(direct)\vee(A)\rightarrow direct$	×	×	×	×	2	1
	43	ORL direct,#data	$(direct)\vee data\rightarrow direct$	×	×	×	×	3	2

分类	十六进制代码	助 记 符	功 能	对标志位的影响 P	OV	AC	CY	字节数	周期数
逻辑运算指令	68~6F	XRL A,Rn	(A) ⊕ (Rn)→A	√	×	×	×	1	1
	65	XRL A,direct	(A) ⊕ (direct)→A	√	×	×	×	2	1
	66,67	XRL A,@Ri	(A) ⊕ ((Ri))→A	√	×	×	×	1	1
	64	XRL A,#data	(A) ⊕ data→A	√	×	×	×	2	1
	62	XRL direct,A	(direct) ⊕ (A)→direct	×	×	×	×	2	1
	63	XRL direct,#data	(direct) ⊕ data→direct	×	×	×	×	3	2
	E4	CLR A	0→A	√	×	×	×	1	1
	F4	CPL A	(Ā)→A	×	×	×	×	1	1
	23	RL A	A 循环左移一位	×	×	×	×	1	1
	33	RLC A	A 带进位循环左移一位	√	×	×	√	1	1
	03	RR A	A 循环右移一位	×	×	×	×	1	1
	13	RRC A	A 带进位循环右移一位	√	×	×	√	1	1
	C4	SWAP A	A 半字节交换	×	×	×	×	1	1
数据传送指令	E8~EF	MOV A, Rn	(Rn)→A	√	×	×	×	1	1
	E5	MOV A,direct	(direct)→A	√	×	×	×	2	1
	E6,E7	MOV A,@Ri	((Ri))→A	√	×	×	×	1	1
	74	MOV A,#data	data→A	√	×	×	×	2	1
	F8~FF	MOV Rn,A	(A)→Rn	×	×	×	×	1	1
	A8~AF	MOV Rn,direct	(direct)→Rn	×	×	×	×	2	2
	78~7F	MOV Rn,#data	data→Rn	×	×	×	×	2	1
	F5	MOV direct,A	(A)→direct	×	×	×	×	2	1
	88~8F	MOV direct,Rn	(Rn)→direct	×	×	×	×	2	2
	85	MOV direct1,direct2	(direct2)→direct1	×	×	×	×	3	2
	86,87	MOV direct,@Ri	((Ri))→direct	×	×	×	×	2	2
	75	MOV direct, #data	data→direct	×	×	×	×	3	2
	F6,F7	MOV @Ri,A	(A)→(Ri)	×	×	×	×	1	1
	A6,A7	MOV @Ri,direct	(direct)→(Ri)	×	×	×	×	2	2
	76,77	MOV @Ri,#data	data→(Ri)	×	×	×	×	2	1
	90	MOV DPTR,#data16	data16→DPTR	×	×	×	×	3	2
	93	MOVC A,@A+DPTR	((A)+(DPTR))→A	√	×	×	×	1	2
	83	MOVC A,@A+PC	((A+(PC))→A	√	×	×	×	1	2
	E2,E3	MOVX A,@Ri	((Ri))→A	√	×	×	×	1	2
	E0	MOVX A,@DPTR	((DPTR))→A	√	×	×	×	1	2
	F2,F3	MOVX @Ri ,A	A→(Ri)	√	×	×	×	1	2
	F0	MOVX @DPTR ,A	A→(DPTR)	√	×	×	×	1	2

分类	十六进制代码	助 记 符	功 能	对标志位的影响 P	OV	AC	CY	字节数	周期数
数据传送指令	C0	PUSH direct	(SP)+1→SP (direct)→(SP)	×	×	×	×	2	2
	D0	POP direct	(SP)→direct (SP)−1→SP	×	×	×	×	2	2
	C8~CF	XCH A,Rn	(A)←→(Rn)	√	×	×	×	1	1
	C5	XCH A,direct	(A)←→(direct)	√	×	×	×	2	1
	C6,C7	XCH A,@Ri	(A)←→((Ri))	√	×	×	×	1	1
	D6,D7	XCHD A,@Ri	(A)0~3←→((Ri))0~3	√	×	×	×	1	1
位操作指令	C3	CLR C	0→CY	×	×	×	√	1	1
	C2	CLR bit	0→bit	×	×	×	×	2	1
	D3	SETB C	1→CY	×	×	×	√	1	1
	D2	SETB bit	1→bit	×	×	×	×	2	1
	B3	CPL C	$\overline{(CY)}$→CY	×	×	×	√	1	1
	B2	CPL bit	$\overline{(bit)}$→bit	×	×	×	×	2	1
	82	ANL C,bit	(CY)∧(bit)→CY	×	×	×	√	2	2
	B0	ANL C,/bit	(CY)∧$\overline{(bit)}$→CY	×	×	×	√	2	2
	72	ORL C,bit	(CY)∨(bit)→CY	×	×	×	√	2	2
	A0	ORL C,/bit	(CY)∨$\overline{(bit)}$→CY	×	×	×	√	2	2
	A2	MOV C,bit	(bit)→CY	×	×	×	√	2	1
	92	MOV bit,C	CY→(bit)	×	×	×	×	2	2
控制转移类指令	1	ACALL addr11	(PC)+2→PC (SP)+1→SP (PCL)→SP (SP)+1→SP (PCH)→SP addr11→PC10~0	×	×	×	×	2	2
	12	LCALL addr16	(PC)+2→PC (SP)+1→SP (PCL)→SP (SP)+1→SP (PCH)→SP addr16→PC10~0	×	×	×	×	3	2
	22	RET	((SP))→PCH (SP)−1→SP ((SP))→PCL (SP)−1→SP	×	×	×	×	1	2
	32	RETI	((SP))→PCH (SP)−1→SP ((SP))→PCL (SP)−1→SP 从中断返回	×	×	×	×	1	2
	81	AJMP addr11	addr11→PC10~0	×	×	×	×	2	2
	02	LJMP addr16	addr16→PC	×	×	×	×	3	2
	80	SJMP rel	(PC)+2+rel→PC	×	×	×	×	2	2
	73	JMP @A+DPTR	(A)+(DPTR)→PC	×	×	×	×	1	2
	60	JZ rel	(PC)+2→PC 若(A)=0,则(PC)+rel→PC	×	×	×	×	2	2

续表

分类	十六进制代码	助 记 符	功 能	对标志位的影响				字节数	周期数
				P	OV	AC	CY		
控制转移类指令	70	JNZ rel	(PC)+2 → PC 若(A)≠0,则 (PC)+rel→PC	×	×	×	×	2	2
	40	JC rel	(PC)+2 → PC 若(CY)=1,则 (PC)+rel→PC	×	×	×	×	2	2
	50	JNC rel	(PC)+2 → PC 若(CY)=0,则 (PC)+rel→PC	×	×	×	×	2	2
	20	JB bit, rel	(PC)+3 → PC 若(bit)=1,则 (PC)+rel→PC	×	×	×	×	3	2
	30	JNB bit, rel	(PC)+3 → PC 若(bit)=0,则 (PC)+rel→PC	×	×	×	×	3	2
	10	JBC bit,rel	(PC)+3→PC 若(bit)=1,则 0→ bit (PC)+rel→PC	×	×	×	×	3	2
	B5	CJNE A,direct,rel	(PC)+3→PC 若(A)≠(direct),则 (PC)+rel → PC, 若(A) < (direct), 则 1→CY	×	×	×	√	3	2
	B4	CJNE A,#data,rel	(PC)+3→PC 若(A)≠data,则 (PC)+rel → PC, 若(A) < data, 则 1→CY	×	×	×	√	3	2
	B8~BF	CJNE Rn,#data,rel	(PC)+3→PC 若(Rn)≠data,则 (PC)+rel → PC, 若(Rn) < data, 则 1→CY	×	×	×	√	3	2
	B6,B7	CJNE @Ri, data,rel	(PC)+3 → PC 若((Ri))≠data, 则(PC)+rel → PC,若((Ri)) < data, 则 1→CY	×	×	×	√	3	2
	D8~DF	DJNZ Rn,rel	(PC)+2→PC (Rn)−1→Rn, 若(Rn)≠0,则(PC)+rel→PC	×	×	×	×	2	2
	D5	DJNZ direct,rel	(PC)+3→PC (direct)−1→ direct, 若(direct)≠0,则 (PC)+rel→PC	×	×	×	×	3	2
	00	NOP	空操作	×	×	×	×	1	1

附录 D ASCII 字符表

高位 低位		0 000	1 001	2 010	3 011	4 100	5 101	6 110	7 111
0	0000	NUL	DEL	SP	0	@	P	`	p
1	0001	SOH	DC1	!	1	A	Q	a	q
2	0010	STX	DC2	"	2	B	R	b	r
3	0011	ETX	DC3	#	3	C	S	c	s
4	0100	EOT	DC4	$	4	D	T	d	t
5	0101	ENQ	NAK	%	5	E	U	e	u
6	0110	ACK	STN	&	6	F	V	f	v
7	0111	BEL	ETB	'	7	G	W	g	w
8	1000	BS	CAN	(	8	H	X	h	x
9	1001	HT	EM	)	9	I	Y	i	y
A	1010	LF	SUB	*	:	J	Z	j	z
B	1011	VT	ESC	+	;	K	[	k	{
C	1100	FF	FS	,	<	L	\	l		
D	1101	CR	GS	-	=	M	]	m	}
E	1110	SO	RS	.	>	N	↑	n	~
F	1111	SI	US	/	?	O	←	o	DEL

说明：

NUL	空	DLE	数据转换符
SOH	标题开始	DC1	设备控制 1
STX	正文结束	DC2	设备控制 2
ETX	本文结束	DC3	设备控制 3
EOT	传输结束	DC4	设备控制 4
ENQ	询问	NAK	否定
ACK	承认	SYN	空转同步
BEL	报警符	ETB	信息组传送结束
BS	退一格	CAN	作废
HT	横向列表	EM	纸尽
LF	换行	SUB	减
VT	垂直制表	ESC	换码
FF	走纸控制	FS	文字分隔符
CR	回车	GS	组分隔符
SO	移位输出	RS	记录分隔符
SI	移位输入	US	单元分隔符
SP	空格	DEL	删除

参 考 文 献

[1] 倪志莲. 单片机应用技术. 北京：北京理工大学出版社，2007.

[2] 彭为，黄科，雷道仲. 北京：电子工业出版社，2007.

[3] 谢宜仁主编. 单片机使用技术问答. 北京：人民邮电出版社，2003.

[4] 陈明荧编著. 8051 单片机课程设计实训教材. 北京：清华大学出版社，2005.

[5] 付家才. 单片机控制工程技术. 北京：化学工业出版社.

[6] 楼然苗，李光飞主编. 51 系列单片机设计实例. 北京：北京航空航天大学出版社，2006.

[7] 张洪润，蓝清华主编. 单片机应用技术教程. 北京：清华大学出版社，2000.

[8] 黄双成. 单片机应用技术. 北京：中国电力出版社，2009.

反侵权盗版声明

电子工业出版社依法对本作品享有专有出版权。任何未经权利人书面许可，复制、销售或通过信息网络传播本作品的行为；歪曲、篡改、剽窃本作品的行为，均违反《中华人民共和国著作权法》，其行为人应承担相应的民事责任和行政责任，构成犯罪的，将被依法追究刑事责任。

为了维护市场秩序，保护权利人的合法权益，我社将依法查处和打击侵权盗版的单位和个人。欢迎社会各界人士积极举报侵权盗版行为，本社将奖励举报有功人员，并保证举报人的信息不被泄露。

举报电话：（010）88254396；（010）88258888

传　　真：（010）88254397

E-mail：　dbqq@phei.com.cn

通信地址：北京市万寿路 173 信箱
　　　　　电子工业出版社总编办公室

邮　　编：100036